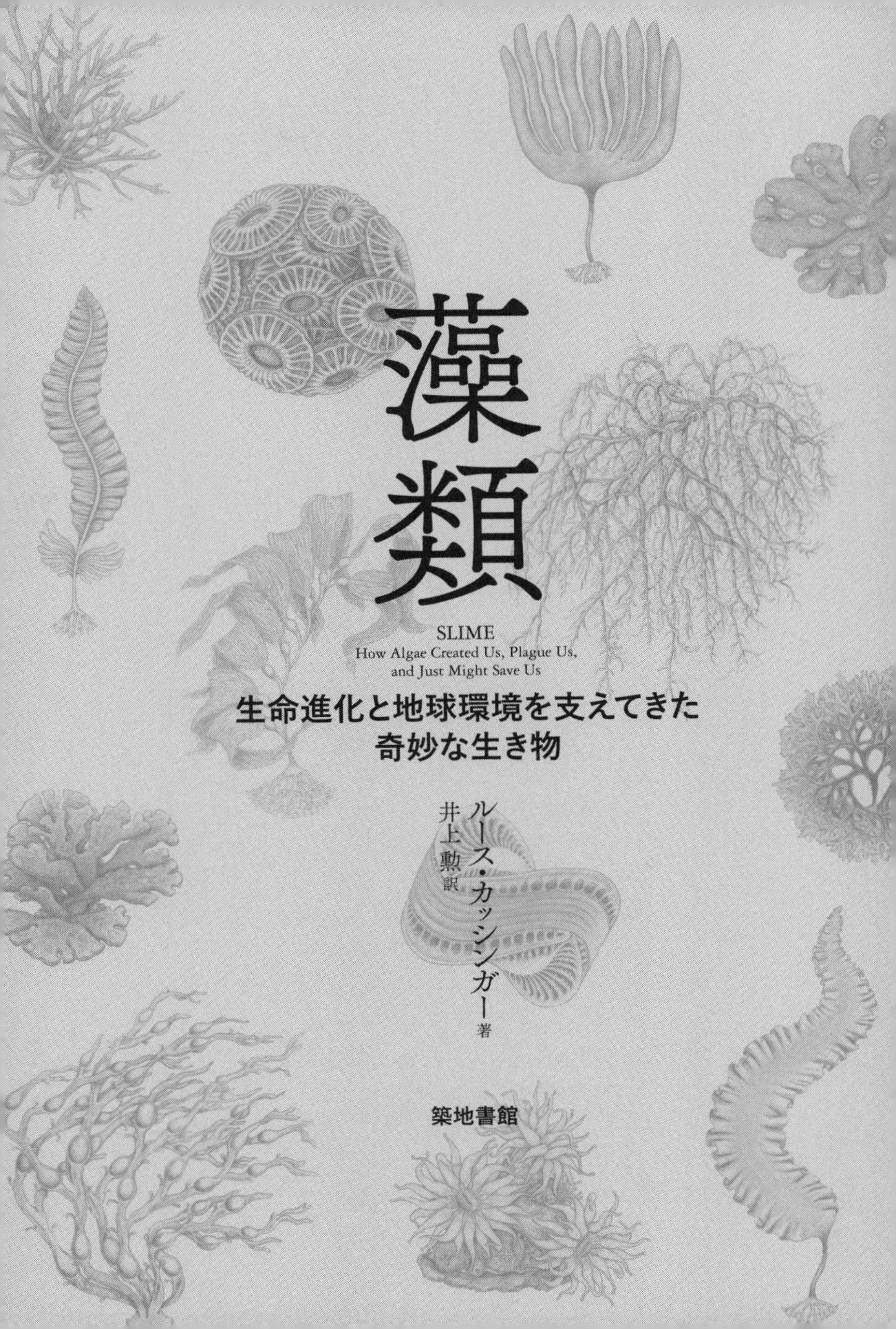

藻類

SLIME
How Algae Created Us, Plague Us,
and Just Might Save Us

生命進化と地球環境を支えてきた
奇妙な生き物

ルース・カッシンガー 著
井上勲 訳

築地書館

SLIME
How Algae Created Us, Plague Us, and Just Might Save Us
by Ruth Kassinger

Japanese translation rights arranged with Ruth Kassinger
c/o Tessler Literary Agency LLC, New York
through Tuttle-Mori Agency, Inc., Tokyo

Japanese translated by Isao Inoue
Published in Japan by Tsukiji Shokan Publishing Co., Ltd., Tokyo

プロローグ

藻類。この単語を聞いて、あなたの頭に何が浮かぶだろう？　屋外の排水管についている緑色のネバネバの輪っか？　魚の水槽のガラスを曇らせる暗緑色の産毛？　真夏の池を覆う豆のスープ？

それがどんな不愉快なイメージでも、私にはわかる。この本を書く前は、藻類という単語を聞いて、すぐに中学校の女子ロッカールームを思い出した。シャワーカーテンの縁が、緑色の粘着物で汚れていた。海藻も藻類だが、もう一つの不愉快な思い出がよみがえった。子どもの頃、私はサマーキャンプの汽水湖で水泳を習っていた。初級クラスで始まり、中級クラスに進んだ。中級クラスでは、岸から一〇メートルほど先の、胸の深さの場所で泳ぎを練習した。泥っぽい湖底に海藻が塊を作って生えていたが、私は水中で目を開けて、海藻に触れないように泳ぎをコントロールしていた。でも、下のクラスの子が浅瀬をかき混ぜて水が濁ると、うっかりして海藻に触れることがあった。むき出しの手と足に触れた海藻の感触でパニックに陥り、まるで、ツルツルの藻類が私に巻きついて水中に引きずり込もうとしていると思った。足がこわばり、息が切れて、海藻から逃れるのが大変だった。

その後、八歳で上級クラスに進んで、埠頭の向こう側の深いところで泳げるようになってから、そして大人になってからも、藻類のことを考えることはほとんどなかった。しかし、一〇年ほど前の二〇〇八年の一二月、突然のことだったが、私は藻類のことを深く考えるようになった。それは、私の他の本のための取材で、テキサス州、エルパソのほこりっぽい郊外にあるバルセント・プロダクツというバイオ燃料のスタートアップ企業を訪ねたときのことだった。創始者のグレン・ケルツは、投資会社から何百万ドルもの投資を受けて、縦に数十枚並んだ透明のプラスチック・パネル（一基、長さ三メートル、幅一・二メートル、厚さ一〇センチほど）で藻類を育てていた。パネルの内部で、曲がりくねった通路を水と藻類の混合液が流れていた。その日の頭上から照りつける太陽の光を受けて、パネルは、この世のものとは思えない緑色に輝いていた。ケルツは、率直そうな青い目を持つ男だった。パネルの中の藻類が倍々に増えると、だんだん色が濃くなり、最後にはほとんど真っ黒になる、と彼は説明した。一日に一回、パネルの半分を回収して、強力な遠心分離機で藻類と水を分離すると、藻類の糊状のペーストが残る。その後、藻類のペーストを高圧下で加熱してオイルを抽出する。このオイルは、精製所に販売されて、ガソリン、ディーゼル、またはジェット燃料に加工される。毎日新しい培養液がパネルに追加されて、藻類は休むことなく仕事を続ける。

ケルツは、成功はすぐそこの角まで来ていると主張した。バルセントは間もなく一エーカーあたり一〇万ガロン（約三八万リットル）の燃料を生産すると言った。多くのジャーナリストが好意的な記事を書いたように、私もそれが実現することを確信した。結局のところ、原油は何百万年もの間、地下で圧縮された古代の藻類から作られたものだ。バルセントは、地球が長い時間をかけてゆっくりと行ってきたことを短時間でやっていた。自動車で化石燃料を燃やすと、長期にわたって隔離されてきた炭素が大気に放出される。しかし、藻類燃料を使えば、その分の二酸化炭素の大気への放出を防ぐことができる。世界の二酸化炭素排出量の一四％は輸送燃料の燃焼によるものだから、藻類オイルへの切り替えは、気候変動に重要な影響を及ぼすだろう。さらに良いことに、藻類を育てるために、耕作地や淡水は必要ない。どちらも、私たちの惑星で、ますます希少になりつつある貴重な資源だ。

投資家にとって残念なことに、ケルツは大科学者でも大エンジニアでもなかった。私の訪問後まもなく、バルセントは石油ビジネスから撤退した（彼の率直な目も力尽きた）。ケルツのオイルは、原油に比べて少なくとも一〇倍は高かった。藻類燃料の科学的背景は間違いなく正しい。また、藻類を扱う他の多くの企業（大部分は小規模な新興企業だが、大手のエクソンも含まれていた）は複数の関連技術の開発を始めていた。私はこれらの起業家の事業の進捗を懸命に追跡し、実際に何が可能なのかを見極めようとした。私は藻類企業の核となる小さな緑色の細胞にますます興味を惹かれ、最終的に夢中になっていることに気がついた。しかし、実のところ、バイオ燃料は、藻類が約束することのほんの一部にすぎない。

私が感じてきた藻類の魅力がこの本になった。電話、飛行機、車、ボート、ドローン、スキューバ・フィンを駆使し、また、アメリカ全土、そしてカナダからイギリスのウェールズ、そして韓国に至るまで、地球上を駆け回った。本書は、惑星上で最も強力な生物である藻類が、善かれ悪しかれ、私たちの生活に及ぼしている影響、そして藻類が私たちの将来に果たし得る役割を理解する旅の物語である。私は地球の歴史の奥深くから始め、現代の生物工学の最先端へと旅をした。旅の過程で、多くの科学者や起業家に出会った。彼らは、藻類という小さな発電所を活用して、私たちの健康を改善し、増え続ける地球の人口を養い、私たち自身が招いてきた地球の混乱した惨状を解決しようとしている。

藻類は、正真正銘、地球の錬金術師である。太陽光を動力として、厄介ものの二酸化炭素と、水と微量のミネラルを生命の材料である有機物に変える。さらに良いことに、藻類は、組み合わせの魔法で、酸素を吐き出す。息をしてみよう。あなたが吸い込む酸素の少なくとも五〇％は藻類が作ったものである。藻類にとって廃棄物である酸素は、呼吸するすべての動物にとって、なくてはならない。藻類が存在しなければ、われわれは空気を求めてあえぐはめになる。

藻類が不足することはない。海洋は、密集しているが目に見えない、厚さおよそ二〇〇メートルの藻類の層を持つ。海洋の藻類は、宇宙のすべての銀河にある星の数よりも多い。一滴の海水を飲んでみるとよい。数千の目に見えない藻類を飲み込んでいることになる。藻類は、海洋の食物連鎖の底辺を構成する微視的な捕食動物の欠かせない食物である。明日、すべての藻類が死んだら、小さなオキアミからクジラまで、おなじみの水生生物はすぐに飢えてしまう。

実際、藻類が三〇億年以上も前に進化して、大気を酸化していなかったなら、海洋で多細胞生物が優雅に泳ぐことは決してなかったはずだ。五億年前、陸上の生活に適応し、地球のすべての植物に進化したのは、緑色藻類の一種だった。食料となる植物が存在しなければ、三億六〇〇〇万年前に水から陸に這い上がった最初の海洋動物は生き残ることも、さらに進化を続けることもできず、私たち自身を含む今日知られる陸生の生物に多様化することもなかっただろう。数百万年前に、祖先のヒト族が、魚や、藻類を食べる海産動物を摂取できなかったら、つまり特別で重要な栄養素を摂取できなかったら、私たちは大きな脳を進化させることはなかっただろう。藻類が存在しなければ、すべての生命が藻類に依存していることを知ることもなかっただろう。

藻類の影響は、彼らの死後も長く続く。彼らのミクロな炭素質の死骸——水生動物やバクテリアの餌になることを免れたもの——は、静かに降り続ける雪のように漂流し、沈降していく。死骸は海底に堆積し、その中の炭素は計り知れない年月にわたって隔離される。大気中の二酸化炭素を大気から隔離して長期貯蔵に移すことで、藻類は耐え難い高温の温室になることから地球を守っている。およそ五〇〇〇万年前、北極に氷がなかった最後の時代、八〇万年にわたる藻類の爆発的増殖が、大気を冷やし、今日の寒冷な状態を作り出した。

藻類を研究する科学者である藻類学者は、これまでに約七万二〇〇〇種の藻類を記載した。しかし、その一〇倍もの、まだ名前がつけられていない種(しゅ)が存在している可能性がある。今日、南極の氷の下、シエラネバダ山脈の雪上のピンク色の藻類、砂漠の砂の中、岩の中、木の上の藻類、さらに三本のかぎ爪を持つナマケモノの毛皮の上に生える藻類（ナマケモノはそれを食べる）など、藻類はあらゆる場所に生息している。藻類はサンゴの内部にも共生しており、サンゴは相棒の藻類なしには生き残れない。世界の魚種の二五％の生息地であるサンゴ礁は、何億人もの人々に経済的利益を提供している。温暖化する海は藻類とその宿主の重要な関係を崩壊させ、今日、サンゴは衝撃的で悲痛とも言える速度で死に続けている。

それでは、藻類とは正確に言うと何なのか？ 確かな答えはない。藻類という言葉は、動物界やホモ属、ホモ・サピエンスのような、分類学上のカテゴリーではないからだ。藻類 algae（単数は alga）は、多様な生物のグループを含む包括的な用語である。進化の順に三つのタイプがある。最も小さく、最も古い藻類は、単細胞で、細胞内部の構造が単純な藍藻である。現在、一般にシアノバクテリア（または、より親しみやすいシアノズ）として知られる。次は、肉眼では見えない、単細胞だが複雑な細胞構造を持つ微細藻類である。シアノバクテリアと微細藻類を合わせて、古代ギリシャ語で「植物漂流者」を意味する植物プランクトンと呼ぶこともある。最後は――風味豊かな――目に見える海藻、または大型藻類である。シアノバクテリアが髪の毛の一〇分の一の幅しかなかろうと、五〇メートル以上の長さになるジャイアント・ケルプであろうと、藻類には特定の特徴がある。最大の共通点は、ほとんどすべてが光合成をすることである。光合成をしない少数の種も、かつては光合成をしていた。

藻類は、自身が持たない性質によっても定義される。光合成をするにもかかわらず、藻類は植物ではない。二〇世紀になるまで、藻類は植物界のメンバーと見なされていた。植物と藻類にはわかりやすい類似がある。多くの海藻は植物のように見えるし、湿った土壌の上で成長する微細藻類の集団はコケのように見える。それにもかかわらず、藻類は根本的に植物と異なる。藻類は、いわばアダムとイブの堕落以前の世界の住人である。ほとんど、あるいは全く努力せずに水に浮かび、太陽のエネルギーを浴びて温まり、細胞壁を簡単に通過して細胞質に入ってくる水中の栄養素を吸収することができる。藻類は、植物のように花を咲かせ、香りを漂わせ、あるいはタネや果実を見せびらかすことは決してない。植物は、この世界の、派手に着飾った光合成生物であり、対して藻類は目立たない女の子のようだ。地味な藻類は、花びらや蜜腺、雌しべや雄しべ、乾燥を防ぐ樹皮や直立するための木質を持たない。だから、利用できる太陽エネルギーのほとんどを、自身を増やすことに使える。これは、価値のある炭水化物、タンパク質、ビタミン、油脂、そしてミネラルを蓄積する点で、植物より何十倍も生産的であることを意味する。

海藻を食べることで、藻類の栄養上の恩恵——特に健康に重要なオメガ3オイル——を直接摂取することができる。毎年、六〇億ドル以上の価値を持つ二五〇〇万トンあまりの海藻が、東アジアの広大な養殖場や、ニューイングランド沖あるいはヨーロッパ北部の海岸の岩から採取されている。海藻は、日本と韓国の食生活の約一〇%を占め、世界中で売り上げが伸びている。アメリカでも、コストコからホールフーズ・マーケットまで、食料品店の棚にさまざまな種類の乾燥海藻が置かれており、ヨーロッパと同様に、広く販売されている。海藻の人気が高いのはよくわかる。多くの海藻は栄養価が高いだけでなく、舌で感じる五つの基本的な味のうちの一つ、食欲をそそる「うま味」が含まれているからである。巻末にいくつかの海藻料理のレシピを挙げた。あなたの料理の幅を広げることができるだろう。

私たちが食べる藻類のほとんどは大型藻類だが、微細藻類とシアノバクテリアを扱っている多くの企業は、人間が活用するために、どのように処理し、販売すればいいか考えている。本の後半で、サンフランシスコの有望な企業のテスト・キッチンに立ち寄り、卵やバターの代わりに藻類のタンパク質とオイルを使ったクッキー、パン、その他の食品を試食する。結果は満足できるものだった。

藻類を直接食べなくても、魚介類を食べることで藻類の栄養を享受できる。海の動物は藻類を食べて藻類のオメガ3オイルを蓄積しているので、われわれは中古品の恩恵を受けることになる。しかし、今日、私たちが食べる魚の半分は養殖もので、餌としてトウモロコシと大豆を与えられることが増えている。魚に微細藻類を与え、栄養特性を維持することはできないだろうか？　ブラジルの会社は、まさにそれを目的として、スチール製の巨大な容器で藻類を育てている。私は、それを見学に行った。

藻類は私たちの生活の中に入り込んでいる。キッチンで藻類を見つけることができる。アイスクリームでは氷の結晶の形成を防ぐために、チョコレートミルクではココアを溶け込ませるために、サラダ・ドレッシングでは成分をうまく混ぜ合わせるために使われている。他の多くの食品でも、藻類が使われている。また、あなたが使っている水道水は、浄水場で窒素とリンを除去するために生きた藻類でろ過されたものかもしれない。あるいは、粒子状の物質を除去するために化石藻類でろ過されたものかもしれない。あなたが食べている果物や野菜は、藻類を加えた土壌で栽培されたものかもしれない。浴室でも藻類を見つけることができる。藻類は、ローションを濃くし、ヘア・コンディショナーを乳化し、歯磨き粉をゲル化し、毎日飲む錠剤をコーティングしている。そして今や、あなたは藻類を履くことさえできる。私がふと立ち寄ったミシシッピ州の企業では、池の藻類からランニング・シューズの靴底を作っていた。

藻類は役に立つが、迷惑なこともある。地球温暖化と海や湖への肥料の流出が絶えないこの時代に、湖と湾の多くで、藻類の異常増殖がますます猛威を振るっている。これら藻類の「ブルーム（大発生）」は概ね景観上見かけが悪いだけだが、なかには私たちを含む動物を毒で汚染することもある。近年、フロリダは特に大きな打撃を受けた。二〇一八年、州知事は七郡に非常事態宣言を発令した。メキシコ湾の海岸に数百万匹の死んだ魚が打ち上げられ、ブルームから空気中に放出された毒によって、呼吸器疾患で病院に行く人が五〇％も増えた。

毒を生産するまでもない。藻類は、間接的に、溶存酸素がほとんどなく生物が棲めない、「デッドゾーン」海域を作り出している。現在、世界中に数千ヘクタールにおよぶ四〇〇以上のデッドゾーンがあり、毎年拡大している。

爆発的に増殖する藻類は人間の生命と生活を脅かしているが、その驚異的な生産力を、環境を改善するために活用することはできないだろうか？　森林火災と戦うために背中に火傷を負う消防士のように、私が訪問したフロリダの会社は、より多くの藻類を用いて藻類がもたらす厄災と戦っている。世界中で自動車、工場、発電所が大気中に二酸化炭素を放出し続けているが、それを除去する役割も負えるかもしれない。南氷洋では他の海域よりも藻類が少ないが、科学者たちは、そこで藻類を増やすことで、大気からより多くの二酸化炭素を取り込み、それを海底に隔離する方法を研究している。

藻類の物語は、過去に深く根ざしたブドウの木のようで、現在さまざまな方向に枝を伸ばし、将来の新たな価値を見つけるために、新しい巻きひげを作り出している。豊かな主題に秩序を持たせるために、本書は四部構成にした。第1部で、藻類の誕生とその地球征服の歴史をたどる。次に第2部では、海藻を食することの楽しみを探る。そのために、私たちの食卓に海藻を届けるという数十億ドルのビジネスをしている人々に会う。第3部では、七世紀のガラス製造から今日のプラスチックや燃料に至るまで、藻類のさまざまな用途を発見した人々の物語を語る。最後に、第4部で、善かれ悪しかれ、温暖化した大気と汚染された水を変える藻類の力を調査する。

しかし、三〇億年の旅を始める前に、ほんの数年前の自宅の前庭から話を始めさせてほしい。

目次

藻類　生命進化と地球環境を支えてきた奇妙な生き物

第2部 海藻を食べる人々

第3部 高まる藻類の可能性

第4部 藻類をとりまく深刻な事態

訳者あとがきにかえて——地球進化と生物進化を再構築できる藻類研究の魅力

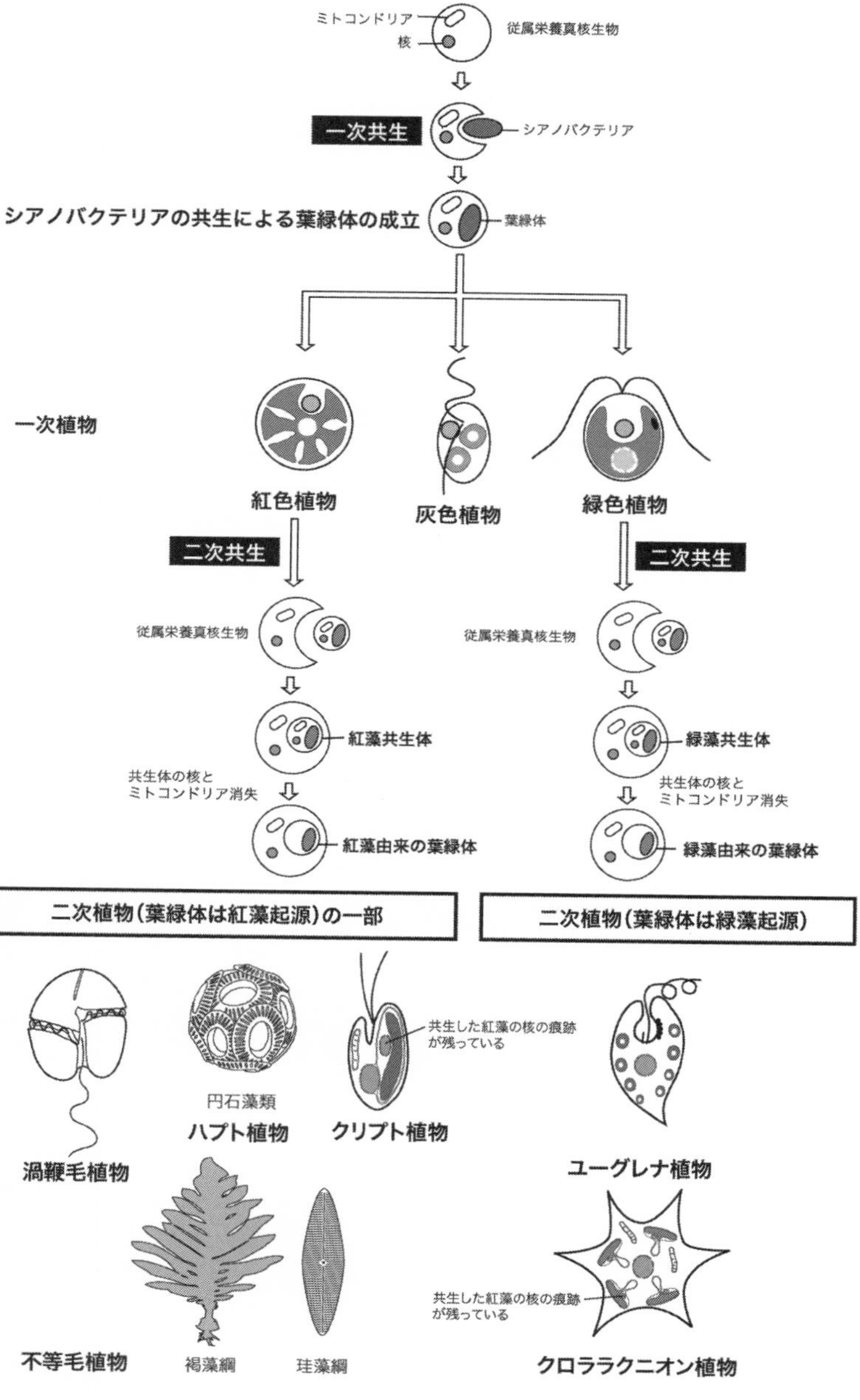

ミトコンドリア
核
従属栄養真核生物
一次共生
シアノバクテリア
シアノバクテリアの共生による葉緑体の成立
葉緑体
一次植物
紅色植物
灰色植物
緑色植物
二次共生
二次共生
従属栄養真核生物
従属栄養真核生物
紅藻共生体
緑藻共生体
共生体の核と
ミトコンドリア消失
共生体の核と
ミトコンドリア消失
紅藻由来の葉緑体
緑藻由来の葉緑体
二次植物（葉緑体は紅藻起源）の一部
二次植物（葉緑体は緑藻起源）
共生した紅藻の核の痕跡
が残っている
円石藻類
ハプト植物
クリプト植物
渦鞭毛植物
ユーグレナ植物
共生した紅藻の核の痕跡
が残っている
不等毛植物
褐藻綱
珪藻綱
クロララクニオン植物

藻類の分類

★印は、本書に登場する藻類の仲間

酸素発生型光合成をすることだけを共有する、全く異なる生物群の寄せ集めといえるのが藻類である。藻類の複雑な進化への理解を助けるため、分類表（左ページ）と図（右ページ）を作成した。現在では、陸上の植物は緑色の藻類から進化したことが系統解析で明らかになっており、旧来の胚を作る陸上植物＝植物、胚を作らない緑色の生物＝藻類という図式は成り立たなくなった。著者もエピローグで述べているように、陸上植物は実際には洗練された藻類である。陸上植物は緑藻植物が進化したもので、表に示したように、系統的にはシャジクモ藻類とともにストレプト植物門に含まれる（訳者）。

バクテリア

- シアノバクテリア（藍藻）★

一次植物

- 灰色植物門
- 紅色植物門
  - イデユコゴメ藻綱
  - チノリモ藻綱
  - ベニミドロ藻綱
  - ロデラ藻綱
  - オオイシソウ藻綱
  - 真性紅藻綱 ★
- 緑藻植物門
  - マミエラ藻綱
  - ネフルセルミス藻綱
  - クロロデンドロン藻綱
  - ペディノモナス藻綱
  - アオサ藻綱 ★
  - トレボキシア藻綱
  - 緑藻綱 ★
- ストレプト植物門
  - シャジクモ藻綱 ★
  - 陸上植物（コケ、シダ、裸子、被子植物）

二次植物（葉緑体は緑藻起源）

- ユーグレナ植物門
- クロララクニオン植物門

二次植物（葉緑体は紅藻起源）

- クリプト植物門
- 不等毛植物門
  - 黄金色藻綱
  - 黄緑色藻綱
  - 真正眼点藻綱
  - ラフィド藻綱
  - 珪藻綱 ★
  - ディクティオカ藻綱
  - ペラゴ藻綱
  - ピンギオ藻綱
  - アウレアレナ藻綱
  - シゾクラディア藻綱
  - 褐藻綱 ★
  - など
- ハプト植物門（円石藻類を含む）★
- 渦鞭毛植物門 ★
- クロメラ植物門

第1部 藻類と生命誕生

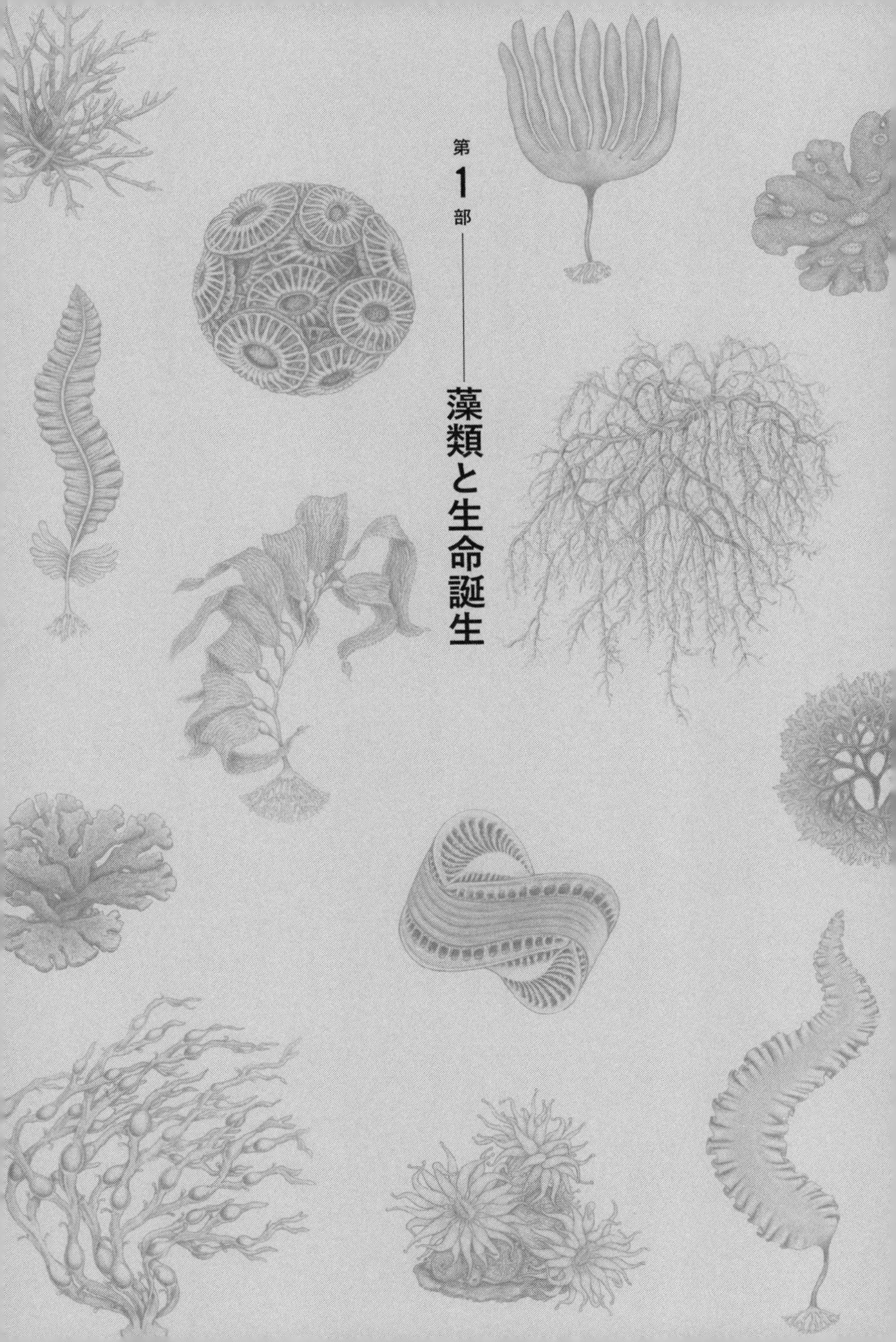

1章 池と金魚とアゾラ

数年前、憧れの建築家が設計した、ミッドセンチュリーモダンの住宅の広告が地元雑誌に掲載されているのを見つけた。夫のテッドと私は、引っ越しは考えていなかったが、好奇心から見に行くことにした。私はすぐにガラスを多用したつくりと、家の正面に設置された池――正確には正方形の反射池――に特に惹かれた。ドアに行くには、水面に浮かんでいるように見えるスレートの敷石の通路を歩く必要があった。魅惑的だ、と私は思った。

確かに魅惑的だ。どうやらそれは、私の合理的な脳が魔法で麻痺したからだったらしい。そうでなければ、二階が部分的に傾いて裏庭に滑り落ちそうに見えることや、屋根から漏れる雨だれを受けるために、スープ鍋が寝室の床に置かれていることを気にも止めなかったことを、どう説明すればよいのか? 池のコンクリートの壁が崩れ、隣接する地下の壁が湿っていることに気がつかなかったのはなぜか? テッドは建築にはあまり夢中にならなかったが、庭師の献身的な奉仕が必要になる、大きくて日当たりのいい庭に魅了された。魔法にかけられたように、私たちは書類に署名し、小切手を切って、所有権を手にした後の最初の一八か月を家の構造的な問題に対処することに費やした。そしてようやく、テッドは庭に意識を向けるようになり、私は池に注目した。

池は、手入れされていなかったが、生き物から見放されてはいなかった。池の底の四つの水たまりでヨシが育ち、虹色の羽を持つトンボがその間を飛び交っていた。春ののぞき屋、二五セント硬貨（直径二・五センチ）ほどの大きさの茶色のアマガエルは、毎晩甲高いコーラスでセレナーデを奏でた。歌手を見つけるのは難しかった。彼らは一方が池の片側に接し、他方が低木に入り込んだ、まだらになったベージュ色のレンガの壁にしがみついていた。数匹の勇敢なカエルが、玄関の両側にある大きな窓を登り、ガラスに写し絵のように貼り付いた。のぞき屋には、縞模様の足と膨らんだ琥珀色の目を持つ大きな緑色のウシガエルの親戚がいて、敷石の上に座って、午後と夜のコンサートにベース音を加えた。ドアを開けると、大きなカエルたちは水に飛び込み、ドラムのような音をたてて私を送り出した。

すべてのカエルは交尾のために池にやって来て、その成功の証拠――数十個の幅の広いゼラチン状の卵のリボン、それぞれに小さな黒い点が入っている――がすぐに現れた。二週間後、卵は数千、おそらく数万のオタマジャクシに孵化した。池は理想的な保育器になった。天敵となる魚がいないため、元気に動き回るオタマジャクシは、ぞっとするほどの数が生き残った。このオタマジャクシの集団にはもう一つの利点があった。餌がたっぷりある。若いオタマジャクシは、急速な成長と変態を促進するために微細藻類を食べた。しかし、オタマジャクシはあまりに多く、やがて藻類を食べ尽くして空腹になり、そして、藻類がいなくなった池の水は澄み切った。

九月までに、オタマジャクシは死ぬか、小型のカエルまたはヒキガエルになって移動していった。私はすぐにカエルが恋しくなった。カエルがいなくなって、池の水が変化し始めた。最初に、私はわずかな「もや」に気がついた。もやは次第に色が深まり、黒っぽい緑色になった。その後、ある朝、私は池の隅に集まった三日月形の藻類の塊を見つけた。そして、私は自分が藻類のブルームを育てたことに

──自分の研究を考えると、いらだちと、いくらかの楽しみの両方を感じながら──気づいた。夏の太陽の下で、捕食者がいない中、藻類は自らがすべきことをした。つまり、よく増殖した。化学薬品を使ってブルームと戦うことはできたかもしれないが、とにかく池のコンクリート壁を修理する時が来たので、私はすべての水とすべての微細な住民を汲み出した。

春の間、池の唯一の訪問者は工事の職人たちだった。七月までに改修が完了した。改修された池には、浮遊する藻類を殺すための紫外線フィルターが設置され、六つの気泡発生装置が水を穏やかに波打たせて酸素を供給し続けた。私の次のステップは、池を整備することだった。家を購入する前、たくさんの黄色い花が切れ込みのある葉の上に浮かぶスイレンと、のんびり泳ぐ金魚が真っ黒な池の底を背景に鮮やかに浮かび上がる絵を描いていた。季節はずれでスイレンは入手できなかったが、近くの水族館の売店ではさまざまな金魚が売られていた。私はキャリコの朱文金とオレンジ色と白のまだらの更紗琉金を買った。

店員は、真夏の暑さの中で魚に日陰を提供し、魚を狙う水鳥から身を隠すために、アゾラと呼ばれる浮遊シダを購入することを勧めた。それは理にかなっているように思われた。しかし、若い男が小さなシダの入ったクォートサイズ（約一リットル）のビニール袋を持って戻ってきたとき、私は彼がからかっていると思った。植物はきれいだった──袋の中で、緑色のレースの束のように見えたが、金魚を守る役割を果たすには量が少なすぎた。トロピカル・ドリンクにささっているパラソルの下で雷雨から身を守ろうとするようなものだ。

「心配ないです」と彼は保証した。「すぐにわかりますよ。これはびっくりする勢いで成長します」

半信半疑で購入して、家に着くとすぐにアゾラと金魚を池に放した。金魚は群れで泳ぎ回り、監禁から逃れたことを喜んでいるように見えた。小さなシダは集合して、一〇センチほどの緑の円盤を作った。週の終わりまでに、一五センチほどの集団になった。さらに一週間後、シダの集団はA4サイズまで成長した。一か月もたたないうちに、水に浮かぶ緑のぼろぼろの敷物ができた。それは、池の壁から壁まで届く五メートル幅の絨毯になろうとしていた。秋になると、金魚が見えるのは、シダをかじるために浮き上がったときだけになった。私は金魚の池が欲しかったのだが、代わりにシダの池ができあがった。

私は、理想的な条件下では、アゾラが二~三日で二倍になることを学んだ。アゾラの成功の秘密は、体を構成する繊細な数ミリの小さな葉の内部にある。葉には上葉と下葉がある。半透明でカップのような形をしている下葉がボートの船体のように機能して、緑色の上葉が水面に浮くように支える。上葉の中央には空洞があり、その空洞に、最も単純で最も原始的な藻類である数千もの単細胞シアノバクテリアが入っている。アナバエナ・アゾラエと呼ばれる特別な種は、もっぱらアゾラに棲んでいる。これらのシアノバクテリアは光合成をするだけでなく、大気から窒素ガスを取り込んで、すべての生物が生きるために必要な窒素化合物に変換する(つまり、「固定」する)。安全な港と引き換えに、シアノバクテリアは固定された窒素の多くを宿主のシダに渡す。陸生のシダは、根で土壌から固定窒素化合物を吸収する。つまり、シダの成長は、根の先端付近で取得できる窒素化合物によって制限される。アゾラにはそのような制約はない。共生するシアノバクテリアは体内の肥料工場で、使用可能な窒素を一日中作り続ける。

アゾラの急速な成長は必ずしも高く評価されているわけではない。特定の国や地域では、侵入生物に分類されている。流れのない運河や水の動きがない貯水池で、二、三センチのアゾラを投入すると、約四〇〇〇平方メートルに広がる。ポンプのフィルターをふさぎ、水域をびっしりと覆うので、船は前進できない。しかし、アゾラが引き起こすあらゆるトラブルにもかかわらず、東アジアには熱烈なファンがいる。

有機農法に効くアゾラ

古野隆雄はアゾラを愛する男である。四〇年以上にわたって、彼は九州の桂川町の二ヘクタールの田んぼで米を栽培してきた。少なくとも彼をビデオで見て、また彼の著作を読んで、私に言えることは、古野は、熱心で温かく、真面目な男だということである。五人の子どもを育てた彼と妻は、有機米、野菜、カモ、そしてカモの卵を販売するために協力して働いている。古野は、利益を生む経済活動だけでなく、精神的に満足できて、環境に健全な生活様式として、有機農法に取り組んでいる。

古野は一九五〇年に生まれ、九州の田舎で育った。子どもの頃、彼は友人と田んぼで遊び、水を抜いた水田の湿った泥に潜り込んだドジョウを捕まえた。しかし、彼が大人になって自分の農場を始めた頃には、日本の稲作は完全に変わっていた。「除草、収穫など、以前はすべて手作業でやっていました。しかし、もはやそうではありませんでした」。一九六〇年代に、農薬、除草剤、合成肥料が導入され、稲作は単作になった。「米の生産性が上がり、農民の生活はずっと楽になりました。しかし、水田には魚がいなくなり、子どもたちがそこで遊ぶことはなくなりました」

一九七〇年代初頭に稲作を始めたとき、古野は周りの農家と同様に、化学肥料や農薬を使った。しかし、レイチェル・カーソンの『沈黙の春』を読んで、子どもたちの健康を心配するようになり、有機的な方法を採用することに決めた。しかし、経済的に成り立つように稲作を行うのは困難だった。雑草や昆虫が水田を荒らした。彼は隣人よりも一生懸命働いた。夜明け前に起きて、水の中にすねまで浸かって一日中過ごし、容赦ない夏の太陽の下で雑草を引き抜いた。稲と野菜の二毛作、水を深くした栽培、二度鋤、鯉の稚魚の放流、電動除草機の使用まで、除草剤を使わずに雑草を除去するために、ありとあらゆる方法を試した。「しかし、何をしても、雑草は私を打ち負かした」と彼は回想している。

その後、一九八八年に、近くの町の有機農家から、古代中国のアイガモ農業の話を聞いた。飼いならしたアイガモを田んぼに放すと、アイガモは稲を傷つけることなく雑草や昆虫を食べるという。古野は試してみることにした。その夏、彼は四週齢のアイガモの子を、網で囲んだ水田に放した。結果は目を見張るものだった。雑草は完全に消えて、稲とアイガモは元気に成長した。

古野は中国の方法を改良し、合鴨水稲同時作と呼ぶ独自の方法に全力を注いだ。彼は独自のアイガモを開発した。小さな渡り鳥の野生の雄マガモと、飛ぶことを嫌がる、飼いならされた太った雌のカモを交配した。中国のカモ農法では夕暮れ後に小屋に鳥を回収していたが、彼は、アイガモは（鶏と異なり）弱光下でも良好な視力を持ち、月明かりの夜に採餌できることを知っていたので、二四時間仕事をさせた。アイガモはいつでも餌にありつけるようになったが、一方で、イタチ、キツネ、地域をうろつく野良犬や飼い犬、そしてアイガモの子を狙うカラスや他の野鳥がアイガモを襲うようになった。「捕食者が水田への侵入に一度でも成功して、おいしい肉を味わってしまうと、彼らはカモを捕らえることに夢中になりました」。古野はイタチを捕まえるために生卵を餌にして罠を仕掛けた。水田の周囲に杭を立てて、網で囲った。侵入者を搦め捕るために網の下端はあぜに垂らすか土に埋めた。侵入者を追い払うために水田で寝ることもあった。三年間の実験の後、ついに彼は電気柵、埋め込み網、水田の上にジグザグに張り巡らせた釣り糸などを駆使して被害を減らすことに成功した。

そうしている間に、彼は稲とアイガモの農法を完成させた。彼は現在、六月の初旬に水田に苗を植え、鳥が動き回っても倒れない大きさに稲が育つ三週間後に、拳大のアイガモの子を放す。現在、彼は一平方メートルにつき約二五羽のアイガモの子を放している。アイガモは、浅瀬で激しく羽ばたき、雑草の種を掘り起こし、泥をかきまぜて雑草が必要とする日光を遮る。なんとか水面近くまで葉を伸ばすことができた雑草を、根こそぎにできないまでも、容赦なく食いちぎる。アイガモはまた、稲を食べるバッタ類やヨトウムシ、穴あけ虫（ニカメイガという蛾の幼虫）を執拗に追いかけて、捕まえるか、羽で水中にたたき落とす。

農薬と除草剤のコストを削減しながら、収穫量を上げることに成功した古野の評判が広まり、東アジアの農民が彼の方法を学ぶために訪れるようになった。しかし、それに振り回されることはなかった。一九九三年、彼は、フィリピンで世界的に有名な国際稲研究所のアゾラに関する権威である渡辺巌教授と話をした。渡辺教授は、中国の稲作農家は数千年前、おそらく紀元前六五〇〇年に、緑肥として意図的にアゾラを栽培していたことを説明した。方法は簡単だった。冬の間アゾラを生かし続けることに成功した提供者から、春にわずかな量のアゾラを購入して水田に入れる。アゾラはそこで勢いよく増殖し、秋に水田から水を抜いた後、残ったアゾラを土にすき込む。シアノバクテリアのおかげで窒素を豊富に持つアゾラは、水田の生産性を倍増させる可能性がある。東アジア中を旅する僧侶たちがこの慣行を広め、最終的に何百万ヘクタールもの水田がアゾラの明るい緑の絨毯で覆われた。アゾラは、安くて効果の高い肥料だった。

しかし、一九六〇年代に農業に化学が導入されると、新しい除草剤は雑草と同様にアゾラにとっても致命的で、アゾラは水田から消え、その使途は忘れられた。古野の有機的合鴨水稲同時作を聞いた渡辺教授は、日本の農家にとって、水田でアゾラを栽培することは、有機肥料としてだけでなく、アイガモの餌としても有用なのでは、と考えた。

古野が試してみると、アイガモがアゾラを好んで食べることがわかった。アゾラには十分なカロリーがあるので、アイガモに与える飼料が不要になった（彼は今でも市場に出せない不良米をアイガモに食べさせるが、それは必要に応じて、彼が呼べば集まるように訓練するためである）。さらに、彼はアゾラを食べるアイガモが固定窒素が豊富な堆肥を作ることを発見した。アイガモが足で排泄物を攪拌すると、微細藻類が窒素の一部を取り込んで、繁殖する。栄養たっぷりの微細藻類は昆虫の幼虫の餌となり、それが後に、アイガモの栄養価の高い餌になる。アイガモの窒素に富む排泄物が泥に流れ落ちると、稲の根に吸収され、緑が濃く、健康的で、収穫量の多い稲になる。浮遊性のアゾラは、土壌ではなく水から他の栄養素を吸収するため、稲と競合することはない。

一九九六年、古野は水田に魚――彼が子どもの頃に見たドジョウを放した。ドジョウも微細藻類を食べて、排泄物が稲の肥料になる。さらに、ドジョウを販売すれば収入が増す。現在、古野の稲-カモ-アゾラ-魚法は、東南アジアおよび南アジアの七万五〇〇〇人以上の農家に採用され、その数は増え続けている（その成果により九州大学で博士号を取得した）。アジアの大学や研究機関は、彼のシステムを使用している農家は、従来の技術を使用している小規模農家と同等以上の収量を得ていることを確認している。さらに、彼らは有機米だけでなく、アイガモの肉と卵のブランド化にも成功している。

これはアゾラなしでは不可能であり、アゾラはシアノバクテリアがその中に棲んでいなければ存在しない。古野の水田生態系は、私たちの惑星の生命の縮図だと私は思う。地球上のすべての生命は、藻類に支えられ、常に依存し続けてきた。

2章 酸素を放出！ シアノバクテリア

あなたが三七億年前の地球への訪問者になったと想像してみてほしい。誕生から七億五〇〇〇万年後の地球だ。岩だらけの火山島に立って、三六〇度どこまでも広がる、鉄を豊富に含んで緑色がかった海を眺めている。島に植物はない。つまり、植物が成長するために必要な土壌がない。土壌には植物が分解されて作られた有機物が含まれているが、これから三〇億年以上も後の時代まで、地球に植物は出現しない。

スキューバ・ダイバーがするように、呼吸装置を着用する必要がある。地球にはまだ遊離酸素がない。この時代の大気は、一酸化炭素、二酸化炭素、メタン、そしておそらく水素と二酸化硫黄と窒素からなる、人間にとって致命的な混合気体である。しかし、少なくとも気温は快適である。太陽は現在の七〇%の明るさしかないが、二酸化炭素とメタンの温室効果で惑星表面は暖かく保たれている。地球は現在の二倍の速さで回転しているので、六時間ごとに日が昇り、沈んでいくのを見て戸惑うかもしれない。月は現在より一〇倍も近くにあり、一〇倍大きな月が空に明るくかかっている。そして、近距離の月の巨大な引力が、地球上に数百メートルの潮汐を引き起こす。あなたは月の表面のクレーターをはっきりと見ることができるが、おそらく現在の月のクレーターと同じものではない。火山は、現在よりはるかに活発に活動しており、定期的に灰と硫酸の水滴を大気中に浮遊させている。暗い太陽の下で、夜明けと夕暮れ時に、空は黄色とオレンジの色合いに染まる。

海には現在の二倍の水がある。しかし、水は一分子ずつ消滅し続けている。大気中に酸素がないために、地球にはオゾン層がない。太陽からの紫外線は妨げられることなく地球に降り注ぎ、水分子に当たって水素と酸素に分解する。水素原子は軽いために宇宙に飛び出して消失し、酸素はすぐに水中のミネラルと結合する。オゾン層がなければ、地球は生命のない乾燥した状態に向かう。その運命は、水があった金星に降りかかった。現在の金星はカラカラに乾燥している。

それにもかかわらず、この時代に、私たちの惑星には、単細胞の単純なバクテリアとその単細胞の親戚のアーキア（訳注：バクテリア、真核生物とともに生物界を構成する生物群の一つ。細胞膜を構成する脂質がバクテリアと異なる。古細菌とも呼ばれる）が生息する海があった。すべての生物と同様に、これらの微細な生物も生きるためにエネルギーを必要とし、分裂して増殖するためにさまざまな細胞成分を合成する必要があった。バクテリアもアーキアも細胞壁が硬いために、仲間を食べてエネルギーを獲得することはできなかった。しかし、彼らは、細胞壁を通して、硫化水素のような化合物を細胞内部に取り込むことができた。細胞内で、取り込まれた化合物は化学的に反応して、電子を放出する。彼らは、その電子を使って、短期的にエネルギーを貯蔵するＡＴＰ（アデノシン三リン酸）と呼ばれる分子を生成した。続いてこれらの生物は、ＡＴＰのエネルギーと水に溶けている二酸化炭素を使って、生存し、増殖するために必要なアミノ酸、タンパク質、脂質、炭水化物などの有機化合物を合成した。

今日も、深海の熱水噴出孔やイエローストーン国立公園などの、硫黄が豊富な温泉のような極端な環境で「化学合成独立栄養生物」が多数生息している。しかし、あなたの三七億年前の地球への訪問の前後（プラス・マイナス一億または二億年）に、太陽の下で、バクテリアが全く新しい何かに進化した。それは海の表層に浮かび、クロロフィル（葉緑素）と他の色素を持つため、全体として青緑色（シアン）に見えた。シアノバクテリアは、色素で太陽エネルギーの粒子である光子を捕捉し、光のエネルギーを利用して水を水素と酸素に分解して、電子を取り出し、ＡＴＰを生成した。その後、化学合成独立栄養生物と同様に、ＡＴＰを使用して有機化合物を合成した。この過程はもちろん、光合成である。水から電子を取り出す過程で発生した酸素を廃棄物として放出するので、この光合成は、酸素発生型光合成と呼ばれている。酸素発生型光合成は非常に複雑な反応で、科学者は現在もそのメカニズムの詳細の解明に取り組んでいる。

シアノバクテリアが獲得したのは、その後の繁栄を約束する理想的な能力だった。アーキアや他のすべてのバクテリアが、大好きな化学的な食べ物に出会うことを期待しながら単純に浮遊していたのに対して、新入りのシアノバクテリアは、水中で偶然に出現する分子を分割するというより、どこにでも存在している水分子そのものを分割した。太陽が輝いている限り食べ続け、シアノバクテリアは贅沢に増殖した。そして、彼らが泡を立てて放出した酸素は、最終的に（数十億年の時間をかけて）大気中に遊離して、紫外線を遮るオゾン層を作り、私たちの青い惑星をほこりっぽい死から救った。*

*最初の光合成生物は酸素を生成しなかった。代わりに、紫に近い色素で近赤外光を捕捉し、水中の硫黄化合物から電子を取り出し、廃棄物として純粋な硫黄の微視的な粒子を生成した。彼らは親戚のシアノバクテリアのように繁栄することはなかったが、子孫は現在も嫌気的な水中で生き続けている。

それだけでは飽き足らず、シアノバクテリアの一部の種は、さらなる進化を遂げた。地球上の生命は窒素が必要である。窒素は、生物が絶対に必要とする化合物の中で、ＤＮＡ、ＡＴＰ、およびタンパク質に含まれている。地球の大気は長い間窒素ガスに富んでいたが、二個の窒素原子は互いに強く結合していて、生物はN_2を使用することはできない。一億ボルトかそれ以上のエネルギーで燃える落雷は、N_2を二つに分割し、個々の原子を水素や酸素と結合して、アンモニア、アンモニア塩基、硝酸塩などの固定窒素化合物を生成する。問題は、落雷はインパクトはあるが、十分な量の窒素化合物を生成しないということである。稲妻だけに頼っていたら、生物が陸上で発展することは決してなかっただろう。

そこに、シアノバクテリアが参入した。顕微鏡レベルでだが、彼らは稲妻と全く同じことを実現したのである。シアノバクテリアは、地球上の主要な窒素固定生物（ジアゾ栄養生物）になった。幸いなことに、彼らは自分たちが作ったものを他の生物と共有した。固定した窒素の約五〇％を水中に放出し、他のバクテリアやアーキアが利用できるようになった。ジアゾ栄養性のシアノバクテリアが進化しなければ、生物界は、最も単純な、しかも限られた数の、海洋生物のみで構成されていただろう。つまり、単純に、行き渡るだけの十分な固定窒素がなかっただろう。

固定窒素を作るのは簡単ではなかったし、今も簡単ではないので、シアノバクテリアは特別な称賛を受けるに値する。まず、鉄とモリブデンを含み、窒素を固定する反応を触媒するニトロゲナーゼと呼ばれる酵素を発明しなければならなかった。それから、自身が作り出す酸素の問題を回避しなければならなかった。ここで問題がある。酸素原子は原子核を回る最外層の電子殻に六個の電子を持っているが、安定になるには八個必要なので、足りない二個の電子を他から奪い取ろうとする。初期の海水は溶けた鉄イオンで満ちていて、鉄の最外電子殻には二個の電子があった。何が起こったかおわかりだろう。酸素が鉄と化学的に素早く結合して、ニトロゲナーゼを作るために不可欠な鉄を除去してしまったのである。

藻類がネバネバしている訳

シアノバクテリアは創造力を発揮しなければならなかった。あるシアノバクテリアは、窒素を固定する間、光合成を停止した——したがって酸素の放出が停止した。他のシアノバクテリアは、光合成をしない夜に窒素を固定した。さらに、ある種のシアノバクテリアは、同じ種がビーズのように連なって微細な鎖を作り、ビーズ一〇個ごとにヘテロシスト（訳注：窒素が欠乏すると分化する細胞）という特殊化した細胞を形成した。ヘテロシストでは、光合成を停止し、さらに厚い細胞壁を作って外界の酸素を遮断した。ヘテロシストは窒素固定に専念し、糖と引き換えに、窒素化合物を他の細胞と共有した。今日、ジアゾ栄養性シアノバクテリアは、上記のいずれかの方法で窒素固定を行っている。

しかし、シアノバクテリアが生き残るために、解決しなければならなかった問題は、窒素だけではなかった。彼らは別のジレンマに直面した。彼らは海の表面近くで、紫外線によるＤＮＡの損傷を受けることなく、日光を集める必要があった。それに応じて、彼らは世界で最初の日焼け止めとして機能する、粘液と呼ばれる多糖類（糖分子の長い鎖）の滑らかな外層を進化させ、表面をすべすべに作り上げた。最終的に、すべての藻類は粘液の外層（スライム）で覆われるようになった。

全体として、シアノバクテリアは、繁栄するために見事な装備を持っていた。ほとんどの種は、七〜一二時間ごとに二倍になる。つまり、シアノバクテリアで覆われた一辺三〇センチほどの区画は二日で小さなオフィスの床を覆う。いくつかの種は二時間ごとに二倍に増える。つまり、同じ時間で六つ以上のサッカー場を覆うほど増殖する。いずれにしても、数億年の時間をかけて、シアノバクテリアは想像を超えて増殖した。その間、球形、卵形、棒状、らせん形、糸状など、さまざまなサイズと形状の種に進化した（最小で最も繁殖力が高い、球形のプロクロロコッカスは一九八六年に発見された。海水の小さじ一杯に最大四〇万個体が存在すると考えられている）。水面近くで、シアノバクテリアは互いに粘液で結ばれて、浮遊する緑色のマットを形成した。マットは、炭酸カルシウムや炭酸マグネシウムなどの鉱物、死んだ微生物、その他の微視的な浮遊物を巻き込んで濃密に成長した。生きているシアノバクテリアは――再び粘液のおかげで――日の当たる方の表面に滑らかに移動し、増殖を続けた。

シアノバクテリアは、岩石の浸食でリンやモリブデンなどの必須ミネラルが供給される浅い水域で最もよく増殖した。年々、〇・五ミリ、さらに〇・五ミリと、マットはより厚く成長し、上面を除くすべてが徐々に硬化して層状の岩になった。ストロマトライトと呼ばれるこれらの層は、長い年月をかけて、厚さ一〇〇メートル、長さ数キロメートルになるまで成長した。丘ほどのドームを形成したものもある。古代のストロマトライトをスライスしてみると、無数のティッシュペーパーの層のような、季節ごとに成長した、何トンもの灰褐色、砂色、黄土色の層が見られる。*

*一般的にストロマトライトは、魚や他の海洋動物が進化する何億年も前に形成されなくなった。しかし、今でもオーストラリアのシャーク湾のような場所で見ることができる。そこは魚や巻き貝が生きるには塩分濃度が高すぎる。干潮時には、ストロマトライトは砂の上に座る丸みのある岩のようで、湿った表面から酸素の泡が出ている。

シアノバクテリアの指数関数的な成長は、約一五億年にわたって妨げられることなく続いた。捕食者が存在しなかったので、シアノバクテリアは繁殖を続け、二酸化炭素を吸収し、固定窒素を生成し、酸素を水中に放出した。ただし、酸素はまだ大気中に放出されることはなかった。すべての酸素が溶解した鉄分子と結合して、酸化鉄を生成した。言い換えれば、海が錆びたのだ。一〇億年間で、現在の大気に存在する量の二〇倍の酸素を海に放出し、そこで鉄と結合し、赤みを帯びた粒子となって海底に沈降した。最終的に、シアノバクテリアは約八五〇億トンの鉄鉱石を生み出した。これは地球の地殻が含む鉄の五%に相当する。今度自動車の鉄のドアを開けるとき、またはステンレスのフォークを手にするとき、それを作ることに貢献したシアノバクテリアのことを考えてほしい。

およそ二五億年前のある日、シアノバクテリアが生み出す酸素が海洋のすべての酸化可能な金属と結合したとき、最初の酸素の泡が空気中に放出された。遊離酸素！　これで、複雑な生物のために、進化の幕が上がった。まもなく魚は海を泳ぎ、両生類は岸に這い上がるだろう。しかし、それはまだ先のことだ。さらに二〇億年もの時間を必要とする。陸地にも鉄が豊富に存在していたために、最初の大気酸素は岩石を錆びさせることに使われた。最終的に結合するものがなくなってようやく、水中から解き放たれた酸素の最初の分子が大気中を自由に浮遊した。

逆説的だが、私たちが生命の根源と考える酸素は、実際には生物にとって破壊的だった。酸素は、無酸素水に棲むように進化したバクテリアやアーキアには猛毒だった。これらは死ぬか、呼吸に酸素を使うように変異するか、酸素が浸透していない海の深部に移動した。しかし、シアノバクテリアには破壊を引き起こすもう一つの強力な手段があった。死を招く氷だ。

酸素分子が大気中に漂流し始めると、一部はメタンガスと反応して二酸化炭素と水に変わった。メタンと二酸化炭素はどちらも温室効果ガスで、大気中の太陽熱を閉じ込めて宇宙に放射するのを防ぐ。しかし、メタンには二酸化炭素よりはるかに強力な温室効果がある。したがって、メタンが二酸化炭素に変わると、より多くの熱が宇宙に逃げる。同時に、シアノバクテリアは光合成で二酸化炭素を吸収し、大量の二酸化炭素を、死骸の形で海底に送り込んだ。つまり、シアノバクテリアは、生物圏から二つの温室効果ガスをゆっくりと除去し、惑星を冷却したのである。

その時代の超大陸ケノーランドは、小さな大陸に分裂し、さらに多くの岩石の表面を大気にさらすことで、冷却化のプロセスを加速させた。岩の表面積が多いほど風化が速まり、栄養塩が流出してシアノバクテリアが増殖し、大気から二酸化炭素が除去される。その結果、地球はさらに冷えて、氷は極から赤道に向かってゆっくりと進み、およそ二四億年前に地球全体が巨大な雪玉（スノーボール）になった。いくつかの場所では、氷と雪が八〇〇メートルの高さに達した。

微細な藻類は、単数では無害だが、数え切れないほど多くなると、強大な力を持ち、生きた惑星を初めて征服し、そして殺した。

3章 原核生物の支配は続く

重要なことは、熱い心臓があると、惑星の寒さを維持するのは難しいということである。ヒューロニアン氷期の三億年間、地表は氷に覆われていた。その間、マグマと高温のガスが、地球の溶けたマントルから、海底の火山と割れ目を通して上昇を続けた。新たに生成されたメタンと二酸化炭素が海と大気に放出されて、シアノバクテリアが引き起こした地球の凍結を徐々に逆転させた。およそ二一億年前には、惑星から霜を取り除くための十分な熱が大気に蓄積された。凍結を生き延びた――おそらく赤道直下の薄い氷の下や活火山に近い海岸域で――シアノバクテリアは、再び仕事に戻った。

この時に、全く新しい生命体が海で進化した。それ以前は、唯一の生き物はバクテリアとアーキアだったが、これらはどちらも原核生物である。つまり、硬い細胞壁に包まれた単純な単細胞生物で、膜で囲まれた核も細胞小器官も持たず、ＤＮＡが一本の環状の染色体を形作っている。新入りは真核生物だった。複数の線状の染色体を含む膜に包まれた核と、他の多くの細胞小器官を持つ、はるかに洗練された生物だった。これらの小器官の中でとりわけ重要なのは、酸素で燃焼する内燃機関であるミトコンドリアで、食物をエネルギーに変換する。ミトコンドリアは真核生物を強化した。原核生物に比べて一〇万倍も多くのタンパク質を作れるようになり、したがって、より多くの酵素、ホルモン、その他の構造を作れるようになった。シアノバクテリアがレゴのスターターセットを持っているのに対して、真核生物は洗練された3Dプリンターを持っているようなものだ。真核生物が構築した重要な新しい構造の中には、細胞骨格と呼ばれる柔軟な内部骨格と、くるくる回して食物を狩る鞭毛があった。そして、ここで、「狩ること」は的確な用語である。原核生物は、細胞壁の狭い通路を通して分子を輸送することで「食べる」が、原核生物より一〇倍から二〇倍も大きく、また伸縮性に優れた真核生物は、生物をまるごと飲み込んで食べることができた。

大雑把に言って約一六億年前のある日、十分な装備を持つ大きな真核生物の一つが、おいしそうなシアノバクテリアにドスンとぶつかった。捕食者は、まず餌を飲むように細胞膜をくぼませる。くぼみは餌を包み込みながら袋になり、さらに袋が閉じて細胞膜から切り離された。これは単細胞の真核生物が行う捕食の方法である。こうしてシアノバクテリアは、捕食者の細胞内の、細胞膜の一部から形成された――泡のような――液胞中に取り込まれた。

これは、シアノバクテリアの最期のはずだった。真核生物の消化の役割を担う小器官であるリソソームが液胞に結合して、その内容物を完全に分解するはずだった。しかし、このある日の、ほんの一瞬、どのようにしてか犠牲者は破壊を逃れた。シアノバクテリアは、捕食者だったはずの真核生物の内部に棲み着いた。自身の細胞膜の内部に無傷のまま存在し、真核生物からの「贈り物」である第二の膜に包まれていた。

役割が変更された。捕食者は家主になり、被害者は借り手になった。真核生物はシアノバクテリアを保護した。シアノバクテリアは、真核生物の細胞壁を通過してきた日光を使って、糖を作り続け、糖の一部が宿主に漏れ出した。家賃の支払いとも言えた。新しい家はシアノバクテリアにとってとても居心地がよく快適だったので、繁殖を続けた。そして、真核生物が繁殖するとき、子孫は、借家人ごと家を買うように、カプセルに包まれたシアノバクテリアを受け継いだ。時間とともに、シアノバクテリアの遺伝子のいくつかは、宿主の核に移った。これは生存のための必然だった。ＤＮＡの複製には時間とエネルギーが必要で、重複した遺伝子を排除した真核生物は、より速く、より効率的に増殖することができた。したがって、個体数がさらに増えた。すなわち、さらに成功を収めたのだった。

微細藻類の誕生

最終的に、シアノバクテリアは遺伝子の多く——約九〇％——を失い、もはや独立して機能できなくなった。シアノバクテリアは、葉緑体、すなわち光合成を行う緑色の円盤状の細胞小器官になっていった。これらの真核生物は、太陽のエネルギーで自身を養う独立栄養生物になり、他の生物を食べて自身を養う従属栄養生物であることを止めた。より正確には、単細胞性の酸素を放出する真核生物で、光独立栄養生物である。言い換えれば、彼らは今や微細藻類だった。

微細藻類は他の方法でも進化した。彼らは、葉緑体の内部に光合成の中心的な酵素ルビスコの結晶であるピレノイドを発達させて、その周りに二酸化炭素を集めた。光合成独立栄養では、ルビスコは二酸化炭素を有機化合物に変換する化学反応を触媒する。ピレノイドを使用することで、いわば、微細藻類はホットプレートに代えてプロ仕様のガスレンジで調理するようになった。

微細藻類は、この時期に紅藻（紅色植物）と緑藻（緑色植物）という二つの主要な系統に分かれた。三番目の主要なグループである褐藻（褐藻綱）——紅藻と緑藻が融合した可能性がある（※）——は、ずっと後で進化した。ただし、色に惑わされないでほしい。藻類と海藻には、さまざまな色素が含まれている。一部の色素は他の色素よりも優勢であるだけでなく、環境条件の変化に応じて強度が異なることがある。紅藻は濃い緑、紫がかった色、さらには黒く見えることがある。褐藻は緑、赤、黄色、または青にさえ見えることがある。あなたが見ているものは、予想したものとは限らない。

微細藻類は、シアノバクテリアよりもはるかに洗練され、強力で、順応性があり、海洋を引き継ぐ用意ができているように見えた。しかし、それはお預けになった。多くの利点を持っているにもかかわらず、その後一〇億年にわたって繁栄することはなかった。約一八億年前から八億年前（「退屈な一〇億年」として知られる時代）まで、単純で小さなシアノバクテリアが海を支配し続けた。

微細藻類を引き止めたものは何だろうか？　一つには、ニトロゲナーゼを作れず、窒素を固定できなかったことである。微細藻類が、自ら生成した廃棄物の酸素を隔離するしくみを開発することはなかった。つまり、すでに固定された窒素を水中に探さなければならなかった。現在の海洋、河川、湖は、シアノバクテリアのおかげで、固定窒素のレベルは高いが、退屈な一〇億年の間、窒素化合物の供給は不足していた。*

＊真核生物が窒素を固定することはなかった。特定の植物（ピーナッツや大豆などのマメ科植物）は窒素を固定すると言われているが、実際は、植物が根から漏出する糖と引き換えに、植物の根に生息するジアゾ栄養性バクテリアが行っている。

固定窒素は、微細藻類を引き止める唯一の分子ではなかった。リンや他のミネラル化合物もひどく不足していた。二つの多孔質のセラミックボールを想像してほしい。一つはゴルフボール（シアノバクテリア）のサイズ、もう一つは大きなビーチボール（微細藻類）のサイズである。二つを赤い染料が入った浴槽に落としてみよう。ビーチボールが染料を吸収して完全に赤くなるには、ゴルフボールよりも時間がかかる。実際、十分な染料がなければ、大きなボールが完全に赤くなることはない。この思考実験で、染料を必須ミネラルに置き換えると、問題の本質がわかる。つまり、大型の微細藻類は、周囲の水が供給できるよりも多くの栄養素を必要としていた。さらに悪いことに、微細藻類は、その洗練された構造のせいで、体積あたりでシアノバクテリアよりも大量の栄養素を必要としていた。今日でも、海洋の栄養が乏しい水域はシアノバクテリアに支配されている。退屈な一〇億年はほぼ永続的な夏の時代で、微細藻類にとって生活は容易ではなかった。利点を持っていたにもかかわらず、微細藻類は浅い水域でだらだらと暮らすだけだった。依然として世界は原核生物に支配され、生命は大きく飛躍することはなかった。

※今ではこの説は認められていない。現在、藻類の進化は次のように考えられている（巻頭の図と表を参照）。藻類の中で、灰色植物、紅色植物と緑色植物の三者はシアノバクテリアと共生（一次共生という）して葉緑体を獲得した最初の藻類の子孫と考えられており、一次植物と呼ばれている。その後一次植物の紅藻と緑藻がそれぞれ独立に従属栄養性の真核生物と共生して、共生体の核やミトコンドリアなどの細胞小器官が消失し、葉緑体だけが残ることで、多様な藻類が進化した。この共生を二次共生と呼び、その結果誕生した新たな藻類のグループを二次植物と呼ぶ。緑藻を起源とする葉緑体を持つ二次植物にユーグレナ植物とクロララクニオン植物の二つのグループがある。褐藻類や珪藻を含む不等毛植物やクリプト植物、ハプト植物、渦鞭毛植物などの藻類は、紅藻を起源とする葉緑体を持つ二次植物と考えられている。クロララクニオン植物とクリプト植物にはそれぞれ共生した緑藻と紅藻の核の痕跡が残っている。［訳者］

4章　藻類、上陸への第一歩

ついに、生命活動は活発になった。どのようにして？　地球が動いたからである。地球の地殻は、柔らかいマントルの上を移動する十数枚のプレートに分かれている。プレートのいくつかは主要な陸塊を運び、他は水に覆われている。退屈な一〇億年の初めに、信号機が故障して車が交差点に押し込まれるように、大陸を運ぶプレートが集合して、単一の巨大な大陸を形成した。そして、退屈な一〇億年の終わりの約八〇万年前に、プレートの接合部で裂け目が開き、大陸はゆっくりと離れていった。その結果、多くの海岸線が海流と潮にさらされた。土壌の浸食が劇的に増加し、沖合の海に大量のミネラルが流出した。また、オーストラリア国立大学の科学者ヨッヘン・ブロックスとアンバー・ジャレットによると、主要な氷河期（スターチアン氷河期）の終わりに巨大な氷河が後退すると、岩からリンやその他の栄養素が削られ、海に流れ込んだ。その結果、ミネラルの増加がシアノバクテリアの増殖を加速し、水中の固定窒素が増加した。

これらの栄養素はすべて、微細藻類が増殖するための切り札だった。彼らは爆発的に増えて、シアノバクテリアとともに新しい海岸に沿って広大で厚い緑の膜を作った。

同時に、微細藻類は進化を始め、今日見られる美しく、風変わりな顕微鏡サイズの生物の動物園に変身した。丸い種のグループである円石藻類は、炭酸カルシウムを水から取り込み、それを精巧に彫刻された盾と槍の防護具に変えて、彫刻された象牙のビーズのような姿を作り出す（円石藻の骨格は数百万年にわたって海底に蓄積され、今日では肉眼で見ることができる。ドーバーの白い崖は多くの円石藻でできている）。珪藻はケイ素を細胞壁に取り込み、上半分と下半分の透明の殻――または被殻――を作る。これらは箱とそのふたのように互いにぴったりとはまる（珪藻が繁殖するとき、被殻が分かれて、それぞれが新しい相手の被殻を作る）。渦鞭毛藻（dinoflagellates）は二本の鞭毛（古代ギリシャ語で二はdino）を進化させた（訳注：実際はギリシャ語 dinos〈=rotation 回転〉＋ラテン語 flagellum〈=whip 鞭〉のことで、鞭毛で回転しながら遊泳する姿に由来する）。鞭毛は毛状の構造で、さまざまなリズムで振動し、細胞を前進させ、制御された方向転換を行う。いくつかの微細藻類は毒素を進化させた。他の微細藻類は蛍光物質を進化させた。おそらく捕食者を混乱させるためだろう。あるグループは、湯（摂氏五六度まで）の中で成長し、硫酸、ヒ素、およびその他の重金属に耐える能力を進化させた。別の微細藻類は、砂や泥の中を進むための流れるような動きを獲得した。さらに他の微細藻類は、単細胞として増殖するが、互いに結合して糸状の体を形成した。おそらく大きすぎて消費が難しいと捕食者に思いとどまらせるためだろう。

その後、六億五〇〇〇万年前、生命はもう一つの大きな飛躍を遂げた。すなわち、いくつかの単細胞生物が多細胞生物になった（多細胞生物は、細胞が互いに恒久的に結合し、相互に通信し、さまざま機能を獲得した生物である）。私たち自身、多細胞生物として、その体制が持つ利点は明白に思えるが、実際はそうではない。何十億年もの間、生命は単細胞で存在し、非常に成功していた。多細胞生物がなぜ、どのように進化したかという疑問は、進化生物学の最も興味深い課題の一つである。

円石藻

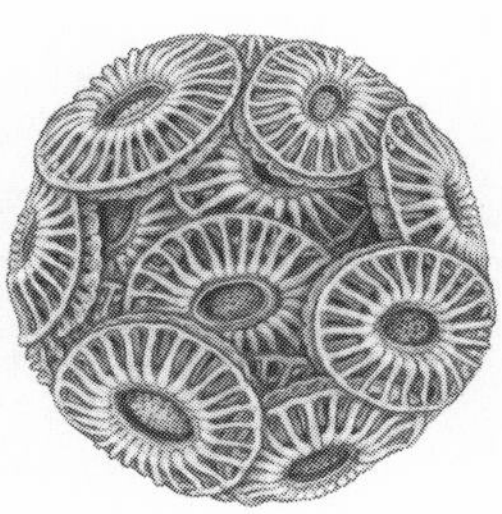

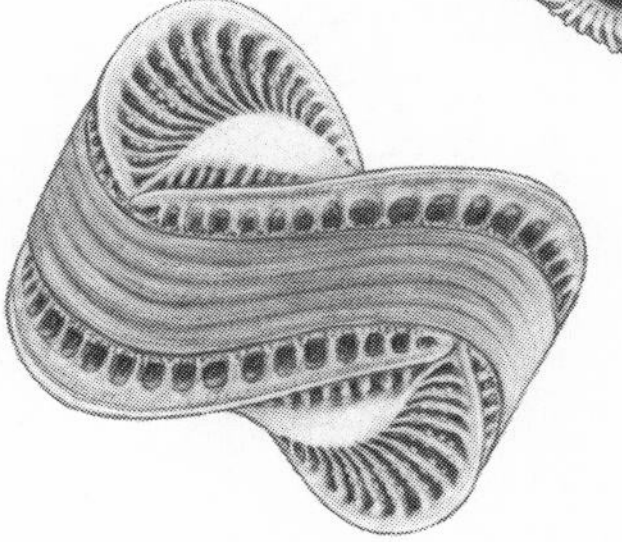

珪藻

円石藻：円石と呼ばれる炭酸カルシウムの被殻を持つハプト植物。一部の種は大規模なブルームを形成する。また、石灰岩を作ることでも知られる。
珪藻：ガラスの被殻を持つ不等毛藻類。水圏の重要な一次生産者で、淡水域から海洋まで広く生息する。浮遊または固着性。群体を作る種もある。

ジョンズ・ホプキンス大学の生物学者スティーブン・M・スタンレーは、一九七三年に、多細胞化は微細藻類から始まったと示唆した。彼は、大きな単細胞の従属栄養生物に捕食される危険に直面した微細藻類が、結束して、自分たちが飲み込まれないように対処したと考えた。理論は魅力的である。危険な地域を大勢で歩くことは、一人で歩くよりも良いアイデアであることは、直感的に理解できる。しかし、多細胞への移行はどのくらい確実に行われたのだろうか?

一九九〇年代後半、ウィスコンシン大学教授、マーチン・ボラスは、多細胞化への旅の始まりかもしれない現象を再現した。彼と同僚は、実験動物として、ごく普通の微細藻類であるクロレラ・ブルガリスを長い間培養していた。通常、個々のクロレラは、大きく成長した細胞が、少なくとも二個、最大一六個の娘細胞に同調して分裂して、増殖する。母細胞の細胞壁を裂き、娘細胞はお互いから離れて、すぐに成熟した大きさに成長する。微細藻類はこの方法で繁殖を繰り返す。しかし、ごくまれな突然変異によって、分離が不完全になり、娘細胞はゆるく集まって、母細胞の細胞壁の残骸からなるネバネバした膜で連結されたままになった。

実験で、ボラスは一般的な単細胞の捕食者、オクロモナス・ベレシアをクロレラの培養液に加えた。クロレラの二倍の大きさのオクロモナスは簡単にクロレラを捕食して、どんどん増殖した。その後も十分に餌を与えて、あるがままに繁殖させた。しかし、獲物の大部分を平らげると、捕食者の数は急激に減少した。すると、驚くことではないが、クロレラの個体数が回復した。クロレラとオクロモナスの個体数の変動は繰り返されたが、時間とともに、クロレラ集団の構成が変化した。だんだんと、子孫の多くが単一細胞ではなく、ゆるく連結した塊に変わった。その塊はオクロモナスが消費するには大きすぎた。二〇回目の増殖周期までに、ほとんどのクロレラがこのように繁殖するようになった。その後、捕食者の数が少ない場合でも、塊の形態が優勢になった。ボラスらは、この種の防御戦略が多細胞藻類——海藻——の進化の最初の段階だったと仮定している。

乾燥と紫外線に強いシャジクモ藻類

海藻、または大型藻類は、微細藻類の集合体以上のものである。一つは、海藻の体または葉状体が三つの異なる部分を持つことである。第一の構造、海藻の葉部は、植物の葉のように、主要な光捕獲装置である(一部の海藻の葉部は、枝分かれして木の形をしているが、他の海藻では三角形のペナントの旗のようである)。多くの海藻には、第二の構造、茎部がある。中空のやわらかな茎状の部分で、海藻を直立させる。大きな海藻では、茎部は水面近くの光合成が最も活発な葉部から、五〇メートル以上も離

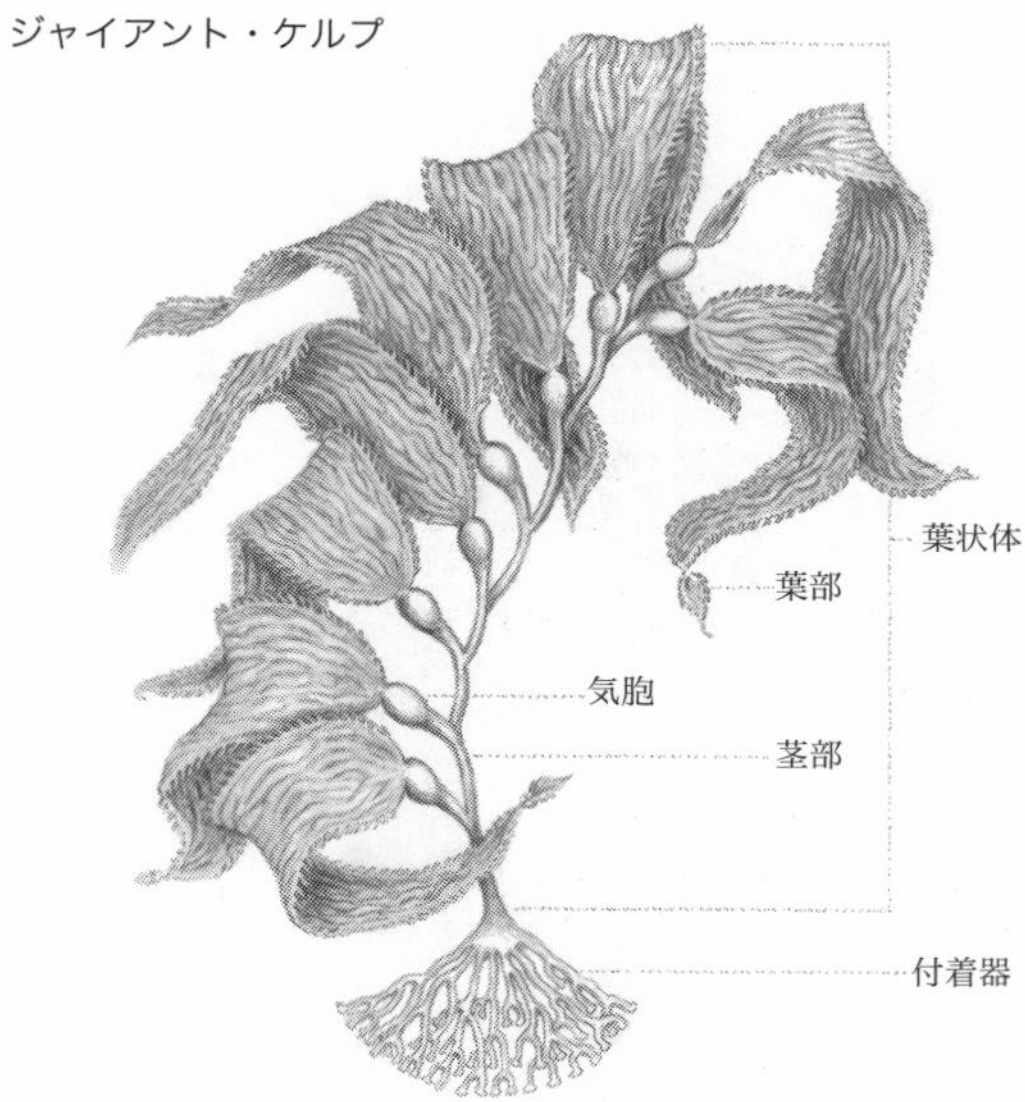

褐藻類のコンブ科に属する世界最大の海藻。和名はオオウキモ。南北アメリカの太平洋沿岸や、南半球の高緯度海域に分布している。

れた（ジャイアント・ケルプの場合）下の葉部に糖を運ぶ。また、ほとんどの海藻には付着器があり、一種の接着剤または根のような突起で自身を砂、泥、または岩に固定する。ただし、根と異なり、付着器は栄養素を吸収しない。一部の海藻には気胞もある。これは、円形または長方形のガスで満たされた袋で、光が多い水面に向かうように葉部を浮かせる。葉部と茎部のすべての細胞は光合成を行い、細胞壁を通してミネラルを取り込む。

一般に海藻は化石にならないから、進化の段階を正確に再現することは困難である。しかし二〇一〇年、古生物学者はかつて沿岸地帯だった中国中部の藍田累層を発掘していた。およそ六億年前に堆積した薄い層をはがし、二、三センチほどの海藻の化石を数千個発見した。それらは、細い茎と枝のように見える繊細な葉部を持っていた。

実際、藍田の海藻は小さな植物に非常によく似ており、地球上で最初の植物になるために陸に這い上がったと想像するのは魅力的である。しかし、海藻は特殊化しすぎているために、進化の経路を過去に遡って、陸上という根本的に異なる環境に適応できたとは考えられない。それは、両生類や爬虫類の段階を通過することなく、哺乳類に直接進化する魚のようなものである。実際、植物ははるかに単純な藻類のグループから進化した。それは、シャジクモ藻類と呼ばれる単細胞の緑色の微細藻類のグループである。

藻類が陸上へ進出するための最初のステップは、海のシャジクモ藻類が、淡水で生き残るように進化したことだった。それは簡単なことではなかった。海洋はミネラルが豊富で、微細藻類はそれを容易に吸収できる。実際、容易すぎて過剰に摂取したミネラルを排出するための電気化学ポンプを発達させたほどである。しかし、淡水では、ミネラルは不足しており、汲み出すのではなく、逆に汲み入れる必要がある。これは、海産藻類が淡水で生き残るためには、逆に機能するポンプが必要であることを意味した。

科学者たちは、およそ七億三〇〇〇万年前に、特定のシャジクモ藻類が、おそらく淡水の川が塩水の湾に流入するデルタや、嵐によって海水が吹き込んだ淡水池で、まさにそのような適応が行われたと示唆している。いずれの場合も、一部のシャジクモ藻類で、ポンプが逆方向に作動する突然変異が起こった。実際、今日でも、特定のシャジクモ藻類の種（広塩性種）は、海水から汽水、淡水の生息地に素早く順化することができる。

湿った日陰の土手に一時的に取り残された水たまりや、小さな流れに棲んでいる、淡水シャジクモ藻の微細藻類を想像してみよう。すみかから吹き飛ばされて焼け付く太陽と致命的な熱を受けない限り、時々雨さえ降れば藻類は生き残ることができる。原始のシャジクモ藻類には付着器はなかったが、一部の種には、基物の表面に軽くしがみつくことができる、繊細で小さな糸状の突起からなる原始的な仮根があった。藻類が窮地に立たされるか、吹き飛ばされそうなとき、仮根でその場にとどまる。現在の植物は仮根を形成する遺伝子を受け継いでおり、これら古代の遺伝子は、根の発達と維持という役割を果たしている。

足場の固定は仮根の価値の一部でしかなかった。陸に固着した藻類は、重力に逆らって、湿った土壌から水を吸い上げて体に取り込む必要があった。仮根には、まさにそのようなしかけがあった。しかし、植物の根のように中空の管がない仮根で、どのように水を上方に吸い上げるのか？　ペーパー・タオルの下端を水に浸してから、垂直に持って、液体が重力に逆らうのを見るとよい。紙の繊維は目が詰まっているために、毛細管現象で水を吸い上げる。複数の仮根を持つシャジクモ藻類は、短い距離なら簡単に水を吸い上げることができただろう。

原初の植物は地下水からミネラル栄養素を取得していたと思われるが、ほとんどの植物は地下水が供給できる以上のものを必要としていた。現在の植物種の九〇％は、根の根毛に侵入する菌根菌という土壌菌類を介して、必要なミネラルを補っている。菌根菌は、一端が土壌に、もう一端が根毛にあって、双方向のシャトルのように機能する。土壌側の末端はミネラルと水を植物の根に送り、根に埋め込まれた末端は、見返りに糖を受け取る。一般に植物は侵入した菌類を排除しようとするが、菌根菌については固有のタンパク質を感知して侵入を許可する遺伝子を持っている。本質的に、菌根菌と植物は化学的な会話をしている。系統分類学者——生物の進化の歴史を研究する科学者——は、初期の陸生植物が、菌類と信号を交わす能力を持っていた先祖のシャジクモ藻類からそれらの遺伝子を受け継いでいることを発見した。

陸上で生き残ろうとする微細藻類は、乾燥した空気へ絶え間なく暴露されることに耐えなければならなかった。紫外線から身を守るために進化したシャジクモ藻類の粘液の被覆は一時的に乾燥を防ぐが、粘液は時間とともに乾燥する。幸いなことに、シャジクモ藻類を含む微細藻類も脂質を作る。脂質は脂肪酸の長い鎖で、油、脂肪、固形ワックスを含む。現在の半水生および陸生のシャジクモ藻類は、水分の蒸発を抑制する脂質の層を持っている。これは、陸上への移行に確実に役立つことが証明されている。植物のクチクラは、防水被覆としてワックス性のクチンとスベリンを含んでいる。これらの物質を合成する遺伝子は、微細藻類の先祖から受け継いだ再利用遺伝子である。*

*紅藻は上陸しなかった。なぜだろうか？　遺伝的に言えば、彼らは陸への旅をする準備ができていなかった。科学者は、はるか昔の環境からストレスを受けていた時代に、紅藻がエネルギーを節約して、生き残るために多くの遺伝子を捨てたと推測している（現在、一般的な紅藻が持っている遺伝子の数は、一般的な緑色微細藻類の三分の二しかない）。緑藻には、より多くの、そしてより多様な遺伝子があり、主要な機能を維持しながら、陸上での新たな需要に合うように再利用することができた。一方、紅藻には余分な遺伝子がなかった。

陸上植物の先駆者、苔類

約五億年前までに、特定のシャジクモ藻類が湿地での生活に完全に適応し、地球で最初の植物である苔類（たいるい）になった（liverworts：このような重要な植物にしては、魅力に欠ける名前だ。liver は植物のほぼ

苔類

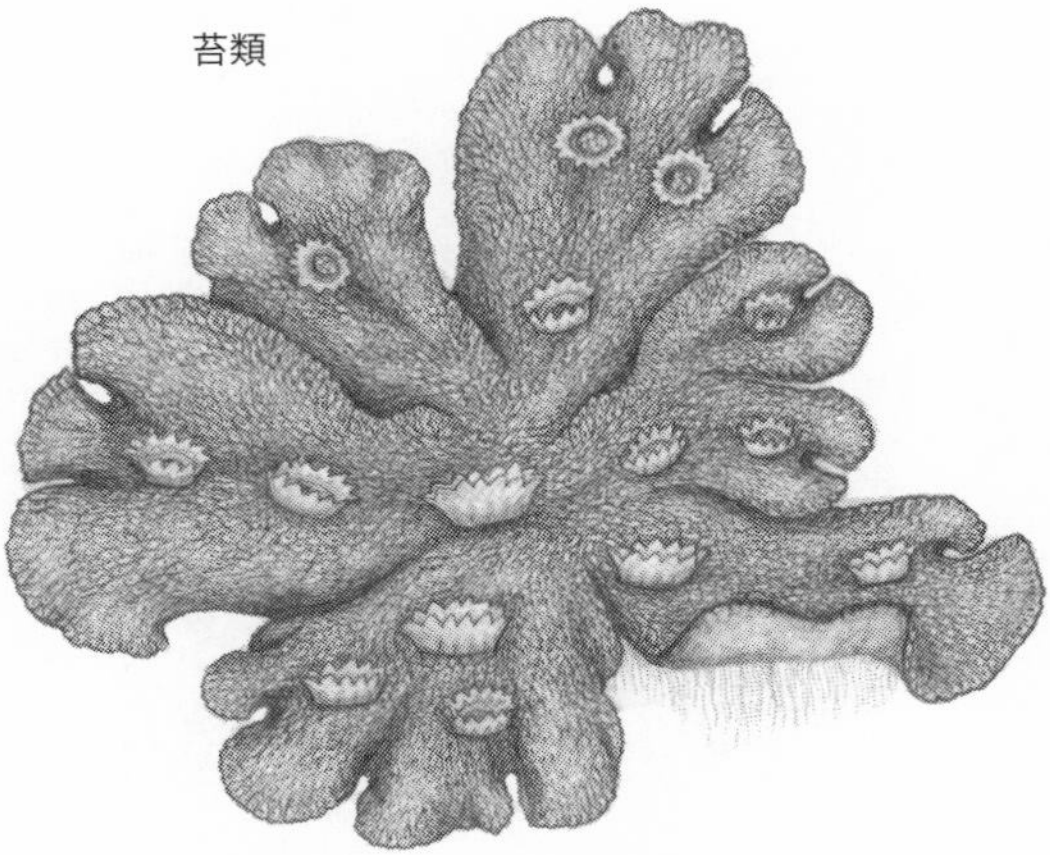

蘚類、ツノゴケ類とともにコケ植物を構成する一群。ゼニゴケなど葉状体の種類がよく知られているが、実際には茎葉体の種類が多い。

三角形の形に由来し、wortは根を意味する古英語のwyrtに由来する)。現在の最小で最も原始的な苔類は、地面に対して水平に成長し、数センチの大きさでしかない。ほとんどの苔類は乾燥に耐えるために薄いクチクラを持ち、仮根には菌根菌が定着しているが、より高度な植物が体全体に水と糖を分配するために使用する葉、茎、および維管束系は進化しなかった。このように、苔類は先祖の微細藻類に似ている。*

*苔類を藻類ではなく植物と見なすのは、繁殖法の違いによる。すべてのシアノバクテリアと多くの藻類は、分裂による無性生殖で増殖するが、一部の藻類は有性生殖をする。有性種では、親となる藻類は、雌と雄の配偶子（染色体が一組しかない生殖細胞）を水中に放出し、運がよければ互いが出会う。結果として生じる接合子は、受精で自然に生じたものである。しかし、苔類を含む植物は、子宮のような構造（造卵器）の中に雌性配偶子を抱いている。雄の配偶子をそこで受精

し、接合子は少なくとも短期間、造卵器内で育てられる。苔類や他のすべての陸上植物は、親の体内で育てられる胚を作るので、有胚植物と呼ばれ、植物界の下で亜界に分類される。

庭師は、湿った芝生や木陰の芝生で苔類を見つけるとイライラする。苔類がすぐに定着し、草のタネが発芽するために必要な日光を遮ってしまうからだ。苔類は粘り強い生き物でもある。つまみ上げて堆肥の山に捨てると、そこで根付き、成長し、あなたの芝生に再び棲むために胞子を放出する。しかし、私は苔類を祝福しよう。彼らは勇敢な先駆者だった。そして、彼らが存在しなければ芝生も木も存在しなかったのだ。

5章 地衣類の登場

藻類が陸上へ進出したもう一つの経路がある。それは、独創的で、非常に成功した新しい生命体を生み出した。二〇〇五年に科学者たちは、六億三五〇〇万〜五億五一〇〇万年前の中国南部のドゥシャントゥオ層（陡山沱累層）から、顕微鏡レベルの化石を発見した。浅い潮間帯の化石の中から、微細な繊維に包まれた、おそらくシアノバクテリアと思われる球形の微細な藻類が確認された。回りの繊維は菌糸で、微細な菌類だった。

今日、カビ、キノコ、うどん粉病菌が含まれる分類上のキングダム（界）を構成する菌類は、菌糸が分泌する酵素で有機物と岩石の両方を分解する、解体の専門家である。しかし、ドゥシャントゥオ層では、藻類を包み込んでいる菌類は、藻類を分解しておらず、藻類には何の損傷も見られなかった。代わりに、彼らは藻類から糖の一部を盗んでいるように見えた。おそらく、菌類は干潮時の乾燥から保護するサービスを藻類に提供していた。このような協調は乾燥した地域でも見られた。藻類と菌類は、コケの苔類が進化する以前から、永続的な協調関係を築いていたと思われる。

現在、藻類と真菌の協調で生まれる生物は広く存在している。私たちは彼らを地衣類として知っている。地衣類は、樹皮、岩、裸地、および他のほぼすべての固体の表面で生息している。たとえば、一部の地衣類はフジツボに付着して暮らしている。ある種は流木にしがみついている。墓石の上でもよく見られる。地球には少なくとも一四万種の地衣類が存在しており、地表面の少なくとも六%を覆っている。私たちが地衣類に気づくことはまれで、しばしば他の何かと間違える。コケやカビに見えるものもある。ある種の地衣類は、縮れたカーペットや何かにぴったり貼りついた葉のように見える。他は、滑らかな樹皮や岩あるいはプラスチックの上の、黒、黄色、オレンジ、灰色、青、または緑色のしみのように見える。

私のオフィスの窓から、古いアトラス杉が見える。引っ越してから何か月も、この木が気になっていた。かつては美しかったに違いないが、針葉はまばらで小さく、しわの寄った灰緑色の地衣類が、特に下の方の古い枝にたくさんかかっていた。私は地衣類が杉を傷つけているのではないかと疑って、樹木医に電話して、治療をほどこすべきか尋ねた。しかし、診察後、樹木医は地衣類の濡れ衣を晴らした。菌類は木の樹皮に侵入して糖を吸い取ることができるが、地衣類は表面に付着しているだけである。彼は、古い木の枝や枯れ木、あるいは枯れた木の枝に地衣類が多く見られるのは二つの理由があると言った。一つは、単に葉のない枝が取りつきやすいということ、もう一つは、腐った枝は健康な枝よりも水分を多く保持していて、地衣にとって快適ということである(樹木医は、幹の周りに穴のネックレスがたくさん見られるので、木が弱った原因は、樹液を吸うキツツキだと指摘した)。地衣類は老木の象徴かもしれないが、無害なのである。

ペンキのしみのように見えても、くしゃくしゃな葉の集まりのように見えても、あるいは小さな木の集団のように見えても、地衣類の基本的な構造は共通している。微細藻類は、密にからみあった菌糸の上層と下層の間に挟まれている。これは、小さくちぎった新聞紙で保護されているクリスマスの飾りに少し似ている。菌類は物理的な損傷や過剰な紫外線から藻類を保護し、無機栄養素を供給している。代わりに、菌糸は藻類の細胞に潜り込んで糖を摂取する。一部の種では、菌類はトナカイやカリブーなどの動物から自身とパートナーの両方を保護するために、毒素を作っている。地衣類の約一〇％は、微細藻類の代わりに、または微細藻類とともに、シアノバクテリアをパートナーにしている。三者共同体は非常に有利である。つまり、シアノバクテリアはすべての重要な固定窒素を共同体に提供している。

土壌を作った地衣類

地衣類は興味深い生き物である。それは、葉状体として知られる特殊なキメラ（訳注：遺伝的に異なる細胞や生物が混在している状態）である。しかし、地衣類は、構成生物である菌類や微細藻類として振る舞うことはなく、見た目もどちらにも似ていない。私たちの体は、自身の細胞より一〇倍も多くの細菌を保持しているが、それでもホモ・サピエンスであることに変わりはない。しかし、藻類を取り込んだ菌類はそうではない。合体後、両者のアイデンティティーは消滅し、いったん関係が成立すると、決して分離することはない。地衣類に見られる協調関係は双方にとって同じように有益だろうか？　菌類は光合成をする藻類なしでは生きられないが、ほとんどの藻類およびシアノバクテリアは、菌類がなくても不自由なく生きることができる。それでも、私には、藻類が菌類から離れて自由に生きることを望んでいるとは思えない。地衣類中の藻類は、たとえば日当たりの良い岩肌や風にさらされた屋根など、単体では住めないような場所に住めるようになる。それは結婚のようなものだ。配偶者だけが、関係を維持させるためにどんな貢献したかを、確実に知っている。

私たちは、植物が地衣類から恩恵を受けていることを知っている。地衣類が存在しなければ、真の根を持つ最初の植物——すなわち、約四億一〇〇〇万年前に進化したシダ類——は、出現することはなかっただろう。ほとんどの植物は土壌で育つ。シダ類が出現する以前の少なくとも一億年の間、陸上の住人だったと科学者が推定している地衣類は、土壌を作る仕事に特に適していた。

固着地衣類——最も単純な最古の地衣類で、塗料またはチョークの斑点のように見える——が、おそらく作戦の急先鋒だった。五億年前、地衣類の最初の仕事は、岩の表面に定着することだった。無数の微細な菌糸で岩の鉱物の結晶の間の微小な空間と割れ目に侵入して、足場を作った。

続いて、気候が役割を果たした。地衣類には乾燥に耐えるためのクチクラがない。そのために、乾燥した気候では水分が蒸発し、収縮して、活動を止める。雨や霧、または湿度が上がって地衣類が湿ると、再び膨張して、光合成を再開する。収縮と膨張のサイクルを経て、地衣類は徐々に下の岩を砕いていく。同時に、地衣類は岩からミネラルや微量金属を溶かし出す酸を放出する。その結果、地衣類に覆われた岩石は、そうでないものより一〇倍も速く崩壊する。

最後に、地衣類の菌糸は、分解可能なより固い地面を見つけるために、ゆるんだ微細な岩石粒子を絶えず探している。やがて、粒子はゼラチン状の菌糸に包み込まれる。地衣類——またはその一部——が死ぬと、ミネラルの粒子と地衣類の有機化合物の混合物が後に残る。こうして土壌が作られた。地衣類がなければ、地球はこの地球を手に入れ損なっていたかもしれない。地衣類を愛するべきである。

または、少なくとも地衣類がどれほど有益かということに感謝する必要がある。多くの地衣類は抗生物質特性を有するウスニン酸を含んでおり、伝統的な社会で、地衣類の抽出物は傷や感染症を治療するのに長い間使用されてきた。地衣類は、茶色、紫色、および赤色の素晴らしい染料になる。最近までスコットランドのハリスツイードは地衣類で着色されていた。液体のpHの測定に使用されるリトマス試験紙には、液体の酸性度またはアルカリ度に応じて色が変化する地衣類抽出物が含まれている。また、化粧品会社は毎年何トンもの地衣類を使用して、「地衣の」香りを持つ製品を作っている。

ほとんどの地衣類は、深刻な消化不良を引き起こすほど酸性が強いが、適切に処理された少数の種は食用になる。少なくとも一〇〇〇年間、アイスランド人は、冬の間の暮らしを、アイスランド苔と呼ばれる、誤解を招く名称の地衣類に依存していた。農民と村人は、露が地衣を柔らかくして岩からはがしやすくなる夏の深夜に採取する。天日干しで乾燥し、汚れを落とした後、樽と袋に入れて、不景気に備えて保管した。これらの地衣類は七〇%が多糖類——糖分子の長い鎖——で、食物が不足する長い冬の間、人々はそれを水で煮てお茶を、牛乳を混ぜてスープを、または牛乳と小麦を混ぜてお粥を作った。一九一八年のアメリカ医薬品解説書に記されているように、「湯や水に繰り返し浸して柔らかにし、苦味をある程度取り除けばコケのガムとデンプンはラップ人とアイルランド人にとって、栄養価の高い食物となった」。「ある程度」に注意してほしい。地衣類のお粥は、食べ物としては、最後の手段だった。

多糖類が豊富な地衣類はアルコール発酵にも使われた。一八〇〇年代、スカンジナビア人は地衣類酒の醸造を開始し、一八六九年までにこの地域には一七の地衣類蒸留所があった。今日、ウォッカを造るにはジャガイモを育てた方が、地衣類を採集するよりもはるかに簡単なので（関連する環境被害は言うまでもない）、地衣類蒸留所は過去のものである。しかし、私は、アイスランドのイスレンスク・フジャラグロスという会社が地衣類からシュナップスを造っているのを見つけた。アメリカでは販売されていないが、レイキャビクに行ったら、グラスを持って藻類に乾杯してほしい。

人間のメニューにはあまり登場しないが、トナカイとカリブーは地衣類なしでは生き残れなかった。トナカイゴケと呼ばれる種（ハナゴケ）は、彼らの冬の食料の半分を占めている。トナカイゴケは、北ヨーロッパ、アジア、および北アメリカの数キロメートルにわたるツンドラを覆う柔らかい緑灰色の樹枝状地衣類である。トナカイとカリブーは反芻動物で、その四室に分かれた胃は、地衣類の酸を分解するリケナーゼと呼ばれる酵素を分泌する。北極圏のある部族は、トナカイやカリブーを仕留めた後、その胃を取り出し、中にある半分消化された地衣類とともに食べる。カナダのオンタリオ州にあるレイクヘッド大学の北方林のウェブサイトは、「新鮮なレタスサラダのような味」と報告しているが、私には疑問だ。私はまた、トナカイの胃と動物の脂肪と血、肉片と肝臓を混ぜ合わせて、新鮮で温かいが未調理のプディングを食べる部族もいるという記事を読んだ（味についての言及はなかった）。あなたがコペンハーゲンにいて、冒険好きの食通なら、メニューに地衣類を提供しているレストラン「ノマ」をチェックしたらいかがだろうか。

私は地衣類を食べるつもりはないが、これらの静かなシェイプ・シフター（変化妖怪）、生物圏の変わり者は、私には魅力的に映る。彼らはどこにでもいるが、謎に満ちている。脆弱でありながら耐久性があり、控えめで英雄的である。新たな興味がわいてきて、私は地衣類を探す。

6章　地衣類観察ツアー

郊外の私の家の近所は、地衣類の採集（私が採集するわけではないが）には向かないことがわかった。カバの木の滑らかな樹皮としわのある葉の上で成長している淡い青色の粉末タイプの地衣類と、私の家の杉にかかっているものに似た銀緑色の地衣類を見つけただけだった。私は彼らがどこにでもいることに感銘を受けたが、期待していた多様性は見られなかった。

そんな訳で、ガイド付きの地衣類散策に招待されたときは嬉しかった。場所は、サンフランシスコの六五キロ北にあるマリン郡のポイントトレイズ国定海岸公園である。私はダウンタウンのホテルから車で出かけ、公園にほど近いトマレス湾に沿った道路をたどり、丘を通る曲がりくねった一車線の道路に入った。最初に草原を通り、次に湾の茂みに覆われた丘、まばらなコヨーテブラシの藪、松、そして元気のいいナラの広い林を通って、三〇〇メートルほどを登った。いくつかの樹木には明るい緑色の鳥の巣がかかっていた。南部諸州から遠く離れているのにスパニッシュ・モス（サルオガセモドキというエア・プランツ。地衣ではない）が生息していることに驚いた。最後に、車線が尽きたが、道は集合場所の砂利の駐車場に続いていた。到着した時、ほとんどの参加者はすでに集まっていて、天気に恵まれたことを喜んでいた。朝の霧がちょうど晴れて、完璧な青空の下で気温が上がっていた。

地衣類の観察に完璧な一日だと言われた。地衣類は、湿っているときが最も美しい。雨や霧がないと、一、二日後に、地衣類は乾いて、色がくすむ。今日は、地衣類は朝の霧をたっぷりと浴び、慎ましい生き物たちは最高の姿を披露してくれるだろう。

一日ガイドのシェリー・ベンソンは、温かい茶色の目をした細身の若い女性で、野球帽の下に茶色の髪をポニーテールに結んでいた。彼女は地衣類学者で、カリフォルニア地衣類学会の会長でもある。私が自己紹介をした後で、チェーンのついたプラスチックのルーペを渡してくれた——バードウォッチャーは双眼鏡を使い、地衣類愛好家はルーペを使う。それから、彼女は説明を切り上げ、日焼け止めについて注意した。私たちは地衣類を探すために道を歩き始めた。

そしてすぐに立ち止まった。

私たちが出会った最初の木、生きているナラの木には、六つの著しく異なる種が生息していた。私たちは幹の周りに群がり、トレイに載った宝石を調べる宝石商のように交互にルーペを覗きこんだ。

しかし、シェリーは、私が公園へのドライブ中に見たコケがぶら下がった頭上の枝を指さして、私たちに注意を促した。

「どなたかこれが何か知っていますか?」彼女は尋ねた。二〇年間の学校教育は、これは簡単すぎると言っていた。私は静かにしていた。

「老人のひげ」、私の背後で、ある女性の声がボランティアで答えた。

「ウスネア」と私の隣の、服よりもポケットの集合体とも言えるシャツとショートパンツを着ている中年の男性が言った。

「あなた方はどちらも正しい」とシェリーは言った。「これはウスネアです。そして、誰もスパニッシュ・モスと言わなかったことに本当に感銘を受けました」

恥ずかしさからか（私がそうだ）、熱中する楽しさからか、いくつか笑い声が上がった。「私はこれを輪ゴム地衣類と呼んでいます」と彼女は手を伸ばして一本を摘み取り、両端を引っ張った。地衣の糸が伸び、離すと縮んだ。彼女は、親指の爪で外皮を削り取って、内側の細い白い紐が見えるようにした。ウスネアの紐は、菌類の組織が持つ弾力性を作り出している。スパニッシュ・モスとウスネアのどちらか疑問に思ったら、弾力性の有無が区別するポイントである。

ウスネア（サルオガセ）は樹枝状地衣類である。樹枝状地衣はその表記（フルティコース）にもかかわらず、果物とは何の関係もない。灌木を表すラテン語に由来しており、これらの地衣類はしばしばミニチュアのタンブル・ウィード（風に吹かれて転がる、乾燥地帯の植物）に似ており、ほとんどの植物と同様、一点で基質に付着している。実際、かつて鉄道模型では植え込みを表現するのに樹枝状地衣類を使っていた。

地衣類と言うと、ほとんどの人が葉状のタイプを思い浮かべる。シェリーは目の前の樹皮の上で例を示した。爪の大きさの、しわが寄った葉のように見える、黄緑色の平らなロゼットである。これは葉状地衣類（ウメノキゴケの仲間）で、いわば地衣類の世界の雀とも言うべきもので、世界中で普通に見られ、端から外側に向かって成長する。時に中央部が欠けており、地衣類が補充されるための空間が残っている。

それは生殖の問題を提起する。地衣類のキメラの体は、どのようにして二部または三部構成になるのだろうか？　異なる生殖戦略を持つ二または三種の生物が、互いに永続的に結びつく難しさを想像してほしい。驚くことではない。地衣類の性は複雑である。

ウスネア

ウメノキゴケ科、サルオガセ属の地衣類で、樹木に着生して長く垂れ下がる。糸状の体を持ち、枝分かれが多い。霧の多い深山でよく見られる。

そのために、多くの地衣類は新しいすみかを無性的に確保している。地衣の断片が切り離されて吹き飛ばされ、前と同じような場所に着地すると、そこで定着して、新しい個体として成長を始める。ウスネアの種は、この無性的アプローチに適している。糸状体の一部が切れて、挿し木のように、木の別の枝に定着する。

多くの地衣類はより意図的に無性生殖を行っており、グリーンシールド（葉状のキウメノキゴケ地衣類）はその一つである。シェリーは私たちによく見るように促した。木にキスをするほど近づいて、順番にルーペを目に当てた。「注意深く見てください。葉状体のでこぼこで荒れた部分が見えますか？ それは粉芽（ふんが）です。触れると、ほこりっぽいでしょう。実際のところ、粉芽は菌糸で包まれた藻類の小さなボールなのです」。粉芽は、葉状体の表面または縁のいぼのような部分から放出される。いぼが開いた後、風または動物が地衣類の栄養胞子を散布する。

一方で、有性生殖をする地衣類もある。そして、シェリーと私たちに都合がいいことに、有性生殖種が隣の木の根元近くで見つかった。問題の地衣類は、口紅地衣類またはピン地衣類とも呼ばれるクラドニア・マシレンタ（コナアカミゴケ）で、見かけにびっくりするが、（もしあなたが地衣類を探しているなら）西海岸とアメリカの東半分でよく見かける地衣類である。葉状体は、もじゃもじゃの育ちが悪いコケか、台所のスポンジのたわしのように見える。表面から何十本もの二、三センチほどの薄緑色の「ピン」が立っている。ピンの頭はきゃしゃな指を刺したかのように真っ赤になっている。

小さな赤いボールは、子嚢盤（しのうばん）と呼ばれる、熟した生殖構造である。私たちが食べる果物のように、子嚢盤は生殖細胞を持っている——この場合は菌類の胞子である。いくつかの菌類はクローン化された胞子を形成し、適切な場所に着地すると、早速新しい菌に成長する。しかし、地衣類を形成する（つまり、藻類と結合して地衣類を形成する）菌類のほとんどは子嚢菌で、この門のメンバーはしばしば性的に繁殖する。菌類の交配では、胞子が子嚢盤から空中に飛び散る前に、二回の染色体分裂と二つの構造間で融合が起こる。

そして、それは簡単なことだと、シェリーは説明した。地衣類になるには、菌類の胞子が藻類に着地しなければならない。だが、どんな藻類でもいいわけではない。一緒に地衣類になる唯一の種に出会う必要がある。菌類の胞子が最愛の藻類の相手を見つける可能性はどれほどあるだろうか？　まあ、確かに菌類が数百万または数十億の胞子を作ることは有益である（たとえば、足置きと同じくらい大きくなる巨大なオニフスベというキノコは、数兆個の胞子を空中に放出する）。胞子が空中に浮かび、何十キロも簡単に移動できることも役に立つ。それにもかかわらず、繁殖に関しては、地衣類がしばしば無性のプランBを持っていることは驚くにはあたらない。

性に関する講義が終わり、山道に沿って進むにつれて、二人連れと三人連れに分かれた。地形は緩やかで、空気は澄んで香りがし、土の暖かさと数キロ離れた下に海があることが感じられたが、進みは遅かった――道に沿って出会うのがすべて地衣類だったからである。それはさながら地衣類のバザーだった。見れば見るほど、よく見えてくる。ピクシーカップ地衣類（妖精のカップと呼ばれるジョウゴゴケ類）は、小さな灰色がかった緑色のゴルフのティーを見せびらかしている。粉芽といぼに覆われた緑豊かな青灰色のシールド地衣類（盾形の葉状地衣類）がある。リム地衣類（縁に生殖器官を持つチャシブゴケ類）の一種は、オリーブ・グリーンのボタンが散らばっているように見える。別の地衣はカリフラワーの表面のように見える。ツリー・ヘア地衣類（樹の髪の毛と呼ばれるサルオガセ類）は、緑色の馬から切り取られた粗い毛の束のようだ。地面に落ちている枝は地衣類のモザイクで覆われ、地形図のように、それぞれ異なる色のパッチが、異なる国や丘陵地、平らなデスバレーなどを表しているように見える。

正午に、公園のフェンス近くの空き地で昼食をとった。私は腰からジャケットをほどいて地面に広げ、白いプラスチック製の柵の手すりを背もたれにした。私はシェリーの近くに座った。彼女は私の柵の支柱に注意を向けるようグループに促した。その上に暗い線状の傷があった。私は、泥が詰まっているのだと思ったが、そうではなかった。黒い痂(か)状地衣類は、このような小さな隙間に隠れている。

小さな空き地を横切って、仲間のハイカーがハイキング・ポールを岩に立てかけて休憩し、岩の上に小さな生き生きとしたオレンジ色のタンブル・ウィードのような地衣類を発見した。それは、均一な灰色の岩の表面に置き忘れられたブローチのようだった。これを調べたシェリーはすごく喜んだ。これはゴールデン・ヘア地衣類（ダイダイキノリ類）です、と彼女は言った。「この地衣類は沿岸地域だけに生息する、比較的希少な種類です。私はこれの保全状況を調査するべきだと思います。この海岸沿いは非常に多くの開発が行われているので、生息地はあまり残されていません。保護が必要です」

私たちはそれをうやうやしく取り囲み、携帯電話で写真を撮った。

大気汚染の監視役

昼食後、進行方向を変えて駐車場に戻った。私たちはたった一・五キロしか歩いていなかったかもしれないが、森の中を歩くための新しい目（およびルーペ）を得て戻ってきた。でもこのとき、私はシェリーに興味があった。彼女がどうして地衣類に夢中になったのか、また、情熱だけで生計を立てられるのか疑問に思ったからである。植物学者や園芸家にはあらゆる種類の仕事がある。作物は地球の地表の半分を占め、育種場、温室、および関連産業は、アメリカだけでも二〇〇億ドルのビジネスである。私たちは菌類学者が必要である。キノコは主要な作物であり、カビを含む菌類は農業における深刻な病原体になる可能性がある。藻類と海藻も大きなビジネスだから、藻類学者が必要である。しかし、地衣類を栽培したり、地衣類と戦ったりする人はいない。地衣類学者として生計を立てるにはどうすればよいのだろうか？

「方法があるかどうか確信はありません」と彼女は笑った。近くのインバネスの町でコーヒーを飲みながら、「でも、トライしています」と言う。

シェリーは地衣類学者になるつもりはなかったそうだ。彼女はワシントン州のレーニア山の近くにあるイェルムの小さな町で育ち、子どもの頃にハイキングをして、学部生として植物学と生態学を学んだ。卒業する前年の夏、彼女はワシントン州南部のカスケード山脈にあるウインドリバー実験林の研究所に職を得た。一九〇九年以来、研究者たちはその森林の区画を監視し、四〇〇年前のダグラスモミや他の樹木を研究して、火災の予防または制御法、特に気候変動の時代の多様な生態系の管理方法を学んだ。一九九四年に、建設用クレーンが設置され、林床から樹冠の上部に伸びる円柱状の区画で植生を調査できるようになった。一九九八年の夏、シェリーは助成金によるプロジェクトに参加し、クレーンのゴンドラで時間を過ごした。彼女の主要な仕事は、地衣類を同定し、地面からの高さが地衣類の集団にどのように影響するかを分析することだった。夏の終わりに、彼女はカナダのノーザン・ブリティッシュ・コロンビア大学で地衣類生態学の大学院生になるよう勧められた。

「全額支給の奨学金の申し出を受けて、受けない手はないと思いました」。陽気に語りながら、冷静に付け加えた。「大学はバンクーバーの北九時間のところにあるので、冬は大変でした」。

彼女の大学院での研究は二〇〇一年に完了し、大学とアメリカ森林局で短期の季節的な研究プロジェクトに続いて、地衣類学者としての生活と生計をつなぐために、仕事を渡り歩いた。彼女が取り組んだプロジェクトはすべて助成金で賄われており、助成金が一年か二年以上続くことはめったになかった。しばらくの間、より安定した収入を求めて、彼女はカリフォルニア州のコンサルティング会社と契約して、州の環境品質法に基づく環境評価を実施した。

「排水溝の建設や公道の開設、あるいはショッピングセンターの開発のために、企業が土壌を掘り返す必要があるたびに、希少植物の有無を確認するための環境影響評価が必要なのです。私は美しい自然の中で働くことに慣れていました。その後、高速道路の傾斜路や空き地の調査をしていることに気づきました。それを楽しめていなかったので、何か地衣類の仕事をすることができないかと思って辞めました」

最も意味のある仕事は、大気の質と気候変動の指標として地衣類の利用を広めることだと、シェリーは信じている。地衣類は、大気中の栄養素に依存しており、雨や霧に浮遊する、または雨で降ってくるガスや粒子を、無差別に吸収して、濃縮する。一九世紀半ばに、自然主義者は、工場からの煙害がひどくなった都市の周辺で、地衣類が消失していることに気づいた。一八〇〇年代後半にパリ周辺の地衣類の消失を研究した、フィンランドの植物学者ウィリアム・ナイランダーは、地衣類の相対的な数が大気中の汚染物質の種類と濃度の尺度になることを明らかにした。

例として、硫黄および亜酸化窒素に敏感な種、ウスネアとテロシステスを取り上げよう。主に石炭や石油の燃焼やニッケル製錬などの工業過程で放出される二酸化硫黄は、酸性雨になって、湖や池の植物や魚を殺し、人間の肺を傷つける。石炭火力発電所と自動車は窒素酸化物を放出するが、それは空気中で反応して腐食性の硝酸になる。よく知られている炭鉱のカナリアはメタンや一酸化炭素が危険なレベルになれば警告するが、これら二種の地衣類は、代わりに、硫黄や窒素化合物が危険な量に達すると警告を発する。明るいオレンジ色のウスネアとテロシステスは、窒素化合物の濃度が高いと死ぬが、ほこりっぽい灰緑色の地衣類レプラリア・インカナのような固着地衣類はより優勢になる。これらとその他の指標種を調査することで、科学者は環境への汚染物質の影響の微妙な差異を経時的に追跡することができる。これは、機械式空気サンプラーを同数導入するよりもはるかに安価である。

時に、地衣類に関する良いニュースもある。地元のニッケル鉱山が硫黄除去装置を設置した後、「地衣の砂漠」と呼ばれていたオンタリオ州サドベリーに地衣類が戻り、装置が環境の修復に役立っていることを証明した。時に清濁混在のニュースももたらす。イギリスとアイルランドのウスネアの調査は、どこでいつ、大気浄化法が大気の質を改善したか、あるいは改善しなかったかを明らかにした。イギリスの都市の地衣類モニタリングは、公共の緑地がどのように空気を浄化するか、そして交通障害がいかに空気を汚すかを示した。そして時に悪いニュースもある。一九八六年のチェルノブイリの原子炉災害後、科学者は放射性汚染物質を容易に吸収する地衣類を採取して、核降下物の量と経路をつきとめた。地衣類は非常に長命なので、チェルノブイリの放射性降下物にさらされた地衣類は、そのまま放射線源になる。今日でも、ノルウェー中央部のトナカイ遊牧民は、地衣類を食べたトナカイの肉を消費するのは危険だとして、捕獲した動物の一部を手放さなければならない。

アメリカでは、森林局がほぼ五〇年にわたって国有林の地衣類のデータを収集し、大気汚染と気候変動が生態系にどのように影響しているかを評価している。シェリーは、連邦に属さない公共エリアに地衣類モニタリングを拡大することで、理解を深めたいと考えている。地衣類は、地上で最も古く、最も尊敬されるべき居住者の一人であり、地球上の生命の進化に不可欠である。科学者が私たちの惑星の継続的な健康を追跡するために、地衣類を参加させることは当然だ。地衣類に耳を傾けることは、十分採算が合うのである。

第2部

海藻を食べる人々

1章 脳の進化と海藻

私は、アフリカ西部ギニアのバコーンの近くの、熱帯雨林の小川の灰色の岩に立つ、大人の人間ほどの大きさの、黒い毛皮に覆われたチンパンジーを見ていた。彼女は長いまっすぐな枝を両手で持ち、それを巧みに操って流れの底を突いた。一五秒後に、彼女は枝を持ち上げて先端をチェックした。期待していたものは得られなかったようで、再び枝を水中に入れて何かを探し続けた。しばらくして、彼女は再び枝を持ち上げた。枝の先端には、水がしたたり落ちる藻類がかかっていた。彼女は「釣り竿」を岸に引き寄せて——あなたや私がするように——手で藻類をつかみ、昼食をむさぼり食った。

マックス・プランク研究所が撮影したビデオのおかげで、チンパンジーのグルメを探ることができた。私はビデオを見て嬉しくなり、性別と年齢が異なるチンパンジーが藻類を釣る映像も見たいと思った。私はその後、この誰にも教わったことがない行動が、ギニアとコンゴの他のチンパンジーの群れでも確認されたという記事を読んだ。藻類が私たち人類の進化に果たしてきた役割について私がこれまでに学んできたことを考えると、この事実は特に興味深い。

今日、古人類学者が議論しているホットな話題の一つは、何が、初期霊長類の系統の一つを他の系統から分岐させて、最終的にギニアチンパンジーの三倍の大きさの脳を持つ私たちホモ・サピエンスへと進化させたのかということである。類を見ない人類の生存と繁栄を可能にしたのは、彼らがすべての霊長類の中で最大の脳を獲得したことなどではなかった。実際、類人猿、チンパンジー、オランウータン、そしてヒヒは、何百万年もの間、生存し続けてきたし、その期間は、人類の繁栄よりもはるかに長い。それでは、われわれの先祖に、他と異なる認知能力を最初にもたらしたものは何だったのか？　最も初期の人類は、どのようにして祖先よりもわずかに大きな脳を発達させたのか？　そして、彼らの子孫は、どうやって、さらに大きな脳を進化させ続けたのか？

それを理解するためには、まず祖先であるアウストラロピテシンに会わなければならない。彼らは、四〇〇万から三〇〇万年前にアフリカ東部と南部に住んでいた、類人猿の顔をした、身長一・二〜一・五メートルの、毛に覆われた二足歩行のヒト族だった。彼らより猿に近い先人たちは密林で進化したが、この時代は乾燥が進んで森林が縮小し、代わりに樹木が点在するサバンナが生まれていた。開けた平原は、一連の湖と沼地で仕切られていた。これらは、おびただしい量の地下の亀裂が徐々に開いて、アフリカ大地溝帯が形成される過程で作られた。脳の小さいアウストラロピテシンは、変化した環境に物理的に適応した。彼らは木の上で暮らしていた先祖の長い腕と曲がった指を引き継いでいたが、下半身が変化した。骨盤の向きが変わり、現在の私たちほどの歩幅はなく歩行は楽ではなかったが、直立することができた。彼らは行動も変えた。夜は木の上で寝ていたが、日中は採餌するために近くの湖岸へ移動した。そこで見つかる食物は、葉、果物とナッツ、アリ、幼虫、たまに小動物などで、食生活が改善した。

現代の類人猿と同様に、アウストラロピテシンは浅い水の中を軽快に歩き回っていた。化石の骨の化学的特徴と歯の摩耗の状態から、海岸線に沿って繁茂する固いスゲやヨシを食べていたことがわかっている。彼らは選り好みをしないで、植物に付着する巻き貝を食べ、今日のボノボと同じように、小さな透明な甲殻類やカキをすくって食べた。彼らは必然的に岸辺の鳥やワニの巣に出くわして、その卵も食べただろう。浅瀬から淡水アサリやムール貝を採取し、カエルとカメを捕らえ、今日のギニアチンパンジーのように藻類を採取していたかもしれない。二種類の魚、ナマズとシクリッドは、繁殖と冬眠パターンのおかげで、簡単に捕らえることができただろう。ナマズは、産卵のために浅い水域を探し、乾季には、生き残るために泥に穴を掘り、雨季までしのぐ。シクリッドは浅瀬で稚魚を育てる。

食物を沼地で集めることで、アウストラロピテシンのある特定の種が、ヒト族の進化の流れを変えた。脳は、エネルギー消費量が多い。脳は私たちの体の質量の二%を占めるだけだが、エネルギーの二〇%を消費している。森林に依存する食事では、大きな脳を維持するだけのカロリーが摂れない。動物の肉は多くのカロリーを提供したかもしれないが、大きな動物の死体が見つかるのはまれだっただろう。おそらく、ハイエナとハゲタカ――はるかに足が速く、より鋭い嗅覚を持つ――が、最初に食事のテーブルに着いただろう。また、アウストラロピテシンは動物を狩ることはできなかった。彼らの足は、足の速い猛獣を追いかけて疲労させることに適しておらず、大きな獲物を殺すための武器も、解体するための石器もなかった。しかし、湖畔では、(ワニやその他の肉食動物に出会う危険を伴うが)追加のカロリーを簡単に採取することができた。妊娠中や授乳中の女性でさえ、道具なしで、また旅をすることもなく、食物を集めることができた。

重要なことは、アウストラロピテシンは、湖畔で、脳細胞と神経回路網の構築に不可欠な特定のミネラルと脂肪酸――総称して脳選択的栄養素として知られる――を無意識に摂取していたことである。脳の最も重要な栄養素の一つはヨウ素である。ヨウ素は甲状腺ホルモンの主成分で、脳の発達に重要なミネラルである。甲状腺ホルモンは、首の前にある小さな蝶の形をした甲状腺で作られる。ヨウ素がないと、このホルモンを十分に作ることができず、甲状腺ホルモンが十分にないと、人間は無気力になり、集中できず、短期記憶を失う。ヨウ素が不足すると、甲状腺が肥大して甲状腺腫と呼ばれる症状を引き起こし、最悪の場合、皮膚の下に一対のリンゴがあるような症状を呈する。ヨウ素の重度の欠乏は、昏睡と死につながる可能性がある。妊娠中および授乳中の母親の甲状腺ホルモン欠乏は、胎児と新生児の脳の発達を遅らせ、子宮内の重度の甲状腺ホルモンの欠乏は、クレチン症と呼ばれる身体の発育不全と脳の奇形をもたらす。妊娠中の軽度のヨウ素欠乏でさえ、子どもの知的能力の発達を永久に妨げる可能性がある。

不幸なことに、陸にはヨウ素がほとんどない。火山は空中にヨウ素を放出するが、地表の七〇%が海に覆われているので、ほとんどが海に落ちる。陸のヨウ素も、浸食によって最終的に海に行き着く。二〇世紀初頭に塩のヨード処理が導入される前までは、アパラチアの山岳地帯とアメリカ中西部と北西部の氷河で覆われた地域に住む人々は、甲状腺腫やクレチン症の危険にさらされていた。これらの地域は「甲状腺腫帯」の一部だった。ミシガン州の一部では、病気の発生率が六四・四%だったと記録されている。スイスの一部の地域では、一九二二年に塩がヨウ素化される前は、学童のほぼ一〇〇%が甲状腺腫を患い、最大三〇%の若者が、この病気のために兵役に適さないと見なされた。

氷河の平原や山岳地帯で暮らすことが、直ちにヨウ素欠乏の危険に陥ることを意味するわけではない。問題は単純で、水産物を摂れない生活をしていることである。植物は地下水に溶けたヨウ素を吸収するが、季節によらずその蓄積量はごく少ない。さらに、同じ土地で何度も作物を栽培して収穫すると、ヨウ素レベルはさらに低下する。一九七〇年代、三億七〇〇〇万人の中国人がヨウ素欠乏地域に住んでいた。中国の雑誌によると、「欠乏症は甲状腺腫、クレチン症、地域特有の精神遅滞、出生率の低下など、さまざまな形で現れた」(中国政府はヨウ素添加塩を義務づけ、甲状腺腫の発生率は一九九六年までに一九七〇年代の半分に低下した)。頻発する洪水でカンボジアの土壌からヨウ素が流出し、一九九七年、カンボジア人の五分の一近くが甲状腺腫に苦しんでいた。甲状腺腫の発生率は、インド、中央アジア、および中央アフリカの内陸部の広い範囲で、長期にわたって高かった。ヨウ素添加食品で育った先進国の私たちには、かつてヨウ素欠乏症がどれほどありふれたもので、どれほど頻繁に認知能力の発達を妨げてきたかを理解することは難しい。今日でも、世界人口のほぼ三〇%が海産物を摂取できないヨウ素欠乏地域に住んでいる。世界保健機関（WHO）は、ヨウ素不足が世界中の何百万人もの人々の健康上の懸案になっていると推定している。

成人に推奨されるヨウ素の一日の必要量は一五〇マイクログラムで、今日では、小さじ半分のヨウ素化塩で、ほとんどの人が必要とするミネラルを摂取できる（授乳中の母親には二倍の量が必要である）。世界のヨウ素のほとんどは海にある。その最高の天然資源は海洋藻類と海藻である。ケルプには、二〇〇〇マイクログラムかそれ以上のヨウ素が驚くほど豊富に含まれている。これほど豊富ではないが、他の海藻も優れたヨウ素源である。また、魚、軟体動物、およびその他の海洋動物は、藻類を直接食べるか、藻類を食べる動物プランクトンを食べるか、あるいは動物プランクトンを食べる小魚を食べているために、いずれもヨウ素の優れた貯蔵庫になっている。モンツキダラ一皿では二五〇マイクログラム、サーモンは一五〇マイクログラム含まれている。ホタテ貝一皿では一二五マイクログラム、エビは二五マイクログラムである。淡水の魚や貝類には一般に海産種のヨウ素含有量の約一〇～二〇%しかないが（河川や湖の水は海水よりもヨウ素が少ない）、微量のヨウ素しか持たないほとんどの陸生植物よりはるかなり多く含んでいる。湖畔で食事をすることで、アウストラロピテシンと他の初期のヒト族は、かなりの量のミネラルを摂取することができた。

藻類は、大きな脳の進化に不可欠な別の成分も提供した。ドコサヘキサエン酸またはＤＨＡと呼ばれる多価不飽和脂肪酸である。二種類のオメガ3オイルの一つであるＤＨＡは、脳細胞の膜に存在する。神経細胞の接続部分に集中して存在しており、脳を形成する物質のかなりの部分を占める、いわば、脳を作るレンガと言える。ＤＨＡはまた、胎児や乳児の脳の成長と発達に重要で、甲状腺ホルモンを脳に運ぶトランスサイレチンの生産に必要とされる一〇〇を超える遺伝子の発現を引き起こす。湖畔で食事をしていた古代のヒト族は、必然的に、森林に住む先人たちより多くのＤＨＡを消費していた。*

＊私たちの体は植物に含まれるオメガ3オイルであるα－リノレン酸（ＡＬＡ）をＤＨＡに変換できるが、その反応だけでは十分でない。

進化の鍵はヨウ素とＤＨＡ

一部の科学者（最も著名なのは、ケベックのシャーブルック大学の医学部教授で、同大学の脳代謝研究委員長のステファン・クネインと、インペリアル・カレッジ・ロンドン脳栄養化学研究所所長のマイケル・クロフォード）は、数百万年前に湿地を訪れて、ヨウ素とＤＨＡをわずかに多く摂取できたことが、祖先より少しだけ大きい、初期ヒト族の脳を進化させたと考えている。生物の種が持つ脳の絶対的な大きさが直ちに知能の高さを示すわけではない——賢いカラスやオウムを考えてみればよい——が、脳の大きさと体の大きさの比である脳化指数またはＥＱと呼ばれる数値は、より意味がある（しかし、それでもまだ知能の比較については完全に説明してはいない)。現代の人間を一〇〇とするEQ指数では、ゴリラとオランウータンのEQはそれぞれ二五と三二、アウストラロピテクス・アフリカヌスは四四である。そのリフトバレー(訳注:アフリカ大陸を南北に裂く、地溝帯)における直系の子孫であるホモ・ハビリス(約二四〇万年前に住んでいたホモ属の最も初期のメンバー)は五七のEQを持っていた。ホモ・エレクトスは約一九〇万年から一五万年前まで生存していたが、その期間の終わりに生きていた個体は六三のEQを持っていた。

どのような経過をたどって、より多くのヨウ素とDHAを脳の能力に変換できるようになったのだろうか? 妊娠第三期の胎児、そして授乳中の子どもが母親から受け取る栄養が、脳の容量に大きく影響するという事実から考察を始めよう。妊娠中のヒト族が定期的に若干多くのヨウ素を摂取すると、甲状腺が刺激されて、甲状腺ホルモンがやや多く生成され、胎盤を通して胎児に届く。胎児が自然変異によって甲状腺ホルモン受容体分子を平均よりもわずかに多く持っていたら、神経を新生する過程——脳細胞の増殖と分化——がその分増強されただろう。ヨウ素を利用する能力がわずかに高い乳児が生存して、子どもを産む割合が少し上がれば、そして世代を超えてヨウ素の供給が続けば、より高いEQを持つ個体が生まれただろう。

湖畔での食事にDHAが豊富に含まれていたことは、脳の発育に役に立った。ヨウ素と同様にDHAは乳児の発達に必要である。実際、DHAに依存することで、ヒト族の胎児と赤ちゃんの成長に根本的な変化が起こった。他のすべての動物の新生児と異なり、人間の新生児はすでに「乳児脂肪」の層を持っており、その後も蓄積を続ける。皮膚の下に保存されたこの脂肪は、カロリーの源である。また、人間の子どもは、成人より三~四倍もDHAが豊富で、急速に発達する脳の要求を満たす十分な量を持っている。母親は、子宮内の胎児にＤＨＡを送り、母乳を通じて乳児にＤＨＡを与える。

明らかに、私たちホモ・サピエンスは、はるか昔に絶滅した祖先が湖畔で食事をしていたという事実から、間違いなく恩恵を受けている。しかし、いつどこで、ホモ・サピエンスは現在のＥＱ一〇〇の脳を進化させたのか？　それは確実に、藻類の濃縮されたＤＨＡとヨウ素が食事のメニューにあった時期と場所で起こったに違いない。言い換えれば、それは海岸沿い、そしておそらく、大洋の海岸で起こったはずである。

私たちの種の起源について多くの議論が続いているが、現在意見が一致しているのは、およそ二三万年前に東アフリカと南部アフリカで進化したということである。当時の気候は穏やかで、アフリカ東海岸から西アフリカにかけて熱帯雨林が広がり、現在のサハラ砂漠をワニやカバが歩いていた。しかし、すぐに別の氷河期が始まり、大陸を劇的に冷却して、乾燥させた。赤道より北のアフリカのほぼすべてが砂漠になり、大陸の大部分が居住不能になった。ホモ・サピエンスのほとんどの部族は消滅し、種は絶滅の危機に瀕した。出産適齢期の数百人の女性を含む集団だけが生き残った。現在、ほとんどの古人類学者は、一六万五〇〇〇年前に、これらのアフリカ人が避難所を見つけ、壊滅的な気候変動を乗り越え、すべての現代人のアダムとイブになったことに同意している。*

＊私たちホモ・サピエンスの祖先は、七万年から五万四〇〇〇年前に海岸線と川をたどってアフリカを越えて広がり、最終的に一八〇万年前にアフリカを去ったホモ・エレクトスの子孫であるネアンデルタール人とデニソワ人と出会った。異種交配により、ホモ・サピエンスのゲノムには約四％の非サピエンス遺伝子が含まれているが、アフリカの地を離れた一部

の人々による遺伝的ボトルネックのため、現代人は遺伝的に非常に似ている。

それでは、なぜ私たちは異なる顔を持っているのか？　主に匂いや発声によって互いを区別する他の動物と異なり、私たちは極めて社会的な生物で、高度に発達した視覚で他人を区別している。人間は顔を認識する非常に優れた感覚を持っており（その機能に専念する脳の領域がある）、私たちの種はネアンデルタール人やデニソワ人と同様に、個々が際立つように、互いに認識しやすいように進化した。

その避難所はどこにあったのか？　アリゾナ州立大学人類起源研究所のアソシエイト・ディレクターのカーティス・マレアン博士は、南アフリカの南端にあるアガラス岬近くの海岸が私たちの聖域だった、と説得力のある主張をしている。彼は、二〇年を費やして、岬の東にあるピナクルポイントで崖にあるいくつかの洞窟を発掘した。スミソニアン協会、アメリカ国立科学財団などが資金を提供して、約四〇人の考古学者が、初期のホモ・サピエンスの生活と彼らを救った条件の詳細を明らかにした。

南アフリカのこの地域の環境は、私たちの先祖にとって快適だったことが明らかになった。インド洋から南西に流れるアガラス海流は、メキシコ湾流が北西ヨーロッパを温暖にしているのと同様に、岬の気候を緩和した（そうでなければニューファンドランドのような寒冷な気候になっていたはずだ）。さらに、アガラス海流が大西洋の冷たく栄養豊富な海水と出会うために、地球上で最も生産性が高い海域の一つになっている。豊富な軟体動物――中でも褐色のイガイ、カサガイ、巻き貝――は、海底潮間帯の岩に付着している。これらの一口サイズの海洋動物は、藻類をろ過して生育し、褐色のイガイは藻類と動物プランクトンを食べて生きている。岬の沿岸は、世界でも最も生産的な海藻の生息地の一つでもある。よく知られている食用種のポルフィラ（アマノリ属）とウルバ・ラクテュカ（アオサ）を含む数百種の海藻が、岩や硬い砂岩で成長している。時には軟体動物の上でも生息する。初期の人類にとって、南アフリカのケープの海岸線は、先祖たちのいた地溝帯の淡水域よりもＤＨＡとヨウ素が豊富にあり、ビュッフェのようだった。茶色の海藻はヨウ素が非常に豊富なので、小片を摂取するだけで十分な量を得ることができただろう。

人間は食べられるものはすべて食べる。マレアン博士と彼の同僚は、貝殻の残骸を発見した。これは、住民が貝類を採取して食べたことを示している（今日、人々はムール貝と海藻を採集するためにピナクルポイントまで車で行き、潮の状況がよければ、すぐに食事になるくらいの分を採ることができる）。チンパンジーと現代人の好みから、この地域の住民が海藻を生で食べたり、熱い岩の上で短時間調理していたと想像することも妥当だろう。

岬には、初期の入植者にとってもう一つの明確な利点があった。洞窟がフィンボスに近かったことである。フィンボスは、灌木が生えている狭い帯状の乾燥地域で、ここには世界で最も多様な植物が生育している（この小さな地域には、イギリス全土よりも多くの植物種が存在する）。植物の多くは、エネルギーを炭水化物として地下の塊茎や球茎に蓄えている。前世紀まで、土地の採集者は掘り起こし棒を使って採取していたが、間違いなく更新世の祖先たちもそれを掘り返していただろう。全体として、南アフリカの海岸は単に生き残るための場所ではなく、おそらく私たちの種がかつて経験したことがない、繁栄のための場所だった。

ピナクルポイントの栄養豊かな人々は、彼らが用いていた工芸品が示すように、高度な脳を発達させていた。考古学者は、最も初期に用いられた黄土の破片を発見した。一部は、赤色を強めるために意図的に加熱されていた。黄土色はボディペイントとして使用されていた可能性があり、古人類学者は初期の人間が抽象的に考える能力を持っていた証拠として、「これは私の部族である」または「これは部族の中における私の地位である」などの意味を伝えていたと考えている。彼らは、細粉化されたケイ質礫岩も見つけた。それは、摂氏三四〇度以上でゆっくりと加熱した後にのみ生成される細粒岩で、これを作るためには少なくとも原始的な炉の技術が必要だった。

マレアン博士は、当時の人類が現代人と完全に同じ知能を持っていたことを示す別の兆候があったことを指摘した。今日、ピナクルポイントの洞窟は岩だらけの海岸から一五メートル上にあるが、最初のホモ・サピエンスが定住した時代には、海岸から何キロも離れていた。集落は賢く選ばれており、塊茎を採取するフィンボスと、軟体動物や海藻を集める海岸と等距離の場所にあった。しかし、塊茎はいつでも利用できたが、貝類――または少なくとも、海へ旅をする価値があると見なせる多くの小さな生き物――は特別な干潮時にしか採取できなかった。毎月の潮汐のサイクルによって、これらの潮は月に約一〇日間しか発生せず、数時間しか続かなかった。彼らが海への旅を始める時期を把握するには、高度な認知能力が必要だった。

頭蓋骨の体積が最大に達したのは、おそらく近代的な人間の精神が確立する前だっただろう。それは、異なる脳領域の大きさの変更と領域間の接続の密度の変更があった。黄土色、ケイ質礫岩、潮汐の予想は、ピナクルポイントの人間が認識力を飛躍させ、複雑で現代的な心の働きを行うことができたことを示している。これらが実現したことは、ヨウ素とDHAを豊富に含む魚介類の摂取量の急増と関連していたのだろうか？　魚介類を食べることが現代的で分析的かつ創造力のある心の発達を可能にしたのか、現代的な心の確立が私たちの先祖が定期的かつ継続的にこれらの栄養素を摂取することを可能にしたのか、または、これら二つが同時に進行したのか、結論を出すことは困難で、おそらく不可能だろう。私たちが知っていることは、私たちの種――そして祖先の種――の進化が、一貫してかつ長期間にわたって脳選択的栄養素を消費したことと不可分の関係にあることである。ヒト族の食事に藻類がなかったなら、われわれは、知能が低い霊長類の親戚と異なる道を歩むことは、決してなかっただろう。

人類が辿ったケルプ・ハイウェイ

藻類はホモ・サピエンスの歴史に影響を与え続けた。現在、科学者は藻類が人類の新世界への移住に重要だったと信じている。二〇〇七年、オレゴン大学のジョン・アーランドソン教授と仲間の考古学者および海洋生態学者が、東アジア人が北米西海岸に移住した経路を決定するために協働した。アーランドソンと彼の同僚が研究成果を発表する以前は、ほとんどの科学者は、移民が氷河期のシベリアとアラスカの間の陸橋を歩いて渡り、その後、ロッキー山脈の東の氷のないルートで北アメリカを南下したと信じていた。今では、内陸のルートは大規模な氷床で遮られていたと理解されている。古人類学者は現在、勇敢な移民が、北海道とカムチャッカ半島の間に伸びる千島列島から、シベリアとアラスカの間の陸橋かアリューシャン列島から現在のアラスカの海岸に沿って、船で北アメリカに渡ったと信じている。彼らは続けて太平洋沿岸を南下し、一万八五〇〇年前にチリ南部に到着した。

この古代のルートは、現在、ケルプ・ハイウェイとして知られている。氷河期のアメリカ大陸の海岸線は、現在よりもはるかに低く、複雑で、浅い湾と入り江があった。厚いケルプのベッドは、カワウソ、アザラシ、その他の海洋哺乳類とともに、魚や貝を保護していた。チリ南部の海岸から数十キロの入江にあるモンテ・ヴェルデの入植地で、考古学者は、九種類の海藻の灰が残る炉の痕跡を発見した。アメリカ西海岸は、ヨウ素とＤＨＡに依存する脳を持つ人間が繁栄するために最適な環境だった。

世界中で、初期の人間は、最初は海岸線に沿って移動する傾向があり、脳選択的栄養素の藻類や海洋動物の供給源から遠く離れて内陸に移動したのは後のことだった。一部の内陸住民は、十分なヨウ素レベルを維持するための淡水魚や卵を摂取できたが、ほとんどの者はヨウ素不足のままだっただろう。今日、ヨウ素化塩は、何千年にもわたって多くの人々を苦しめたヨウ素欠乏症をほぼ予防している。DHAに関しては、私たちの種は遠い昔に進化したために、新生児と母乳で育てられる赤ちゃんは、健康な脳のための供給を保証されている。現在、乳児用調製粉乳は、バランスよく栄養を含んでいる。

ヒト族、特に人類の歴史は、藻類と密接に結びついている。しかし、これから見ていくように、オメガ3オイルの継続的な供給は、成人の健康にとっても依然として重要である。

2章 日本の海苔を救ったイギリス女性藻類研究者

ヨウ素添加塩がなくても、単に日本料理の巻き寿司に長い間病みつきだったという理由で、私はおそらくヨウ素とDHAを補うことができていた。巻き寿司は、冷たいご飯と生野菜と魚をどちらか、または両方を一緒に海苔で巻き、一口サイズに切ったものである。私の好物は、生のサーモンと熟したアボカドを巻いたものだ。両方の濃いクリームのような舌触りと魚と果物の歯ざわりが似ているところが好きだ。海苔巻きはありきたりかもしれないが、ご飯の酢のすっぱさと刺激的なわさびの辛さがそれを補っている。何十年にもわたって、私は、合計すると小さなサーモンの群れ、多数のアボカド、そしてかごいっぱいのワサビの根を食べてきたことになると思う。

しかし、最近まで、この至福の食事の中で、私は海苔巻きのロールを作っている濃い緑色の海藻――海苔――に注意を払っていなかった。海苔に栄養価があるとは想像すらしていなかったし、その味にも注目していなかった。私は、海苔が、寿司が皿から口まで移動する間、ご飯、魚、アボカドを一体にまとめるという問題の解決のためのものとしか考えていなかった。しかし、今では、この特定の大型海藻を三つの大陸で注意深く調査した結果、食べられる輸送手段以上のものであることがわかっている。

東アジアでは、海苔は、ほぼ毎食、他の食物とだけでなく、それ自体でも食されている。日本と韓国では、一口分のご飯を包み取るために、四センチ×九センチのパリパリの海苔のシートが、ナプキンの山のようにきちんと積み上げてテーブルに置かれる。時には、照り焼き、またはわさび風味の海苔が同じ目的で使われる。おにぎりは、甘い、または風味豊かな具を包んだライス・ボール（私のお気に入りは梅干し）で、幅の広い海苔に包まれており、コンビニなど、どこでも販売されている。東アジアの料理人は、海苔のシートを細かく切ってサラダに振りかけたり、スープに混ぜたり、ご飯と混ぜたりする。そして日本では、アメリカ人がポテトチップスをかじるのと同じように、海苔せんべいのおやつを食べる。

過去一〇年間で、さまざまな海藻スナック——わさび、塩、またはその他の風味が付いたあぶった海苔シート——が北米およびヨーロッパの食料品店の棚に並ぶようになった。小学生の弁当にも海苔を使ったおかずを見つけることができる。英語で大型藻類を seaweeds と呼んでいるのは残念である。他の名前、たとえば海の野菜 sea vegetable は、確かに甘い感じがする。または、古い英語の sæwar より正確な翻訳である海のハーブ sea herb を当てることもできるだろう。

心地よい味に加えて、海苔を食べることには優れた理由がある。海苔を含む海藻は天から与えられたマナ（旧約聖書に登場する神が与えた食物）ではないが、さまざまな栄養素（ヨウ素に加えて）が豊富で、繊維とタンパク質が多く、カロリーが低い。多くの種は、ケールやほうれん草などの陸生野菜よりも、一食当たりのミネラルとビタミンのレベルが高い。植物の根は、結局のところ、ごく狭い範囲の土壌にある鉱物にしか接触できず、稀少な化合物を吸収できる可能性も低い。一方、海藻は、海水に囲まれている。海水は、藻類が、そして私たちが必要とする微量のミネラルをすべて含んでいる。さらに、海水は風と海流で絶えず混合されるので、海藻は常に新鮮なミネラルの供給を受けている。

海藻が、ほんの少量で、必要とされるさまざまな栄養を供給できることは驚きである。四枚の海苔のシート――二・五グラム、またはペーパー・クリップ七つ分の重さ――にビタミンA、ビタミンB複合体、ニコチン酸、カルシウム、マグネシウム、コバルト、セレン、ヨウ素、鉄のほか、タンパク質（海苔はほぼ五〇％がタンパク質である）を含んでいる。海苔を含む一部の海藻にはビタミンCが含まれているが、ビタミンCは急速に劣化する。海苔には、タンパク質の合成に必要な三つのアミノ酸であるアラニン、グルタミン酸、グリシンも特に豊富に含まれている。

日本では、人々は一日あたり平均約一四グラムの海藻（多くが海苔）を食べており、平均寿命が世界で最も高い国の一つである。オメガ3オイルは抗炎症性で、血液中の中性脂肪のレベルを低下させ、心臓血管疾患のリスクを減らすから、驚くことではない。紅色と緑色の海藻は、実証済みの抗高血圧効果を持つ独自の生理活性ペプチド（短いタンパク質）を生成している。ほとんどの海藻には、オートミールのようにコレステロール値を下げ、腸の健康を維持し、満腹感に寄与する可溶性繊維が大量に含まれている。さらに、疫学的研究で、十分な量のDHA摂取が認知機能低下とアルツハイマー病の進行を遅らせることが示されている。メイヨー・クリニック（訳注：米国で著名な大手総合病院）によると、関節リウマチの症状を緩和する可能性もある。カロリーが低く、栄養素が多く、オメガ3が豊富で、そして満腹になる。一日一個のリンゴを食べるよりも優れている。

日本人と海苔

「生きている」海苔は紅藻類のポルフィラで、最も普通に食べられているのはポルフィラ・エゾエンシス（スサビノリ）である。海苔は昔から世界中の温帯の沿岸地域で食されてきたが、東アジア人、特に日本人は、誰もやらなかった方法で、それを利用してきた。ポルフィラは長年にわたって日本の食生活の重要な部分を占めてきたために、日本人の生物学的特性が大きく変わった。日本人が持っている特定の腸内細菌が、海藻の堅い細胞壁を壊す酵素（ポルフィラナーゼ）を合成する遺伝子を持っており、海藻をよりうまく消化することができる。これらの腸内細菌は、海藻上で生育することに成功した細菌から、水平移動によって有益な遺伝子を獲得したと考えられる。日本人は、ポルフィラナーゼを作る能力のおかげで、他の人々よりも海藻から少しだけ多くの栄養を絞り取ることができるのかもしれない。

古代の日本列島の住民は、陸の野菜の栽培を学ぶよりずっと前から海藻を食べていた。炭化した遺物から判断すると、沿岸の部族は一万年前に内陸の狩猟部族との交易に海藻を使っていた。海藻は、日本の古文書にしばしば登場する。その理由として、紀元前七世紀頃から神道で海藻が供物としての役割を担っていたからだと思われる。豊作を祈願して、ポルフィラなどの海藻が神社に奉納された。八世紀には、漁師は海藻で税を納め、税務担当者は、裁判所、民間人、軍事関係者、および神主に貴重な支給品として分配していた。海藻を集めて食べ、物々交換に使用し、税として納めることは、海岸沿いに住む多くの人々の日常だった。海藻は幕府軍でも配給され、甘味をつけたり、酢と一緒にペーストにして食べられた。一八世紀初頭に、料理人は、今ではおなじみの海苔のシートを作るために紙を作る技術を導入した。

ポルフィラの収穫は時代とともに変化した。一六〇〇年頃まで、海岸の近くに住んでいた人々は、岩場で自然に成長する海苔を摘んでいた。その後に、物語が始まった。当時、日本を統治していた独裁政権の長である将軍家康は、東京が当時そう呼ばれていた江戸の城で、毎日新鮮な魚を提供するよう命じた。魚を安定供給するため、東京湾周辺の漁師は、沖合に竹の囲いを作って魚を集めた。ポルフィラが囲いのフェンスに生えてきたことは嬉しい偶然で、漁師たちは海藻を育てるために、潮間帯に竹の杭を立てることにした。その後一八世紀に、漁師は、ポルフィラが杭だけでなく、杭の間の水面に水平に張った網の上でも成長することを発見した。これによって、栽培面積を大きくすることができた。

漁師は冬の間、現金収入と食料をポルフィラに依存するようになったが、ポルフィラの生活環は謎のままだった。春になって海が暖まると、ポルフィラは胞子を放出して溶けて消えた。秋になると、新しいポルフィラが網に定着したが、出現しない年もあった。何年もの間、訳がわからないまま、ポルフィラは現れず、漁師はそんな冬に苦しみ、「ばくち草」を呪った。人々は胞子を集めて網につけることを何度も試みたが、成功することは決してなかった。漁師が毎年海苔の出現を神頼みしたのも無理はなかった。

第二次世界大戦の終わり近く、そして終戦直後に、神は漁師を永久に見放したように思われた。海苔は何年も採れなかった。海苔の消失は文化的な打撃であるだけでなく、すでに人々が飢えている国においてその影響は壊滅的だった。漁船の八〇%がアメリカ軍の爆弾で破壊され、国が依存していた食料の輸入が遮断され、三五〇万人の日本軍と民間人が海外から帰還した。ポルフィラは、漁業の存続に重要だったが、どうしたら海藻を再生させられるのか、誰にもわからなかった。

救いは思いがけないところからもたらされた。イギリスの女性藻類学者キャサリン・ドリューは一九〇一年にランカシャーで生まれた。彼女は奨学金で大学に通っただけでなく（当時は女性にはとても異例なことだった）、植物学を首席で卒業した後、カリフォルニア大学バークレー校から二年間の奨学金を提供された。マンチェスターに戻ると、彼女は大学で藻類学を教えた。しかし、一九二八年に学者仲間のヘンリー・ライト・ベーカー博士と結婚した。当時は、結婚した女性は教職に就くことを禁じられていたために、彼女は職を辞さなければならなかった。大学は彼女に研究員のポストを与えたが（無給だったかどうか、どなたか知りませんか？）、ドリューは自宅で静かに仕事を続けた。次の一〇年ほどで、眼鏡をかけたきゃしゃな研究者で、二人の子どもの母となったドリューは、多数の論文を発表し、一九三九年に博士号を取得して、紅藻類研究の第一人者になっていた。

海苔の成長の謎を解いたドリュー博士

一九四〇年代半ば、彼女はウェールズの北海岸に生息する、長い間人々が採集して食してきた種、ポルフィラ・ウンビリカリスに注目した。ドリュー・ベーカー博士は、この海藻の生活環の謎を解くことに決めた。彼女は、始めに実験で使う胞子を採取するために、自宅の小さなタンクで海藻を育てた。特に理由もなく、彼女は古いカキ殻をいくつかの水槽に投げ入れることに決めた。ポルフィラは予想どおりに育ち、胞子を放出したが、数週間後、事態は奇妙なことになった。カキ殻がピンクに色づいたのである。

最初は、海水が別の海藻の胞子で汚染されていたに違いないと思われた。ドリューは、貝殻のバラ色のうぶ毛のような藻類が、コンコセリス・ロゼアとして知られる小さな糸状の種類であることを確認した。しかし、コンコセリス・ロゼアが独立した種ではなく、ポルフィラの胞子体（特定の植物や藻類の発達における中間の多細胞相）であることを、彼女が理解するのに長くはかからなかった。彼女が発見したのは、春にポルフィラの胞子が消えるのではなく、単に生育する場所を変えているということだった。潮間帯で再び生育する代わりに、より深いところに沈んでいって、カキや他の二枚貝の殻に潜り込み、赤い糸状の藻体になる。実体が誤って認識されていたことを考慮して、彼女がコンコセリスと名づけた糸状体は、後にコンコスポアと呼ばれる独自の胞子を放出した。風と潮が海底からコンコスポアを運び、潮間帯の岩や枝（および網）に付着し、よくある葉っぱの形をしたポルフィラとして成長する。ポルフィラの生活環は複雑だが、目的がある。コンコセリスは季節が変わっても波の穏やかな深い場所で生き残る。荒れ狂う海面で、嵐や異常な暑さ、または病気が海藻を殺すことがあっても、信頼できる新しい生命を提供できるのである。

ドリューは彼女の発見に関する記事をイギリスのネイチャー誌に投稿し、一九四九年一〇月に出版された。おそらく、彼女は紅藻類に関心のある学者だけが注意を払うだろうと思っていた。しかし、日本で、九州大学の瀬川宗吉教授が論文を読み、日本の海苔栽培漁民に及ぼす影響を理解した。ドリュー・ベーカーによるポルフィラの発生生物学の研究は、近年続いたポルフィラの収穫の失敗を説明していた。アメリカの陸空軍は、日本のほぼすべての主要な港と海峡に、数千もの水中機雷を投下した。爆撃は、輸入食品に依存する大衆を飢えさせることで天皇に降伏を強いる狙いがあったが、一方で軟体動物を殺戮し、カキのベッドを泥に埋めた。戦争被害に続く激しい台風の季節は、水中の生態系を破壊し続けた。日本には長年にわたって、胞子体が貝に侵入してコンコセリスに成長し、そして潮間帯で再繁殖するために、コンコスポアを放出するための場所がなかったのである。

瀬川は、他の海洋生物学者や漁師の助けを借りて、ポルフィラの自然繁殖を模した生態系のレプリカを陸上に構築するという任務を遂行した。彼らが開発した手順は、今日、国によって多少異なるが、基本的には次のように行われている。専門家が、特定の地域で最も生産性の高いポルフィラから胞子を採取して、海水を満たした大きく浅いコンクリートのタンクに移す。タンクには棒がかけられ、棒からプラスチックの糸でぶら下げられているのは、水中に浮かぶ何百ものカキの殻である。海水はバクテリアを除去するために処理され、酸素、温度、栄養レベルが夏の海の状態に近くなるように管理される。胞子は、野生のポルフィラと同じようにカキ殻に定着する。胞子がピンク色のコンコセリスに成長した後、水を冷却して攪拌し、嵐の多い涼しい秋の状態を模倣する。その時点で、コンコセリスはコンコスポアを放出する。作業員は漁網を小型の観覧車のような装置に層状に巻き、海水中を通過させて、コンコスポアを網に付着させる。タネがまかれた網は、湾が静かになって漁師たちが網が張れるようになる秋まで、巻き取った状態で凍結保存される。多くの場合、播種は地方自治体が運営する播種センターの支援の下で行われる。

ネイチャー誌の出版から半年以内になされた、ドリュー・ベーカーの発見に続く日本の科学者らによる技術革新は、日本の漁業を救い、国が助成する産業の成功をもたらした。ばくち草は今や確実な作物になった。ポルフィラ栽培は日本、韓国、中国の主要産業になり、東南アジア諸国にも広がっている。

ドリュー・ベーカーは一度も日本を訪れたことがなく、自身の研究の影響を知らなかった。彼女は一九五七年に五六歳で亡くなった。しかし、日本の漁師は、彼女が自分たちの生活と、おそらくは自分たちの命を守ってくれたことを、常に感謝していた。九州の有明海に面する小さな町、宇土市には、青銅のレリーフの肖像と彼女の物語の要約を記した、イギリスの科学者の記念碑があり、毎年四月一四日の建立日に人々が集まって祈りを捧げ、海苔の救世主として彼女を称えている。式典には多くの出席者があり、戦後の悲惨な記憶が薄れ、あるいは全くない今日でも、漁師の家族はイギリスの科学者に感謝の念を抱いている。そして今、好きな寿司を食べるたびに、私も彼女に感謝している。

3章　韓国の海苔事情

今日、寿司は高級レストランからフード・コート、大学の食堂まで至る所でおなじみのメニューになっている。東アジアを超えて広がり、人々は、海苔巻きの珍味（伝統主義者は、寿司にベーコン、カレー、マンゴー、クリームチーズ、その他の型にはまらない食材が使われていることに不満があるかもしれない）に魅せられている。アメリカでは、食料品店での寿司の売り上げは年率一三％増加しており、海苔スナックの売り上げは年間三〇％を超えて成長している。その結果、ポルフィラの養殖と海苔の生産は、現在、数十億ドル規模の事業になっている。漁師あるいは栽培漁師はどのように需要に応えていけるのか？　労働集約的で家族中心の産業は、二一世紀の今日、どのように管理していけるのか？

答えを求めて、二月一日の朝、私は、韓国南西部の全羅道（チヨルラド）の田舎を車で駆け抜けていた。首都のソウルから遠く離れて、外国人旅行者がほとんど訪れない地域を旅しようとしていた。二〇〇〇の島々、約六五〇キロメートルの海岸線、無数の保護された湾がある全羅南道（チヨルラナムド）は、韓国の海藻農場の本拠地である。

その日、太陽は輝いていたが、風が強く、気温は氷点下になっていた。道路の両側の田んぼは休閑期で、水はほとんど抜かれていたが、残った水が刈り取られた稲の間で凍って輝いていた。アメリカ中心部の農業の基準に照らすとミニチュア・サイズの畑には、細くて目立つ葉タマネギの葉やバスケットボール・サイズの淡い緑のキャベツの列が見えた。農家は風景全体に点在していた。明るい青または燃えるようなオレンジの屋根は、端が優しく反り返っていた。この伝統的な建築は、水田と並んで建てられている実用本位の白い温室（稲の苗床）と対照的だった。

私のホストである韓国の木浦（モッポ）にある国立漁業研究開発研究所の海藻研究センターの主任研究員、ウン・キョン・ファン博士が運転していた。彼女は四〇代半ばで、髪が短く、縁なしの眼鏡をかけ、笑顔が素敵な人だった。英語はとても上手だが、頻繁には使用しない言語の単語を思い出そうと、彼女が苦労しているのを私は感じていた。彼女と同僚二人は、全南最大の島の一つである押海島（アッペド）への訪問に同行し、ポルフィラ農場と海苔加工工場を訪問する。私と一緒に後部座席にいるパク博士は、アジアの洋ナシ、ネギ、ナツメ、ショウガから作られているという、香りの良い温かい飲み物が入った魔法瓶を開けた。リー博士が、海藻をまぶした薄緑色の甘いクッキーを回している間に、私はカップを受け取った。

私は海藻のクッキーには驚かなかった。数日前に韓国に到着して以来、あらゆる形態の海藻を食べてきたからだ。ファン博士と同僚たちが昨夜のレストランで教えてくれたお気に入りの料理は、全羅道で冬に育つ海藻メーセンギで作ったスープだ。最初、私は用心していた。不気味な緑色の毛玉に見える海藻が、枕のような白い塊と一緒に透明なスープに浮いていた。しかし、その塊はお餅と私が大好きなふっくらした淡白なカキであることがわかった。スープは濃厚でおいしくて、かすかにナッツのような味がした。

さて、車を運転している間、ファン博士は、私がミスを犯したと思わせるような質問をしてきた。彼女はためらいながら、なぜ、海苔を研究するために、日本ではなく韓国に来ることを選んだのか？と尋ねた。寿司に興味のある人は誰でも、寿司を作る伝統がはるかに古い日本に行く。

実際、一九六〇年代から一九八〇年代には、東南アジア以外の地域で寿司を注文すると、日本の海苔を食べていたということである。当時、日本は世界で唯一の海苔の輸出国だった。しかし、一九七〇年代、韓国人は自国の南西海岸沖の広く浅い海でポルフィラの栽培を始めた。成長は良好で、生産量は毎年増加した。一九九〇年頃、中国人もビジネスに参入し、日本人と合弁会社を設立した。日本人は技術を提供し、中国人は労働力と沿岸地域を提供した。二〇一三年までに、中国は一一四万トンの海苔、韓国は四〇万五〇〇〇トンを生産したが、日本は三一万六〇〇〇トンしか生産していなかった。

近年、日本の海苔生産は停滞しており、増加する見込みはない。沖合の水温の上昇が生育期間を短くし、寄生虫の発生が増加している。産業汚染のため、作物を安全に栽培できる場所が限られている。また、海藻漁民の生活は、冬の暗い早朝に小さなボートに乗って、氷のように冷たい海水から濡れた海藻を引き上げる過酷なもので、日本の若い世代にとってほとんど魅力がない。そして、この国は労働力不足を埋めるための外国人労働者をほとんど認めていない。

国家プロジェクトで海苔生産

対照的に、韓国政府は海藻研究センターを設立し、産業の発展を優先事項にした。現在、韓国は毎年一〇〇億枚の海苔――国産の四〇%――を輸出している。日本の海苔は高品質で、それに応じて高価である。大規模な寿司チェーンがほとんどを購入している（最高品質の海苔は滑らかで、均一で、濃い緑から黒色で、折りたたむと指を鳴らすような音がして、口の中で溶けてしまうようだ）。中国の海苔は、国内市場で販売されるか、魚や動物の餌に道を見つけようとしている。[*] 韓国海苔は、くぼみがあり、小さな穴がいくつかあいていて、品質の点で両者の中間にある。アメリカの食料品店の棚のほとんどすべての海苔は韓国の海で収穫されているから、私はファン博士に、彼女の国を訪問するのが最も適切であると言った。それに、私が彼女に連絡したとき、彼女はとても熱心だったので、断ることができなかったのだ。

＊アメリカの食料品店の海藻スナックの中には中国産のものもあるが、オーガニックとして農務省（ＵＳＤＡ）の認証を受けていない限り、私は買わない。海藻はミネラルや金属を簡単に吸収するため、きれいな海で育てなければならない。中国では沿岸の水質汚染が深刻な問題である一方、海藻の栽培場所に関する規制も緩い。

目的地の新安（シナン）海産協同組合は、広く浅い湾の海岸に施設があった。私たちが到着したとき、潮は数百メートル先に引いていて、何ヘクタールもの海藻の網が細いポールから空中にぶらさがっていた。小型ボートも岸に取り残されていた。濡れた砂が輝き、カラフルな船体を映し出していた。ペ・チャンナムさんと会うために協同組合のロビーに入り、すぐにブーツをスリッパに履き替えた。マールボロ・マンのような背が高くてハンサムなペ氏にオフィスに案内され、私たちはソファに座って互いに自己紹介した。お茶が出された。ファン博士の説明で、ペ氏が父親からこのビジネスを受け継ぎ、静かに部屋に入ってきた、たくましい広い眉の若い息子が将来彼から引き継ぐことを知った。ポルフィラは、韓国では主に家族や村で行う事業である。しかし、ペ氏の事業は、栽培だけでなく、作物の処理まで行っている点で特殊である。ほとんどの漁師は、海藻を競りで加工業者に売っているが、ペ氏はより起業家的である。加工まで管理することで、彼は海苔生産のすべての段階で利益を得ている。

ファン博士と彼女の同僚は、ペ氏と韓国語で軽快な口調で話していたが、真面目な会話に戻った。それから私たちのホストは立ち上がり、笑いながら、スリッパを脱いでブーツを履いた。私たちは、ポルフィラから海苔のシートに至る旅をたどるために、寒さの中に出て行った。

ツアーで最初に立ち寄ったのは、半ダースの巨大な容器を収めているアルミニウム製の小屋だった。それぞれの容器には、サテンのリボンの切れ端のように見える収穫された新鮮なポルフィラの藻体と海水の混合物である暗い懸濁液が入っていた。ガガンボのような巨大な回転する機械が大きな容器の上に設置され、内容物をかき混ぜている。砂や寄生虫、着生藻を除去するために数回すすいだ後、藻体は粉砕機を通過して、濃い、ほぼ黒色のスラリーになる。

その後、スラリーは屋内に運ばれて、そこで産業用の海苔製造機に流れていく。この機械は、ガチャガチャと音を立てる数メートルの長い青色の怪物である。怪物の中心を走っているのは、幅五メートルほどの灰色のベルトコンベヤーで、黄色のマットの列が縞模様を作っている。ベルトの左端で、噴出栓がきれいな黒いポルフィラのスラリーをマットの列に吹き付けるので、それぞれの周りに黄色のフレームだけが見えている。二秒ごとに、列が機械の全長に沿って進むと、ベルトに垂直に並んだ鋼製の梁が軽く押し下げられて、スラリーのパッチから水を押し出す。部屋の反対側で、ベルトは貯蔵格納庫と同じサイズと形状を持つ青い工業用オーブンに入り、そこでアコーディオンのように折りたたまれ、四角いスラリーが完全に乾燥すると停止する。その後、海苔の四角いシートがマットからはがされて、別のベルトに乗せられる。ベルトは他の部屋に移動して、炙られ、検査され、束ねられ、包装され、そして出荷のために箱詰めされる。つるつるの海藻からティッシュペーパーのように薄いエレガントな海苔のパッケージになるまで、わずか数時間しかかからなかった。

木浦に戻る途中、ファン博士は、なぜ彼女がペ氏と交流しているのか説明してくれた。所属している海藻研究グループは、ペ氏の地域の漁師に彼らが発見したポルフィラの新しい品種を提供している。最初、新しい品種は成功したかに見えた。大きくて丈夫な藻体と、大幅に大きなバイオマスを持っていた。しかし、海苔の食感と味は劣っていると、ペ氏は判断した。彼はそれを栽培しないことを選択したが、彼の隣人たちはその品種の栽培を選択した。ペ氏は新しい品種が繁殖力が強いことを発見した。種まきされた網を海に入れると、すぐに、新しい品種が優勢になり、彼が会社を築いた伝統的な品種を打ち負かした。

これは難しい問題です、とファン博士は言った。彼女は、地元のグループの努力を軽んじたり、強引に事を進めたりしないように、注意深く接する必要がある。ペ氏のジレンマは、栽培漁業の特性の一つを強く示している。漁民は「土壌」をほとんど管理できない。その点で、栽培漁業は土地を共有していた時代のイギリスの農業に似ている。それでも、ファン博士の研究グループは解決策を模索している。彼女は、もしシーズンの早い時期に網を設置すれば、彼のポルフィラ品種が新たに導入された品種と戦えるほど十分に成長するのではないかと希望を持っているが、ペ氏が彼の作物の栽培方法をコントロールする別の方法があるかもしれない。

活気に溢れる海苔産地

翌朝、ホテルでご飯と一緒に海藻とカブのスープの朝食を済ませた後、ファン博士が私を迎えに来た。私たちは鳴梁（ミョンリヤン）海峡を越えて、珍島（チンド）へ行くために南に向かった。広い海峡に架かる二つの橋は、炎のようなオレンジ色の複数の三角形の塔が際だっており、それらは、真っ青な空に向かって飛び立つ準備ができているように見えた。塔は、橋のデッキに伸びている銀色に輝くケーブルだけで押さえつけられていた。橋を過ぎて九〇分後、本日の目的地のフェドン港に到着した。私はすでに、あごから膝までダウンコート、膝からつま先まで防水ブーツで包まれているが、巨大な、誰もいないコンクリートの岸壁を歩き出すと、風が刺すように冷たくて、帽子と手袋を追加した。岸壁の端で待っていたボートに乗り、船長はバックしながら港へと出ていった。

海藻船で海に出ることにロマンスなどない。六メートル幅の長いボートのデッキは、端から端まで、そして幅いっぱいに一メートルの深さの青い容器でほぼ完全に覆われていた。リー船長は、船尾の右側にあるオレンジと青の電話ボックスのような場所で操船している。電話ボックスとボートの幅に沿って、複数の刃がついた円筒が水平に設置されている。旧式の手押し芝刈り機の先端のように見えるが、巨大だった。

港を出て外海に出ると、一八〇度水平線を見渡せる。私たちの前に、浮遊する網が一面に広がっていた。一〇分後、この大規模な網の列の端に近づいて、船長が速度を落とした。網は、それぞれが細長く、農場の作物の列のように配置されている。網の列は、ボートが入る幅の細い水路で区切られている。「区画」、つまり、一つの養殖漁民の管理する網のまとまりは、広い水路で隣人の区画から分けられている。すべての列とすべての区画は完全に対称で、完全に同一である。どこにも目印はない。個々の漁師がどのように特定の区画を見つけているか想像もできない。しかし、漁民はどの区画が自分の区画であるか知っているだけでなく、区画の生産性に関わるさまざまなことを知っている。家族は区画を所有していない。毎年、組合（政府から地域をリースする協同組合で組織されている）は、次のシーズンに向けて区画を選択するためのくじ引きを行う。誰もがどの区画が最高の水流——速すぎず、遅すぎず——

なのか、風や波から影響を受けにくいかを知っており、それに応じて選択する。

網の長さは約三〇メートル、幅は約二・五メートルで、所定の場所でいっぱいに伸びるように、両端が海底——深すぎて私たちには見えない——に固定されている。網は、五、六メートルごとに取り付けられているバーベルの形の発泡スチロールの浮きで浮いている。いくつかの網は水面にあり、その上にバーベルがある。他の網はバーベルの上に伸びていて、水面から約四五センチの高さにあり、しなやかな濡れたポルフィラが、網からぶら下がっている。

野生では、岩上で生育するポルフィラは、一日二回、潮が引くと数時間空気にさらされる。ポルフィラはその露出に依存している。藻体をかじる寄生巻き貝と小型の甲殻類（および日光を遮断する微細藻類）は、乾燥に耐えることができないから、落下するか死んでしまう。潮間帯では、潮が引くと網が一時的に水面上にぶら下がるように、網を杭に取り付けている。しかし、さらに深い海域では、漁民は、発泡スチロールのバーベルに網を結ぶことで、ポルフィラの空気乾燥を模倣している。一日に四回、漁民は網をめくりに出かける。

これは非常に重労働に思われるが、ファン博士はそうではないと私に話し、どのように行われているか見せるように、船長に頼んだ。彼は網の端でボートを一時停止した。二人の乗組員のうちの一人が一番端のバーベルをつかみ、一八〇度回転させた。これによって、他のすべてのバーベルがドミノ倒しのように次々にひっくり返った。切り替えには一分もかからなかった。

私たちは、網から海藻を収穫している別のボートのそばで停船した。乗組員は、回転する刃の上に網を引っ張り上げて、海藻を下側から刈り取っていた。刈り取られたポルフィラは青い容器に落ち、網はボートを通り過ぎて、先端部から海水に戻っていった。シーズンの最中は、二週間ごとに刈り取りが行われる。三月に天候が緩むと、海藻の成長速度は徐々に遅くなり、ちょうど漁期が始まる時期に、漁師は網を回収する。

午前一〇時一五分頃に港に戻ると、人の気配がなかった岸壁が様変わりしており、二ダース以上の海藻ボートがひしめいていた。岸壁に結びつけられたボートの列に向かって、他のボートが押しかけ、その他も続き、全体として乱雑な集団をつくっていた。その光景はにぎやかな色のキルトだった。ボートは青とオレンジ、係留バンパーは明るい黄色である。漁民――ほとんどが男性だが、一部は女性もいた――は、ゴム長靴、防水オーバーオール、膨らんだジャケットを着て、帽子をかぶっていた。衣料はすべて異なる明るい色、赤、青、紫、黄色、ライムグリーン、ピンクの鮮やかなパレードだった。ここは真剣なビジネスの場だが、誰もが幼稚園に行くような服を着ていた。

ボートのデッキの容器には湿ったポルフィラがいっぱいに入っており、この大量の荷は黒い汚泥のようにも見えた。すべてのボートが同時に岸壁に到着した。誰もが午前一一時に始まる競りまでの四五分を待っている。この待機時間に水を切る。これで、重量で支払う買い手は、正確な量の海藻を購入することができる。

午前一一時きっかりに、赤い野球帽をかぶった男性が最も外側のボートの一つに乗り込み、小高く積まれた海藻に手を伸ばして、品質の評価を始めた。彼は、各ボートの作物に入札する（または入札しない）予定のバイヤーを数名同伴していた。競売人が巡回して、ボートからボートへ足を踏み入れるのにさほど時間はかからず、午前中の収穫物はすべて販売された。それから、ボートに乗った作業員が、冷たく湿った海藻のかたわらにひざをついて、収穫物を高さ一・五メートル、幅一・五メートルの青色または緑色のポリプロピレンの袋にシャベルで詰め始めた。袋がいっぱいになって閉じられると、巨大なダンプカーが岸壁に押し寄せた。立ち上がったクレーンがボートの上を行き来して、たくさんの袋を引きひもで一度につかみ、空中に上げてダンプに移した。正午までに、コンクリートの岸壁は再び空になり静かになるが、それも翌朝までのことだ。韓国の海苔産業は年率八％も成長しており、岸壁は、南海岸に沿った他の多くの岸壁と同様に、多忙になっている。

韓国政府は養殖海藻の経済的可能性を理解しているので、ファン博士の研究センターに投資している。南海岸沖の水はきれいで、数百キロの深く刻み込まれた海岸線があり、生産的である。海の野菜は未来の野菜である。

4章　ウェールズ人も海苔が好き

ポルフィラ・エゾエンシス（スサビノリ）は東アジアにしか生息していないが、他にも多くのポルフィラの種がヨーロッパと北アメリカの海に分布している。ウェールズ人は何百年間も、海岸の岩に生えている、一般にラバー（以下、ラバー海苔とする）として知られるポルフィラ・ウンビリカリスを収穫してきた。一六〇七年、ウイリアム・カムデンは百科事典ブリタニカで、ペンブロークシャー海岸沿いの農民が「ある種の藻類または海藻」を集め、砂を洗い落とし、二枚の敷石に挟んで水を切り、細かく砕き、練ってから、ラバー・ブレッドと呼ばれるねばねばした深緑色の塊になるまで何時間も煮た、と書いている（名前がまぎらわしいが間違いなく海藻である）。

ラバー・ブレッドは朝食で出されることが多い。トーストに塗ったり（純粋主義者向け）、お粥に混ぜたり、円盤状に成形してベーコンの油で揚げて食べる。甘じょっぱい味のハマグリに似たザルガイを入れたクリーミーなシチューも、昔から夕食によく出てきた。ラバー海苔は何世紀にもわたってウェールズの食事の定番だった。さらに良いことに、一食分で六グラムのタンパク質、ビタミンAの必要量の三三％、ビタミンCの必要量の五〇％を得られるし（すぐに食べた場合）、また、適量のビタミンB、およびヨウ素と鉄を含む他のミネラルも補給できる。

しかし、ここ数十年で、ラバー海苔料理は人気がなくなり、ほとんどのウェールズ人が食べなくなってしまった。ペンブロークシャー・ビーチ・フード・カンパニーの創設者でオーナー、さらにウェールズの南西海岸にある移動食堂車の所有者のジョナサン・ウイリアムスは、その状況を変えようとしている。「ウェールズの海藻」をグーグルで検索したとき、私はジョナサンの存在に気づき、検索結果のほぼすべてが彼のビジネスに関連していることを知った。そこで、六月中旬の暖かくて珍しく晴れた日に、ペンブロークシャー・コースト国立公園のフレッシュウォーター・ウエストビーチに向かった。ジョナサンは、七年前に始めたキッチンカー、カフェ・モールをそこに駐車していた。

ビーチには二つの駐車場があるが、私はうっかりして遠い方に駐車してしまった。そこは海岸から数百メートル離れており、崖の上にあった。白と黄色の野生の花が点在する草原をハイキングしながら下を見ると、三キロメートルほどの穏やかなビーチがあり、その砂浜の曲線は所々に露出した岩でとぎれていた。潮が引いていた——崖から水の先端まで一五〇メートルほどだったと思う。その日の海は穏やかで、綺麗な形をした波が一列になって、海岸で砕けていた。ウェットスーツ姿のサーファーに出会って驚いたが、実際、私はイギリスで最高のサーフィン・ビーチの一つを見ていたのである。その日の波は初心者に最適だった。私は、白波の向こうの岩礁が、穏やかな外観にもかかわらず、長年にわたって何百もの帆船を破壊してきたことを知っている。一七〇三年の一回の嵐で、三〇隻の船がここで沈没した。

崖を下って、水辺に沿って数百メートルを歩き、崖を再び上がってもう一つの駐車場に向かった。カフェ・モールが見つからないのではないかと心配していたが、見逃しようがなかった。ビーチで唯一の飲食店であるだけでなく、明るい青色に塗られた箱型トレーラー（イギリス人がキャラバンと呼ぶもの）は、サイドパネルが開いて、黄色、ピンク、水色のメニューボードが置かれていた。車体は晴れやかな太陽、潮を吹くクジラ、波のデザインで飾られていて、屋根はソーラーパネルで覆われていた。ジョナサンは、背が高く、黒髪で、ひげを生やして、とても忙しくしていた――カウンターの後ろにいる二人の料理人の一人で、頭が天井をこすらんばかりだった。昼のピークが終わる午後二時まで、彼が話せないことは知っていたが、昼食の時間を確保するために早く来た。行列（午後四時の閉店まで消えなかった）に並び、ウェールズ海の黒バターを塗ったペンブロークシャー・ロブスターのサンドイッチを注文した。結局のところ、黒バターはバターで調理されたラバー・ブレッドであることがわかった。パプリカと黒胡椒で軽くスパイスが効いていた。私はサンドイッチを持って狭い道路を渡り、家族がボッチャ（訳注：ヨーロッパ生まれの球技）をしていたり、女の子が赤い箱型の凧を飛ばそうとしているビーチを見下ろす崖の上に腰掛けた。

サンドイッチは味わい深く、驚くほど風味が豊かだった。私はロブスター、バター、パプリカ、コショウの味を知っているが、これらが合わさってもこんな味にはならない。ラバー海苔がいい仕事をしている。何かが違った。海藻自体に味はないが、ラバー海苔は、弦楽三重奏にバスを追加するように、料理の風味を深めていた。

昼食後、ジョナサンを待つ間、私は足下が弾む草原がある崖に沿って歩いた。何十羽の小さなイワツバメが青い空を横切って急降下し、そしてブーメランが素早く戻るように、崖の穴に消えていった。少し行ったところで、私は簡素な小屋を発見した。二つの木の側壁が、Ａの形になっていた。立て札があり、ラバー海苔を収穫する人々が海藻を乾燥させるための建物だとわかった。かつてフレッシュウォーター・ウエストの崖に点在していた、現在二〇ほど残っている小屋の一つだという。小屋は、近くのアングルの町の家族のもので、一〇キロメートル先のスウォンジーの工場に、乾燥ラバー海苔を売って収入の足しにしていた。

ラバー海苔採集事業は、一八七九年にリバプールに向かうアメリカの商船が猛烈な風で岩礁に座礁した後、フレッシュウォーター・ウエストで始まった。地元の救助隊が海岸から船で素早く駆けつけ、二人を除く全員を救助した。一方、一万五〇〇〇箱の貨物（高価な螺鈿細工の箱が入った二一四袋を含む）が岩礁とビーチに散乱していた。懸賞金の噂はすぐに広まり、賞金狙いは遠方のスウォンジーからもやって来た。そこに幻の宝物以上のものがあることに気づいたのはスウォンジーの人々だった。波の中を歩いて、彼らはラバー海苔の厚いベッドを見つけた。その後、彼らはアングルの住民と契約して、集めて乾燥した海苔を、馬車でペンブローク駅まで運び、そこからスウォンジーに輸送した。町の工場はそれをラバー・ブレッドに加工し、近くのバリーの豊かな入江で採れたザルガイと一緒に販売した。フレッシュウォーター・ウエストの小さな産業は、工場が直接ラバー海苔を採取するためにトラックで男たちを送り込むようになった一九三〇年代まで、地元住民に季節の収入をもたらした。

ラバー海苔の可能性

エプロンを脱いだジョナサンが、小屋にやって来た。「私はここから一〇分ほどのペンブロークで育ちました」と彼は私に語った。「子どもの頃、両親と一緒によくここに来ました。後に、サーフィンを習い、ここでよくビーチ・パーティーをしたものです。小屋は昔のことを思い出させるものだが」と彼は笑いながら、「私たちにとっては、主にいちゃつくのにいい場所だった」と言った。

スウォンジーの大学を出てコンサルタントとして数年働いた後、ジョナサンは進路を変えた。彼は三〇歳のある日、職場のコンピューターの前で、海、ペンブロークシャーでの生活、そして家族が料理好きだったこと――地元の食べ物がどれほど恋しいか実感した。熟慮の末、彼は上司にパートタイムで働き、幼少期から慣れ親しんだ魚介類や海藻を提供するフード・ビジネスを始めたいと伝えた。二〇一〇年の夏、彼はペンブローク近くの農場の販売所の外に土曜日だけ屋台を開いた。「開店の日の後、私はたくさんの人に会い、あまりにも多く話したので、顎が痛くなりました。また、準備に何時間もかかるので、結局一時間二ポンド未満で働いていることにも気づきました。それでも、これまで仕事をしたなかで最高の一日だと思いました」

七年後、彼は、カフェ・モール（モールはウェールズ語で「海」を意味する）を含む、三つの関連事業を展開していた。ビジネスは順調にいっている。週末には、キャラバンで五人の料理人が文字通り肩を並べて立つことがよくある（彼はシェフよりコックという言葉を好んでいる。「シェフはここにはふさわしくない。彼らはお飾りではなく、キッチンにいるべきです」）。彼は他にも二台のモバイル・フード・トレーラー――移動式の小屋が付いたものと移動式の釣り船が付いたもの――を持っている。これで、イギリス各地の三〇を超えるフード・フェスティバルに毎年参加している。

三番目の事業は、ペンブローク・ドックの町の近くにある加工および包装施設で、海藻製品を生産している。イギリスの四〇〇の店舗で販売し、海外への販売も増加している。ペンブロークシャー・ビーチ・フードのベストセラーに、「ウェールズ人のキャビア」がある。これは、ラバー海苔を乾燥、細断して、焼いたものである。「船のビスケット」は魚の形のクラッカーで、ラバー海苔と一緒に焼いて、ダルス（もう一つの紅藻）と海塩がトッピングされている。あとは「ウェールズ海の黒バター」、私が食べたサンドイッチに風味を加えていたラバーブレッド・ソース、などがある。同社はまた、地元で収穫された、あるいはスコットランドとアイルランドから輸入した、ダルス、ケルプ、および他の海藻をパックにして販売している。「海藻の需要の増加は尋常ではありません」とジョナサンは言った。「最近ロンドンで開催された見本市で、ハインツや他の調理済み食品メーカーから、彼らの製品の栄養価を高めるために、真剣な問い合わせを受けました」

しかし、大量の契約をするのは時期尚早だ。問題は、とジョナサンは言った。「ラバー海苔は謎の多い海藻」だということである。東アジアの天然の海苔と同様に、出現しないことがよくあり、出現しても少量しか収穫できないことがある。ウェールズでは、冬の嵐が海岸線を襲い、岩からすべての海藻を引き剝がし、深部におけるコンコスポアの形成を狂わせている可能性がある。最近、ジョナサンはスウォンジー大学の海洋生物学者のジェシカ・クノープ博士と契約し、ラバー海苔の生活環に関する研究をしている。いつか、東アジアで海苔が栽培されているように、ラバー海苔の栽培ができるようになることを目指している。しかしそれまでは、大手加工食品会社が必要とする安定した供給を保証できない。

これは良いことかもしれない。ウェールズのラバー海苔への関心が高まっていることに満足しながらも、ジョナサンは、余りに大きいラバー海苔への需要が持つ潜在的な影響を懸念している。「食品会社が自社製品の栄養成分の改善を急ぐあまり、根こそぎ取り尽くす危険がある。今のところ、収穫するのは私とスウォンジーの少年たちだけで、しかも、彼らは毎日ここにいるわけではありません」（「スウォンジー・ボーイズ」は、セルウインズとペンクロード・シェルフィシュ・プロセシングのことで、ザルガイとムール貝、ラバー海苔や海藻を加工して、販売している）。「問題の一つは、どのような被害が発生しているかを確認できないことです。伐採が確認できる熱帯雨林とは違います」。今のところ、少なくとも現実ではなく、単なる不安でしかない。

ビーチに降りて、その後、砂場から岩だらけの岩礁へ続く道がある浅瀬に行った。ジョナサンは露出している岩を次から次へと飛び移るが、私は慎重に道を選んだ。でも、私たちは二人ともすぐに冷たい水にひざまでつかった（真夏でも、水温は摂氏約一三度より上がらない）。明るい緑色をした、ニンジンの皮のようなたくさんのボウアオノリ、ウルバ・インテスチナリスがあった。「貧乏人の海苔です」とジョナサンは言った。「ウルバにはあまり風味がない」。次に、彼は、チョコレート色の小さな手の形をした葉を持ち、垂直の岩肌にしっかり固着している海藻をつまみ上げた。「一方で、ペッパーダルスはおいしい。サラダに加えたり、パスタに入れて食べます」。嚙んでみると、確かに、ピリッとして、カリカリのルッコラのようにおいしかった。多くの岩のタイドプールで、ジョナサンは、岩にくっついて、ガラスのように澄んだ水の中で優しく揺れる他の種——さび色、緑、または金色、糸状、またはシダ状の海藻——を指さした。

ラバー海苔は、今年は五月がピークで、今はあまり残っていなかったが、私が岩によじ登り、追いかけている間、ジョナサンは、あちこちで元気よく水しぶきを上げながら、海藻をいくつか見つけ、岩から引き剝がした。手で伸ばすと、それはほぼ透明で、とても薄く、驚くほど伸縮性があり、緑色をした食品ラップのように見えた。ウェールズの沖には約八〇〇種類の海藻がある、と彼は言った。しかし、人々が食べているのは五〇種ほどしかない。この事実は明らかに彼の興味をそそり、私には、彼があらゆる新メニューの可能性を想像していることがわかった。私は不思議に思った。もし、今食べている野菜の六％しか知らなかったとしたらどうだろうか？　何を失っているか考えてみよう。たとえば、とげのある、革のような葉をもつカルドン——私のお気に入りのアーティチョークになるまで農民が選択的に育種した――は、その六%には含まれなかっただろう。

食用とされているのがたった五%の海藻だという事実は、なじみのある多くの野菜が、何千年もの間選択的に交配が行われて、より食欲をそそり、より柔らかくなるまで、徐々に品種改良がなされなければ、私たちの皿に載ることはなかったことを思い出させる。カルドン、トウモロコシの祖先の小さくて丈夫なテオシント(ブタトウモロコシ)、ニンジンになった茶色の根はかつてはほとんど食べられることがなかった。海の野菜は、地上の野菜と同じくらいか、それ以上においしいことがある――私はいつでもペッパーダルスをレタスの上にのせて食べたい。しかし、おいしくない種でも、工夫すれば味を改善することができるかもしれない。私たちはまだほんの数種類の海藻を栽培したにすぎない。どこにどんな料理の宝物が隠れているか、誰が知っているだろうか?

海に生息する野菜を選択して育てるのは難しいかもしれないが、私たちはすでにやっている。ジョナサンは昨年、イギリスの貿易使節団と一緒に日本に視察に行った時、一九五〇年代から海苔養殖に携わってきた八〇歳の山本文市氏に会った。山本氏は、ジョナサンが持ってきたラバー海苔を味わって、少年時代の天然の海苔の豊かな味を思い出したと言った。現代のトマトと同様に、日本の海苔は、現代の栽培、加工、出荷の条件を満たすために選択的に改良されている(同様に韓国では、ペ氏の同業者たちが伝統的な味と異なる特徴を持つ海苔を選択している)。おいしい海藻の品種を発見して栽培しない理由はない。

ジョナサンはウェールズで伝統的な海藻料理を復活させたが、ポルフィラ・ウンビリカリスが重要な作物になるかどうかは未知である。東アジアの海苔産業の構築に大きく貢献したキャサリン・ドリュー・ベーカーの仕事が、イギリスでも産業を創造できれば喜ばしいことだ。しかし、ジョナサンが他の海藻について行っていることも重要である。アジア料理で海藻が活用されているのは素晴らしいが、海苔やラバー海苔など、他の文化の郷土料理で使われている海藻を組み込むことで、より多くのレシピを作り出せる。ペンブロークシャー・ビーチ・フードのウェブサイトにはレシピがあり、新しいレシピが頻繁に追加されている。タンパク質と栄養素、耕作地、淡水がますます不足する世界で、私たちの食事に海の野菜を加えることは私たち全員にとっていいことである。味だけでなく栄養面でも海藻を愛するシェフ（およびコック）たちに喝采を。

5章 持続可能な海藻採取

　食用の海藻はアマノリ属が最もよく知られているが、味噌汁が好きな人は、ワカメ（ウンダリア・ピナティフィダ）として知られる海藻が身近だろう。私はこれまでずっと味噌汁を楽しんできた。しかし、数年前までは、スープを飲み、豆腐を食べたが、緑色の小片は避けて、漆塗りの器の底に残していた。寿司の海苔と異なり、浮いたワカメは見るからに海藻だったからである。

　ワカメを食べなかったことは、今ならわかるが、怠慢による重大な罪だった。一つには、ワカメはとても柔らかく、わずかに甘味がある。味噌汁は繊細な味の調和からなり、ワカメは、曲に表情豊かな音色を加えるように、風味を追加している。また、栄養価が高く、特に鉄、カルシウム、マグネシウムが豊富で、ビタミンKと重要なビタミンBである葉酸も豊富に含んでいる。

　しかし、スープの調和にとって重要なのはワカメだけではない。乾燥昆布（コンブは、褐藻類コンブ属のさまざまな種を表す用語）も役割を果たしている。お湯を煮る間に加え、その後具材を入れる前に取り出される約一〇センチの昆布は、うま味として知られるコクのある味わいを、味噌汁——またはスープやシチューの煮汁——に加える。うま味は、塩味、甘味、酸味、苦味に加えて、味蕾だけで感じる五つの基本的な味の一つである（他の味は、実際に匂いを嗅ぐことができる。鼻腔にある受容体を介して、食物から発生する分子を捕捉する）。私たちは舌の前の部分だけで甘味を味わい、後部で苦味を、両側で酸味と塩味を味わうが、うま味を知覚する味蕾は舌の表面全体に分布している。

味噌汁の効能

うま味は、一九〇八年に東京帝国大学の化学者池田菊苗が、昆布が味噌に独特の風味を加える理由をつきとめようとして発見した。彼が発見した風味の源はグルタミン酸ナトリウムで、アミノ酸の一つであるグルタミン酸のナトリウム塩である。一食分のワカメには少量（二～五〇mg）のグルタミン酸ナトリウムが含まれているが、一食分の昆布には三〇〇〇mgも含まれることがある。二〇世紀の後半、日本の化学者たちは、味噌とカツオの削り節には、うま味を与える他のアミノ酸塩が含まれていることを確認した。味噌汁にワカメ、昆布、味噌ペースト、削り節（または、トマト、パルメザン、アンチョビなどのピザの具）など、うま味を含む複数の食品を混ぜると、風味の強さはそれぞれを合計したものを超える。成分を考えると、味噌汁が日本で最も頻繁に食される料理の一つであることは、驚くに当たらない。日本人の七五％は少なくとも一日一回味噌汁を飲み、四〇％以上が一日に二回飲む。

日本人は長生きの傾向があるだけでなく、女性の乳癌発生率が世界で最も低い。アメリカでは、女性の八人に一人が乳癌と診断されるが、この恐ろしい診断を受けるのは日本人女性の場合三八人に一人だけである。癌研究者は、病気の発生率の低さに日本の伝統的な食事が大きな役割を果たしていることを認めている。食事と乳癌のメカニズムは複雑で、確かに遺伝子が重要な役割を果たしているのは明らかだ。それにもかかわらず、権威ある国立癌研究所のジャーナルに掲載された二〇〇三年の研究では、「味噌汁とイソフラボン［大豆化合物］の頻繁な摂取が、乳癌のリスク低下に関連している」と結論づけている。他の研究は海藻だけでも効果があると報告しているが、それを裏づけるだけの研究がない。私は味噌汁をその比類のない味のために飲むが、もしそれに抗癌効果があるなら、なお好都合だ。

ワカメ、昆布、および他の褐藻類（しばしば、まとめてケルプと呼ぶ）は、世界中のすべての海に生息している。褐藻類は、ずっと後で藻類に加わった新参者で、五〇〇〇万から二五〇〇〇万年前に、小さな糸状体からカリフォルニア沖で森を作るジャイアント・ケルプまで、さまざまな形に進化した。バイオマスで言えば、褐藻類は海洋で最も優占している。ほとんどの褐藻は高緯度に生息しているが、自由浮遊性のホンダワラ類は暖かい気候を好む。ホンダワラ類の大部分は藻体が長く、固く、枝分かれしており、気胞で浮いている。北大西洋の温帯海域に広がるおよそ三五〇〇万平方キロメートルのサルガッソー海で最も豊富に見られるホンダワラ類は、絡み合って巨大な金色の漂う島々を形成している。そこは、ウミガメ、ウナギ、巻き貝、カニ、稚魚、その他の海洋動物のオアシスで、動物たちはホンダワラ類の中やその上で暮らしている。これらの生物の多くは——いくつかの種はサルガッソー海に特有である——黄金色の色合いに進化して、ホンダワラに擬態して捕食者から身を隠している。

一部の東アジア人は、煮たり、揚げたり、団子にしてホンダワラを食べるが、よりまろやかな（そしてより人気のある）褐藻は、アジア、ヨーロッパ、北アメリカ沿岸の冷たい海域に分布している。それが、七月の午後、ウェットスーツに身を包み、ゴムのブーツを履いて、木製ボートの四角に仕切られた船首の木箱に腰掛けていた理由である。メイン州スチューベンにあるメイン・シーウィード・カンパニーのオーナーであるラーチ・ハンソンがボートを操縦して、ゴールズボロ湾に向かっていた。そこで野生海藻の第一人者の彼がケルプを収穫する。伝統的な漁師のガービー（平底船）は、長さ約五メートルで、長年アマニ油を塗っているために色が黒い。船尾肋骨のすぐ内側にある九馬力のエンジンが船を動かしている。私たちの後ろには二・五メートルのロープでつながれたもう一艘のガービーがあり、さらに二本のロープでつながれているのは、二槽のこぎ船——船首と船尾が短いミニチュアのガービー——で、アヒルの子のように上下に揺れていた。

雲のない七月のとある日の正午、膝の上には、ラーチが彼の家のラックから持って行くように主張した、ダウンジャケットと詰め物をしたウールキャップなどの装備一式があった。私は水に入るつもりはなかったので、なぜラーチが私にウェットスーツを着ろと主張したのか、また、暖かい夏の日になぜ防寒服が必要なのかよくわからなかった。しかし、ブーツはすでに有用であることが証明された。ラーチは干潮時に海藻の採取に出かける。つまり、沼地のビーチを横切り、海を歩いて沖に停泊している小さな船まで行く必要があった。

昔からの海藻採集法

私はその日の朝ボストンから運転して、干潮の一時間後にラーチの家に着いた。彼はすでに出かけようとしていたので、出発前に彼と話す時間はなかった。今、私はたくさん質問したいことがあったので彼らの方を振り返った。彼は、ボートの後方に立ち、背が高く細身で、ウェットスーツがフィットしており、長距離ランナーの高校生のように見えた。姿勢は完璧で、色艶がよい。髪は、細く、真っ直ぐで、雪のように白く、ノーマン・ロックウェル（訳注：軽いタッチで市民生活を描くアメリカのイラストレーター）の絵画の一〇歳の少年のスタイルにカットされていた。私は彼が六九歳だということを知っていたが、ずっと若く見えた。質問をしても、私の声が小さくて、叫んでみてもエンジンの音にかき消された。「着くまで待って」と彼は叫び返した。私は自分の考えをめぐらせながら、海岸までの旅を楽しんだ。上下する深い森林に覆われた平らな海岸線と海藻に覆われたビーチを眺めた。海鳥が空の遠くで弧を描き、近くの露出した岩に舞い降りた。

サッカリナ・ラティシマ

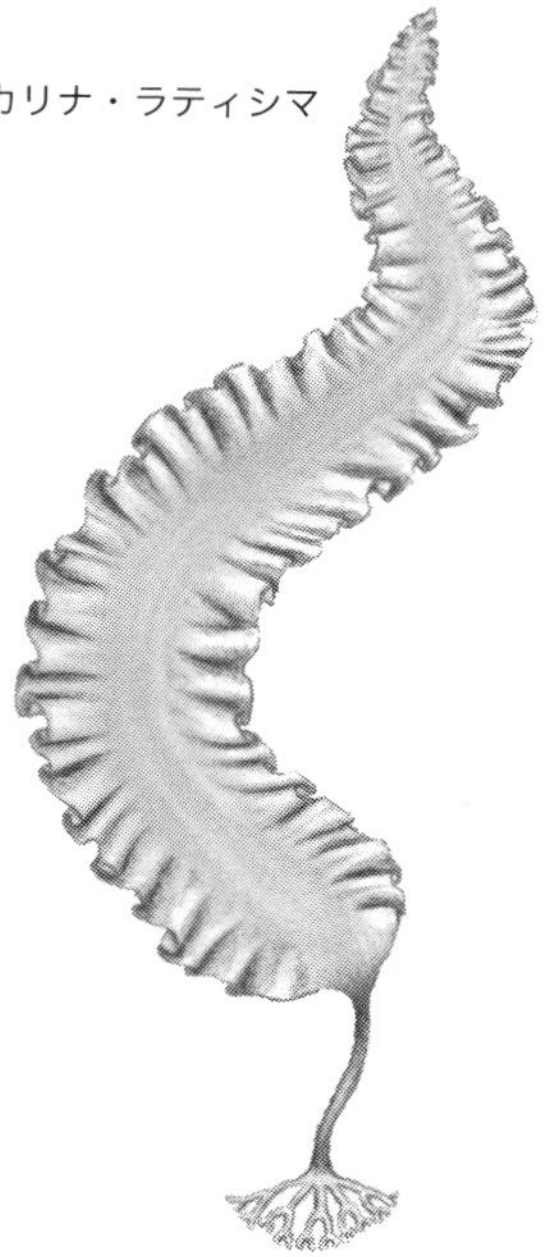

褐藻類コンブ科の海藻。北東大西洋、太平洋、スペインのバレンツ海、イギリス諸島の沿岸に分布する。「海のベルト」の名もある。

約三〇分後、私たちは岬を通過した。風が強くなり、海は波だっていた。ウェットスーツを首まで締めてジャケットを着た。さらに三〇分後、ラーチがエンジンを切って係留ブイに引っ掛けたとき、私は感謝しながら帽子をかぶった。私たちは約四〇〇メートルの沖合にいた。周りの水面の下に、大きな茶色の海藻の黒い塊が見えた。中西部のアクセントのあるまろやかな声で、ラーチが説明した。私が見ていたのは、シュガーケルプ、すなわちサッカリナ・ラティシマ（カラフトコンブ）の葉だった。シュガーケルプは海底から成長しており、付着器で水中の岩棚に固着している。私には見えない長い茎部が、付着器から一枚の頑丈な長い葉部につながっている。シュガーケルプは、豊富な栄養素をもたらす強い潮があり、同時に、波と嵐で海底から剥がされないように守られた冷水域に生息している。

ボート周辺の水面下で、ケルプの葉が波打ち、渦巻いていた。ケルプは水中では無重力で、中空の茎部によって浮いている。満潮時には、先端だけが水面に顔を出すが、干潮の現在、葉部は水平に浮いて

ラミナリア・ディジタータ

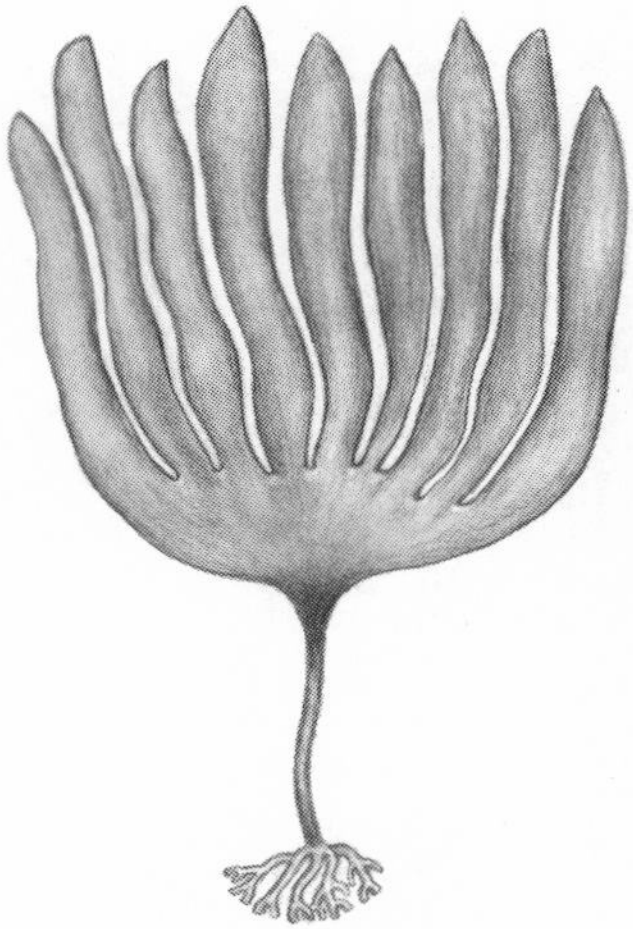

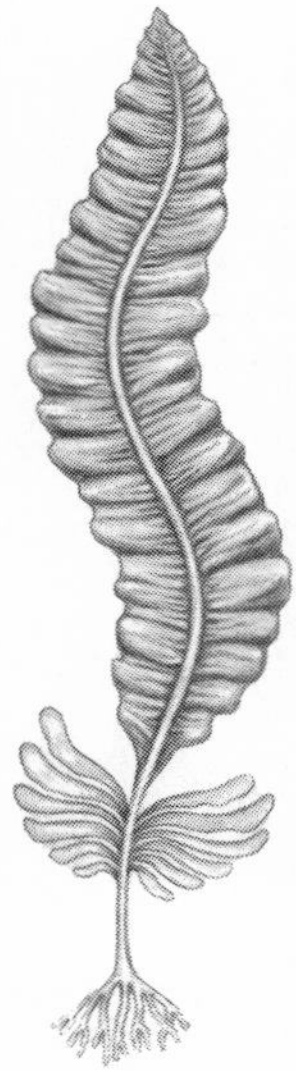

アラリア・エスキュレンタ

ラミナリア・ディジタータ：北大西洋沿岸に広く分布する褐藻類コンブ科の海藻。フランスとモロッコではアルギン酸を生産するために利用されている。
アラリア・エスキュレンタ：北大西洋および北太平洋の沿岸に広く分布する褐藻類コンブ科の海藻。食用の他、抽出物が美容液などの化粧品として使われている。

いるので見やすい。ラーチが船の横に身を乗り出し、両腕を水中に伸ばして、海藻の葉と茎を引っ張り、鋸歯状の刃を持つナイフで素早く切って、まるごとボートに引き上げた。彼は私に見せるために、海藻の塊から一枚の葉を取り出した。私には、金色がかった茶色の、長さ三メートル、幅三〇センチのラザニア（シート状のパスタ）のように見えた。私は平らな中央から波打っている縁に手をすべらせた。縁のフリルは乱流を作り、水をかき混ぜて、葉部の細胞により多くの栄養素を届けると、ラーチが説明した。それは少し固く歯ごたえがあり、まるで料理用の油でコーティングしたように滑らかで、すべすべしていた。私は片方の端を太陽に向かって持ち上げた。それは重いが透明で、太陽を背にしてステンドグラスの金色の窓のように輝いた。

私は、切断されていない方の葉部の先端に空いている一セント硬貨（直径一九ミリ）ほどの大きさの穴について尋ねた。

「ああ」とラーチは言った。「今はケルプのシーズンの終わりです。ケルプの葉は根元の方から成長するので、劣化した古い方の端を見ているのです。穴は巻き貝や寄生虫が食べた痕です」。形も大きさも豆チョコのような貝を弾き飛ばして、「このケルプはまだ濃い良い色なので、粉砕機に通してスープに使えます」と言った。

ケルプの収穫シーズンは短い。五月と六月、ラーチと見習いたちは干潮時に定期的に収穫に出かける。サッカリナに加えて、彼らは他の褐藻、主に、葉部が手の形をしたラミナリア・ディジタータと、基部にトンボの羽のような生殖構造を持つアラリア・エスキュレンタを採取する。少しナッツの味がするアラリアは、ワカメの代用として使われ、ラミナリア・ディジタータとサッカリナ・ラティシマは、レシピにある日本の昆布の代わりになる。

アラリアは二つの深度に生息している。多年生のものが生えている岩棚は十分に深く、氷のように冷たい嵐でも、海藻が一掃されることはない。一年生のアラリアが生えている浅い岩棚は、毎年冬になると消される黒板のようなものである。ラーチは、多年生のアラリアは収穫しない。それが胞子を作り、一年生のアラリアが再生する。サッカリナとディジタータは二～四年生きる。生活環が完了していなければ、刈り取り後に葉部が再生する。夏も生存しているが、成長が鈍り、水温が上がると色があせる。ラーチは収穫を続けるが、頻度は減って、一部は彼の庭の堆肥になる。

ラーチは四〇年にわたって海藻の収穫を続けてきた。「私の頭の中には、島々の地図があり、どの岩棚からどれだけ何ブッシェルのアラリアを収穫するか、ラミナリアをボート何艘分収穫できるかわかっています。収穫するケルプは、一九六〇年代に課税査定人のオフィスの税務地図に登録した同じ岩棚で生育しているものです。言い換えれば、私は取りすぎることはありません」。つまり、ここで収穫しているケルプは野生だが、管理された作物なのである。

今、ラーチは収穫の準備ができていた。彼は、彼の身長ほどの最も小さい手こぎボートをガービーの横に引っ張り、優雅に足を踏み入れ、船尾に向かって座り、漕いで数十メートル離れた。約四五センチの喫水だけが彼を水から隔てていた。小さなボートの底でかがみ込み、繰り返し、腕をケルプの塊に突っ込んで、つかみ、引っ張り、切って、引き上げた。ボートがいっぱいになると、空いているガービーまで漕いで、たくさんのケルプを移した。その後、戻って作業を繰り返した。海が穏やかでも、収穫作業は十分に困難なはずだが、実際は、海は荒れていた。手こぎボートは不規則に上下する。出発前に、なぜラーチが笑顔で私の助けを断ったのかがわかった。不安定な海、鋭いナイフ、滑る海藻、そして初心者。望ましい組み合わせではない。

天然ものへのこだわり

二時間後、たくさんの海藻を持って、家に向かった。ラーチは、背筋への激しい負担をものともせず、何十頭ものアザラシが水中で遊んだりビーチで寝そべっている近くの島に少し寄り道をした。ガービーはケルプが山積みになっていた。ケルプは、午後の光の中で秋の色調を持つ輝く塊で、ガービーは、巨人の夕食のための、ボートの形をしたラザニアのボウルだった。

戻ってくると潮は高くなっていたが、それでも浅瀬でボートを停めて、海岸まで歩いて戻らなければならなかった。夜遅く、満潮になると、ラーチの見習いたちがガービーをビーチまで漕ぎ、濡れたケルプをかごに移し、小さなトラクターに取り付けられた屋根のないトレーラーに乗せて、乾燥小屋まで運ぶ。ラーチと私は森の中の小道を通り、道路を渡って彼の家へ向かった。木製の土台に張られた、見習いたちが使っている四つの青いテントの横を通った。収穫の最後の数日間とケルプの包装を手伝うために、また新しい乾燥小屋を建てるために、彼らは最盛期を過ぎても滞在していた。もう一つのテントは、若い夫婦が使っていた。六番目のテントでは、何十年も海藻を購入している顧客が、毎年ここで隠遁生活を送っていた。そして七番目には、ラーチが秋に開いているヨガ・センターを運営する女性が住んでいた。針葉樹の茂みの中で、彼は次のテントを覗き込み、無人であることを確認して、土台の端に腰掛けた。太陽は枝を通過し、空気は暖かく、樹脂と海の匂いがして、鳥が二音の歌をさえずっていた。

ラーチは、彼だけが収穫許可を得ている海域から、ケルプを採取している。彼はまた、ビーチの岩からダルスを採取している。例年、彼は約三トンの乾燥した海藻を販売している。つまり、彼と見習いたちは海から約三〇トンの湿った海藻を収穫していることになる。彼の乾燥製品のほとんどはサッカリナ、デジタータ、アラリア、そして少量のダルスで、個人の顧客に出荷している。客は一キロ入りの袋で購入し、調理に使う。最近、彼は約五〇〇キログラムの乾燥した海藻を化粧品会社に販売している。別の二〇〇キログラムは、海岸に沿って密に生えるヒバマタ科のアスコフィラム・ノドサムで、ヨードチンキを販売する会社に送られる。二〇一一年の福島原子力発電所の事故以来、西海岸のバイヤーからの需要が二倍になった。メイン州のケルプからヨウ素を摂取すれば、福島の放射線で汚染された魚や、その他の線源が含む放射性ヨウ素を、身体が吸収しないと信じる人もいる。*

*理論的には、これは事実である。しかし、アメリカ海洋大気庁（NOAA）の支援を受けた二〇一三年の研究では、「福島の放射性核種からの追加線量……は、多くの食品、医療、飛行機、またはその他の背景放射線源に人間が日常的に暴露される線量と、ほぼ同じか、それより少ない」。

ラーチは野心的ではない。彼は必要とする、または望んだビジネスのすべてを手がけている。彼は誇らしげに、常に現金制で運営し、彼自身の労働で生活し、四人の子どもと家族を養ってきたと言う。彼の望みは、メイン州沖の素晴らしい海中菜園を責任を持って世話すること、そして野生の海藻収穫者のコミュニティを発展させることである。毎年春と夏に、六人ほどの若者が彼の方法を学んでいる。一部の若者は何度も戻って来る。作業は重労働である。三〇トンの海藻を収穫し、海から手漕ぎボート、ガーピー、バスケット、トレーラー、乾燥ラックまで運ぶ作業が、一〇週間で六回も行われる。労働時間も不規則で、干潮に当たると、真夜中にボートに乗ることもある。報酬は奨学金とテント内の居住スペースと食卓の席である。

野生の海藻の収穫は、ラーチを金持ちにしたわけではないが、自立した健康的な生活を送る手だてとなった。彼の見習いの何人かは自分で店を持った。それは彼の生き方が広まるのを見る満足感を与えるだけでなく、実質的な価値もあった。海藻の需要と供給は変化するから、注文に応えるために、時に仲間の業者と取引する。お金の授受はない、と彼は強調する。それは常に「海藻の物々交換」で行われる。私は、ケルプの養殖を始めたいくつかの小さな会社についてどう思うか、彼に尋ねた。すると、ミドルネームが「冷静」であるかのような彼が、激しい感情を表したことに驚いた。「彼らは海藻をあまりに密集して育てている」と彼は主張した。そのために、海藻の栄養価が低くなり、おそらく害虫の被害も受けやすい。さらに、彼らは、「潜在的な競合相手」で、養殖方法の研究開発で州政府の支援（「私の税金だ」）を受けており、そのことも彼を怒らせた。後に、彼のウェブサイトで読んだ。「荒波の中で育った植物の品質とは何だろうか？　粘り強さ。柔軟性。旬の楽しみ。アラリアを収穫している人たちを見てください。彼らはこれらの特性を伸ばしています。養殖でアラリアが『家畜化』されるのを見たくないのはあたりまえです」

家に戻った。一階に会社のオフィスがあり、魚の剝製が壁に掛かっていた。このノーザンパイク（カワカマス属の一種）は、子どもの頃ミネソタ州の田舎で育ったラーチの最初の獲物だった。無垢のパイン板でできた壁からは木の香りがした。借りたジャケットを、いろいろなもの――訪問者向けのあらゆるサイズの備品――であふれたラックに掛け、三階まで急な階段を上った。そこでは、屋根の下の大部分が共有スペースになっていた。扉のない棚が載った長い木製のキッチンカウンターが部屋の片側全体を占めていた。その上は、皿、調理器具、豆とスパイスの容器でいっぱいだった。薪を燃やす大きなストーブがドアのそばに設置されている。

ラーチは妻のニーナに私を紹介した。ニーナは、コンロの上で湯気をあげている、巨大なスープ用の鍋に入れる野菜を刻んでいる二〇代の若者の何人かと話をしていた。窓のある正面の壁に、使い古した二脚のソファが並んでいた。一組の夫婦が若い息子とボードゲームで遊んでいた。部屋の反対側には本であふれかえる本棚と何脚かの安楽椅子があった。椅子の一つに収まった年配の女性は眠っているように見えたが、後で、こんな騒ぎの中で昼寝できる能力がうらやましいと言ったら、瞑想していたのだ、とたしなめられた。部屋の中央には木製のテーブルがあり、ラーチ手作りのウィンザー・チェアを含むさまざまな椅子が並んでいた。

スープの準備ができたら、夕食の時間である。さらにゲストが到着して合計一六人になった。夕食は、ココナッツ、魚、サッカリナで風味をつけた野菜スープ、そしてご飯といろいろなサラダで、すべてがおいしかった。私はラーチ、見習いたち、ゲストの声に耳をすませた。声が重なり合っていた。彼らは、新しい乾燥施設の進行状況、二人の見習いが午前中に計画している収穫旅行、ロックランド・ヨガ・センターでのプログラムの進捗状況について話し合っていた。見習いの一人のダニエルが、男の拳大の黒いくすんだ塊をテーブルに持って来た。それはカバの木で育つ菌、チャガ（カバノアナタケ）の一部で、免疫システムを強化するというお茶を作ってくれた。私は本能的にチャガ・ティーを断ったが、後で考え直した。私はいつもキノコが好きだった――しかも味が濃いものが好きだ。キノコ茶はアンズタケのソテーと何が違うのか？　ほとんどのアメリカ人は、食べられる海藻を鼻であしらうが、ほうれん草を食べるときは何も考えていない。文化によって嗜好が左右されることを思い起こした。

私はどこで寝るか選択できたので、テントではなく、ホールの向こう側のオフィスのベッドにした

（夜中に森の中でつまずかずに、簡単にトイレに行ける）。翌朝早く、私は乾燥室の一つで四人の見習いと合流した。全員がジーンズと古いTシャツを着ており、褐藻に含まれる高濃度のヨウ素で黄土色の染みがついていた。彼らは、物干しにタオルを掛けるように、ケルプを持ち上げて、木製の棒に掛けた。透明の屋根からそそぐ七月の太陽が、空気の冷たさを和らげていた。太陽の熱と大きな換気扇から吹き出る風で、ケルプは四八時間で乾燥する。ここでは夏にはよくあることだが、天気が曇って涼しくなったら、乾燥室を暖める必要がある。各乾燥室の外のパイプでつながれた退役した古い油タンクが、薪で点火する温風炉として機能する。見習いのもう一つの仕事は、夜中に起きて、炉に燃料を入れることである。

ニーナは乾燥室にいる私を訪ねてきて、贈り物に乾燥して砕いた海藻スープミックスの小さなパッケージをくれた。光と湿度を避ければ、少なくとも二年間は保存できる（パッケージにはレシピが入っており、会社のウェブサイトにも詳細が掲載されている）。私は別れを告げ、少し罪悪感を覚えながらポートランドに向かい、ラーチの競争相手の水産養殖業者の一つを訪問した。私は、節度を持って野生の褐藻類を収穫しているラーチの取り組みを称賛しているが、真実は、持続可能で豊かな食料源を、自然からの供給だけに頼ることには限界があり、あまりに多くの期待をしているということである。大規模栽培がどのように機能するのか見てみたい。

6章　広まる大規模海藻養殖

プレスプスコット通りを見つけたが、オーシャン・アプルーブドのオフィスを通り過ぎてしまった。ビジネスではミスを犯しがちだ。そこは白い羽目板を張った普通の家で、家の前に何の表示もなかった。二回目、私は私道に車を乗り入れ、二台の白い貨物コンテナの隣の草地に駐車した。二〇〇六年に会社を設立したトレフ・オルソンが私の側に来てケルプについて話し始める前に、かろうじて車から降りた。私は、バックパックからボイス・レコーダーを出す間、待ってくれるよう頼んだ。レコーダーを手にしたら、トレフはすぐに、私を古い茶色のステーション・ワゴンに案内した。

「これを床に押し込むだけだ」と、彼は流暢に、力強く、そして止むことなく話し始め、シートに置かれたもつれた糸と小さなアンカーについて語った。私たちは、養殖場と研究室があるという南メイン・コミュニティ・カレッジに向かった。運転中の彼を観察すると、そこにいるのは中年の男性で、彼の茶色の髪はこめかみが灰色に変わっているが、艶があり、細面で体も細かった。ラーチは並外れて円熟していたが、トレフはラーチと反対にとても熱い人だった。九月の晴れた日中なので車の窓が下がっており、レコーダーが、エンジンの騒音と開いた窓に流れ込む風の中で、彼の声を捉えていることを願うばかりだった。

トレフ（彼が言うには、この名字はノルウェー人の祖先から何世代にもわたって受け継がれている）は、一九五〇年代から六〇年代にメイン州オーバーンで育った。家族は湖のそばで暮らしていて、そこで水上スキーとアイススケートを習ったが、彼の関心は常に海に向いていた。一九七〇年、一家は、母親の健康のために、フロリダの西海岸に引っ越した。学校に行かないときは、地元のレストランや商業漁船で、パートタイムで働いた。一七歳で高校を中退して、海に出て行った。

「私が主にやっていたのは、沈没船の引き揚げ――それは宝探しを表す華やかな言葉だ――と商業漁業だったが、サーフィンもしたし、ただ人生を楽しんでいた。フロリダ・キーズ沖でエビを獲り、メインからブリティッシュ・ホンジュラスに至るまで刺し網漁とはえ縄漁をした」

一九八〇年、彼はメイン州、バー・ハーバーに戻り、そこで兄弟でアジアとアメリカの融合料理のレストランを開いた。その冬に、レストランのビジネスが行き詰まり、彼は遭難船引き揚げ事業の契約書にサインして、オーストラリアと南アメリカの海岸沖で沈没船に潜り、最終的に、大西洋、太平洋、インド洋を船で旅した。

「レストランを運営していた間ずっと、私はバイヤーとして、理にかなっていると思っていたので、養殖に興味がありました。たとえば、私はメカジキ、サバ、ボラ、エビなど、さまざまな漁業をやってきました。漁業は急拡大したがすぐに衰退しました。私は何が起こったかを見てきました。人々はギアをトップに入れて、魚を捕り尽くしました。そこには産業がありませんでした。正しく行われるなら、魚の養殖は理にかなっています」

とは言いつつ、一九八六年にレストランを売却した後、トレフは始まったばかりの北米のウニ漁業に飛び込んだ。日本では昔から、ウニと呼ばれる、とげのある生き物の生の性巣を寿司の珍味として食べてきた。当時、黄色からオレンジ色の舌状の臓器は、レストランで、一キログラム二〇〇ドル以上で売られていた。ウニは、メイン州の人々にとって常に悩みの種だった。ロブスター漁の罠の餌を食べ、罠を詰まらせ、成熟前のロブスターと魚を捕食者から保護しているケルプを刈り取ってしまう。しかし、一九八〇年代、日本の輸入業者はメイン州の緑色のウニが東アジアの種とほぼ同じで、さらに有利な為替レートのおかげで安価であることに目をつけた。メイン州のウニは突然市場価値を持った。それだけでなく、ウニ漁は冬の間、漁ができずにいたロブスター漁師たちの、新たな収入源となった。

厄介者がお宝になったのである。荷揚げ量は一九八六年のほぼゼロから一九九三年にはおよそ一・八万トンに急増した。ウニはメイン州の海域のいたるところに生息していたので、枯渇するなど誰も想像していなかった。しかし、そうなった。乱獲により個体数が減り、漁師の利益も減少した。漁獲量は二〇〇一年におよそ〇・五万トンに減少し、二〇一六年にはわずか六八〇トンになった。

貝養殖から海藻養殖へ

しかしそれからも、トレフはずっと進み続けた。一九九七年に、彼はムール貝を育てる最初の水産養殖事業、アクア・ファームを始めた。野生のムール貝は、潮間帯で岩やお互いを繊維状の「あごひげ」で結び、集団を作って成長する。昔から、収穫業者は熊手でムール貝をこそぎ取るか、またはボートから引き網で採取してきた。トレフには別のアイデアがあった。彼は州からバングス島沖の海域を借り、梁の台を浮かべた。彼はピンの先ほどの小さな稚貝のついたメッシュロープを、重しをつけて梁からぶら下げた。梁の係留場所も理想的で、嵐を避けられて、餌のプランクトンが豊富な海流があった。干潮時に空気にさらされて、何時間も餌を食べることができない野生のムール貝と違って、彼のムール貝は絶えず水をろ過して、餌を食べた。比較的穏やかな水中でロープからぶら下がっているムール貝は、自身を育てるのにエネルギーの多くを費やし、身を守る殻にはあまりエネルギーを割かない。その結果、彼らは成長が早く、身は柔らかかった。おまけに、水中にぶら下がっているため砂や泥をあまり吸わないので、処理にかかる費用も抑えられた。

必然的に、ムール貝に覆われたロープには必ずケルプが付着して成長していた。彼は長い間、家庭でもレストランでも、乾燥ケルプを使った料理のファンだった。「それは風味を添えるだけでなく」と彼が言った。「食物繊維を含む文字通りマルチ・ビタミンです。そのため、オーシャン・アプルーブドは『ケルプ、高潔な野菜』というフレーズを商標登録しています。ケルプは間違いなく地球上で最も健康的な野菜であるだけでなく、肥料、殺虫剤、除草剤を必要としないから高潔なのです。そして、栽培するのに耕作地も淡水も必要としません」。彼はムール貝の養殖場に出かけるたびに、海藻を持ち帰り、乾燥させずに、新鮮なまま調理する実験を始めた。

「ケルプはエンドウ豆のようなものです。乾燥させたエンドウ豆は健康にもよく、美味しいスープにもなります。しかし、新鮮なエンドウ豆は、乾燥エンドウ豆とは、全く違います。新鮮なエンドウ豆または瞬間凍結したものは、甘く、緑色でパリッとしています」。彼は肩をすくめた。「誤解しないでください、私は乾燥した海藻が好きですが、私はコックです。新鮮な、または瞬間凍結した海藻を使って、いろいろな料理ができるはずです」

乾燥した海藻は乾燥したハーブによく似ているから、その粉末を料理に加えるのは比較的簡単だ。だが、見た目が海藻そのままのものを、実際に食べてもらうのは難しかった。しかし、トレフは、時は来たと思った。食通は、非伝統的な料理と風変わりな風味の組み合わせに興味を持つようになった。同時に、有機食品のブームが始まり、メイン州のきれいな海の海藻には汚染物質が含まれていなかった。団塊の世代は、高い死亡率に直面して、健康的な食事にますます関心を高めた。さらに、アメリカの寿司レストランの数は一九八八年から一九九八年の間に五倍に増えた。アメリカ人は、と彼は考える。味噌汁でワカメを、海藻サラダでワカメやヒジキを、寿司で海苔を食べることに慣れてきたので、料理の幅を広げる下地が整った。

トレフは、新鮮な海藻を使ったビジネスを成功させるためには、ただ季節に応じて、地元のレストランに販売するだけでは駄目だと考えていた。それでは、事業が広がっていかない。しかし、彼が商業漁業をしていた頃からよく見知っていた技術である瞬間凍結は、大きな可能性を秘めていた。台所の冷凍庫で魚を凍らせると、細胞内の水がゆっくり凍結して、氷の結晶を形成する。結晶は鋭く、細胞壁を貫通して細胞を破壊するので、解凍したタラやサーモンは水っぽくなる。一方、瞬間凍結は、魚の温度を数分で摂氏マイナス四〇度まで下げる。瞬間凍結すると、水は急速に固体になるので、結晶を形成しない。つまり、細胞は損傷を受けず、ビタミンが流出するのも防げる。釣り上げてすぐに瞬間凍結した魚は、しばしば、市場に出るまでに数日かかる生魚よりおいしい。トレフは、海藻にも瞬間凍結が活用できると考え、メイン州技術研究所からの助成金を受けて、この技術を習得した。

販路拡大の問題が解決したので、次は、海藻の調達が問題になった。トレフが考えている運用の規模では、天然ものを収穫するだけでは足りない。彼は自社でケルプを養殖する必要があると考えた。

養殖が天然ものを守る

南メイン・コミュニティ・カレッジに到着し、コンクリートの階段を登って、実験室と海藻養殖場があるオーシャン・アプルーブドの本拠地である倉庫のような建物に入った。私は大きな水槽を予想していたが、トレフは四つの普通の卓上水槽を見せた。三つは空で、四つ目には、六〇センチほどの高さの糸巻きのようなものがいくつか立っていた。実際、これは糸巻きそのもので、それぞれに一二〇メートルの糸が巻かれていた。これは研究用だが、後の養殖のシーズンには、水槽に二八個の糸巻きが設置される。つまり、水槽には長さ一五〇〇メートル以上の糸が入ることになる。

ずらりと並んだライトが、一方から水槽を照らし、自然光が反対側を照らしていた。糸は明るい茶色で、少しぼやっとしていた。トレフは喜んでいた。短い毛が糸巻きから突き出していた。彼は手を伸ばして一片を切り取り、それをスライドグラスの上に置いて、上からカバーグラスをかぶせた。隣のオフィスでスライドグラスを顕微鏡の下に置いた。「ああ、これは美しい」と彼はうなった。「間違いなく、もう海に出る準備ができている。もう植物に見える。茎部の根元の色が濃い部分も見えます。そこが成長部位です」

私も、顕微鏡を覗いた。確かに、茎部と単一の葉部を持つ、とても小さなシュガー・ケルプがあった。付着器はまだ小さすぎて見えないが、それは確かにそこにあり、糸をつかんでいた。小さくてとてもかわいかった。

この小さな海藻とその兄弟はすべて年齢が一か月である。トレフは水槽に設置した糸巻きに、収集した野生のケルプが放出した胞子を接種した。、発生の最初の段階は、成長が進んでいても何も見えないので、最初の二週間はいつもはらはらさせられると彼は言う。それでも、彼は毎日糸巻きを回し、栄養の混合液を追加する。夜間は、自然界を模倣して消灯する。週に一度、海水を交換し、冷却装置で摂氏一〇・五度に維持する。

一一月は、会社がメイン州からリースしているカスコ湾の海域にケルプを移植する時である。トレフによると、移植は簡単である。海底に固定された水面に浮かぶ二つのブイから始める。それぞれのブイの下には、およそ二メートルの長さのPVC（ポリ塩化ビニル）のパイプがあり、垂直に保つために下端に重しがついている。彼はボートの上で、小さな海藻が密生した糸を、直径二・五センチのロープの周りにらせん状に巻き、二本のPVCパイプの下端の間、つまり海面からおよそ二メートル下に張る。その深さは、日光がケルプに十分に届き、また、大きな竜骨を持つ大型ヨットでも安全に通過できる。赤ちゃんケルプは驚くべき速さで成長し、成長のピークには一日に一〇センチも伸びる。四～五か月後の早春に、一・五メートル長の密集したケルプで重くなったロープを重機で引き揚げる。

野生から収穫せずに、ケルプを栽培するもう一つの理由は制御できることである。彼の海藻はすべて同じ条件下で成長しており、管理がしやすい。「高品質の製品を安定して供給する必要があります。それを可能にする最善の方法は、自分で育てることです。さらに、現在メイン州にはたくさんの野生の海藻がありますが、すでに収穫業者がだぶってしまっています。同じケルプに複数の収穫者がいると、バイオマスはもはや持続不可能なレベルにまで減少します。ラーチのような人々は非常に良心的ですが、誰もが彼と同じ誠実さを持っているわけではありません。それは単に人間の特性です。期待したものが岩棚から得られない場合――暴風雨によるダメージがあるかもしれません――その季節の手形を支払うために、過剰な刈り取りが本当に簡単に起こってしまいます。野生のケルプの収穫が続くことを願っていますが、もし適切に管理されなければ、それはアメリカと世界中のあらゆる漁業で起きた歴史を繰り返すばかりで、私たちは問題に直面することになるでしょう[*]」

＊オーシャン・アプルーブドは、海洋大気庁（ＮＯＡＡ）とメイン州技術研究所から技術開発のための資金提供を受けている（養殖業者が政府の財政援助を得ていることについてはラーチが正しい）。それでも支持できる理由は、ケルプの養殖が環境にとても優しい新産業で、雇用の創出を約束していることである。私はいいと思う。

私たちは、私が車を駐車した場所、つまり会社のオフィスがあり、製品の加工を行っている場所に戻った。トレフは、サッカリナ・ラティシマの金色っぽい褐色の葉部を茹でる作業を見せてくれた。葉部は明るい緑色に変わり、リングイネ（細長く平たいパスタ）のような細長い小片にカットされた。茎部は中空の輪にスライスされた。彼は二つの冷凍パッケージを開け、海藻を温水で解凍した。私は、細切りのアラリアを味見した。トレフは、これはサラダにぴったりだと言った。カリカリでマイルドなラミナリア・ディジタータは、海藻サラダ用に薄くスライスされていた。同社はまた、スムージーを作るためにミキサーにそのまま入れられる固形のピューレも製造している。すべてが瞬間凍結されて包装され、発泡スチロールの容器に入れて出荷される。

新鮮な製品は新しい料理の可能性を開き、トレフはジョンソン&ウェールズ大学のシェフと協力して新しいレシピを作成した。これらはすべてオーシャン・アプルーブドのウェブサイトで見ることができる。彼は、オーシャン・アプルーブドの製品を私に送ってくれた（バター、レモン、パセリ、ニンニクと細切りのシュガー・ケルプでソテーしたアラスカメヌケ〈フサカサゴ科の魚〉はおいしかった）。オーシャン・アプルーブドの製品は、レストランや関連機関から安定した需要があり、消費者に直接販売することも計画している。同社は、ケルプの栽培マニュアルをオンラインで無料公開して、メイン州沿岸の数十のケルプ農家から購入することで、生産を拡大した。

トレフは、海藻料理の境界を押し広げている。彼は最近、オーシャン・アプルーブドを離れ、ツリートップス・キャピタルと提携して、オーシャンズ・バランスという新しい海藻会社を設立した。瞬間凍結した海藻の大ファンである一方、彼は常温で保存可能なピューレ製品を次の市場と見ている。ケルプのピューレは、ソース、ハンバーガー、スープ、その他の料理に簡単に使えて、栄養価を高めることができる。同社は、消費者（私の家からそれほど遠くない食料品店がピューレの小瓶を扱っている）と関連機関の食料部門の両方に販売している。

私は自分の料理の限界に挑戦し、最近、オーシャンズ・バランスのウェブサイトのレシピに従って、大さじ二杯のケルプ・ピューレを入れたトマトスープと入れないトマトスープを作り、六人の客にブラインド・テイスト・テストを実施した。サンプル・サイズが小さいので、ちゃんとした研究にはならないが、六人中五人がケルプ入りのスープを好んだ。最近、ニューヨークタイムズの食品関連編集者のサム・シフトンにも劣らない料理の第一人者が、新聞社の雑誌に記事を書いた。記事の中で、ネッド・ボールドウィンがシェフを務める、マンハッタンにあるレストランのハウスマンで、シフトンが蒸し煮のブルーフィッシュを食べたことについて触れている。シフトンは料理にさほど期待していなかったが、食事の後「ボールドウィンの魚は素晴らしく、風味が爆発するようだった。塩気があり、バターの香りが強く、舌ざわりがよく、非常にまろやかさがあった」と感想を述べた。料理の秘密は何だったのだろうか？　ボールドウィンが北大西洋の沿岸に生息する海藻のダルスとバターを混ぜて魚の上にたっぷりかけたことだ。シフトンはダルスの持つ風味を高める力に感激し、今ではいつも海藻を使って料理しているそうだ。

西洋人は、いつか東アジア人と同じくらい、海藻を食べるようになるだろうか？　一〇年前なら、笑い飛ばしていただろう。しかし、学校で、海藻のおやつ――繊細で少し塩味があり、ちょっとカリカリっとした、舌の上で溶ける――を弁当箱に入れている幼稚園の園児たちのことを考える。シェフ、食料品店、生産者は、イメージアップのために、名称の変更を提案して、海藻を〝sea vegetables〟、またはさらにセンスよく、おしゃれな〝sea veggies〟と呼んでいる（ブランディングは進行中である。「海のケール」と呼ぶのを見たことがあるが、全く魅力的でない。ホールフーズ・マーケットは「野菜家族の真珠」と呼んでいるが、これは真珠が食べられないために奇妙だ。ペンブロークシャー・ビーチ・フードは、ペッパーダルスの新製品をさらに独創的に「海のトリュフ」と呼んでいる）。欧米の夕食のテーブルに、おいしいダルスと昆布、ワカメ、サクサクの海苔などの海のごちそうが増えることを私は疑わない。粉末にして香辛料として使ってほしい。サラダに入れて生で食べてほしい。乾燥した、ピューレにした、瞬間冷凍した海藻をスープ、シチュー、キッシュ、オムレツそして焼き菓子に使ってほしい。そして、海藻を加工食品に加えると栄養価が上がるのを知ってほしい。どんな名前であれ、海藻はあなたの食事に入り込んで来る。

7章　子どもたちを救うスピルリナ

海藻だけが、食べられる藻類ではない。中国では長い間、人々は濃い緑色の毛状のシアノバクテリア、ノストック・フラジェリフォルメを中国とモンゴルの高地の砂漠の地面から採取してきた。ノストックは、一日の大半を乾燥状態で休眠しているが、露に濡れると「目覚める」。二〇〇〇年間、この地域の食糧源だった。ベトナム人がその味を知ったのは最近のことだ。中国語では髪菜（ファーツァイ）として知られ、祝日に幸運の象徴として最もよく使われた。髪菜自体にはあまり味がないが、植物デンプンで作られた春雨と同じように、他の食材から風味を吸収する。

別のシアノバクテリア、スピルリナは、ラテンアメリカとアフリカで何百年もの間メニューにあり、長い間、食べられてきた。顕微鏡下で、スピルリナは緑の細いコルクのせん抜きのように見えるので、Spira（らせん形）からその名がつけられた（現在は、アルスロスピラの属名が使われている）。一五〇〇年代、スペインの征服者は、巨大な湖の島に建てられたアステカの首都テノチティトランに到着した（埋め立てられた湖が現在のメキシコ・シティである）。侵略者は、アステカ人が湖の表面から青緑色の物質を収集するために、細かい網をどのように使用したか、そして行商人が「偉大な湖から収穫したヘドロのようなものから作った小さなケーキ」を売っていたこと、「また固くなったケーキから人々がパンを作った」ことを記録している。中央アフリカでは、長い間、人々はチャド湖が雨期に氾濫したときにできる浅い水たまりからスピルリナを収穫してきた。チャドのカネンブ人の女性は、土鍋でコッソロム湖からスピルリナを採取し、布でこして、天日干しで乾燥した。ディへ（スピルリナを使った青緑色の乾パン）は細かく砕いて、カネンブ人の食事の約七〇％に混ぜられている。

拡大を続けるスピルリナビジネス

現在のアメリカでは、スピルリナはビジネスとして成立しており、屋外の人工池で栽培され、深い青緑色の粉末に加工されている。世界最大の生産者の一つであるアースライズ・ニュートリショナルズは、カリフォルニア州のソノラ砂漠の真ん中、パーム・スプリングスの南東に車で数時間、メキシコ国境の北約五〇キロメートルにある、およそ二〇ヘクタールのレースウェイ池でシアノバクテリアを栽培している。

七月中旬の午前一〇時三〇分にアースライズに着くと、屋外の温度はすでに摂氏四三度に上がっていた。人間にではなく、スピルリナにとって理想的な一日だった。玄関で会った、副社長兼最高技術責任者であるアムハ・ベレイ博士が、気温がさらに上がる前に今すぐツアーに行くことを提案した。ベイリ博士は、カフェオレ色の肌と、彼の故郷のエチオピアの軽快なアクセントを持つ、優しい口調の男性である。三〇年ほど前にアディスアベバ大学から研究休暇でこの会社に来て、それ以来、ほぼ創業時からアースライズに所属している。

六階建ての屋外の鋼鉄製の階段を登った。砂漠で鉄の手すりに触れるのはあまり良い考えではなく、弱くつかむという難しい技を学んだ。階段は、プラントの二つの噴霧乾燥機の一つ、一八メートルのロケット型タワーの側面を取り巻いていた。階段の上部から、施設の全景が見えた。左下には、ミネラルが豊富なコロラド川から引き込んだ水で満たした二つの人工池が見えた。水は浮遊物を沈殿させるために数日放置され、その後、傾斜を利用して大きな池に送られ、そこでソーダ灰（炭酸ナトリウム）が添加される。ソーダ灰は、水のpHを大幅に上げて、水道水よりも一〇〇〇倍以上アルカリ性にする。スピルリナには最適で、すみかが競合するその他の藻類や、スピルリナを食べる生物の侵入を防ぐ。

その後、水は必要に応じて、三七基の「レースウェイ」池にポンプで送られる。レースウェイは、細長い競馬場のような形の浅い人工池で、長辺に沿って中央部に、水路を分ける狭い仕切りがある。片側の水路の上にまたがっているパドルホイール（羽車）が回転して、連続する水流を作っている。アースライズの池は、何もない黄土色を風景に、黒い錠剤が整然と並んでいるように見えた。

スピルリナは繁殖力が強い。四月から一〇月の成長期には、分裂を繰り返し、毎日三〇％ずつバイオマスが増加する。二、三日ごとに濃度が一定の水準に達すると、二四時間体制で働く作業員が、池の水の約五〇％を地下のパイプを通して、私たちの右側にある処理棟に送る。そこで、一連のステンレス製のふるいを通して、スピルリナをスラリーに、次にペースト状に濃縮する（残りの水は池に戻される）。ラインの最後の機械から滲み出て来るスピルリナのペーストは、エメラルドグリーン色のケーキの生地のように折りたたまれて、ベルトコンベヤーに落ちる。ベルトはスピルリナのペーストを乾燥棟に運ぶ。乾燥棟では、微細な小滴となって高温で噴霧され、その結果、水分の九三％が蒸発する。残った濃い緑色の粉末は無菌で、一年以上安全に保管できる。

アースライズが毎年生産する五〇〇トンのスピルリナの半分は、栄養補助食品として消費される。残りの大部分は、スターバックスのような食品会社に販売され、そこでは少量のスピルリナをボトル入りのフルーツ・スムージーに加えている。最近、食品医薬品局（ＦＤＡ）は、スピルリナのフィコシアニンを天然の青色の食品着色料として使用することを、初めて承認した。フィコシアニンはスピルリナの色合いをエメラルド色にしている青い色素である。この承認によって新しい市場が開かれ、現在、アースライズや他の生産者は、フィコシアニンを抽出して、人工の青色顔料の代替色素が必要なキャンデーや他の食品メーカーに販売している。

　スピルリナの生産業者はしばしば製品を「スーパー・フード」と宣伝し、驚くべき栄養特性を公表している。彼らによると、スピルリナは、ほうれん草より鉄が二三〇〇％、ニンジンよりベータカロテンが三九〇〇％、牛乳よりカルシウムが三〇〇％多く、豆腐よりも三七五％タンパク質が多い。しかし、惑わされないでほしい。これらは、カロリーあたり、またはグラムあたりの数値である。一食あたりとなると話は別である。アースライズや他の企業は、消費者に一日あたり三グラム、または小さじ一杯のスピルリナを摂取することを勧めている。一食分のスピルリナには、体内でビタミンＡに変換されるベータカロテンの一日の推奨値の一四〇％が含まれている。小さじ一杯は、一日に推奨される鉄の約一〇％を提供する。スピルリナの鉄は抗酸化性である。しかし、一食分のスピルリナは、推奨される一日のタンパク質量の二％未満しか提供しない。* 推奨量の五倍食べたとき、つまり大きさ一センチほどのスピルリナ錠剤を三〇個飲むと、二個の卵から得られるタンパク質と同量のタンパク質を摂取できる。

＊スピルリナをタンパク質の代わりに摂取する傾向があるヴィーガンとベジタリアンは、スピルリナには、人間が吸収できる形態のビタミンB_{12}が含まれておらず、ビタミンB_{12}欠乏症を悪化させる可能性があることに注意してほしい。

仮にスピルリナをたくさん食べてベータカロテンを大量に摂取しても、あなたの体が、ビタミンAに変換する量を制限する（ビタミンAの過剰摂取は肝臓に有害である）。したがって、過剰量の色素を摂取することは毒にはならないが、過剰なベータカロテンが皮膚の外層に蓄積することに留意したほうがいい。もし過剰に摂取したら、肌が青白くなり、オレンジ色に変わるかもしれない。これはハロウィーンの時にはウケるかもしれないが、おそらく一年中そうなることは誰も望まないだろうし、その症状――カロテン血症――が消えるまでに数か月かかるかもしれない（スピルリナ・パウダーを食べると、カラーリング効果もある。一時的に舌と歯が青緑色に染まり、その味に顔をしかめる）。結論は以下のようになる。ビタミンA不足を感じたら、毎日六錠のスピルリナを飲むのもいいが、ニンジン三分の一本を食べさえすれば、わずかな費用で、ビタミン一〇〇％と他の多くの微量栄養素を摂取できる。

これは、人間の食事にスピルリナが必要ないと言っているわけではない。先進国のほとんどの人は、ほうれん草、ニンジン、その他の果物や野菜、または朝食用シリアルのようなビタミン強化食品を食べるだけで、ビタミンAを十分に摂取できる。しかし、発展途上国では、これらの食品を摂取できないために五歳未満の子どもの約三分の一が、ビタミンA不足となっている。毎年約二五万～五〇万人の子どもがビタミンA欠乏症で失明し、その半数が死亡している。スピルリナ小さじ一杯で、視力を保ち、命さえも救うことができるだろう。ビタミン強化食品を摂取できない妊娠中の女性は、胎児からビタミンAを奪うから、小さじ一杯のスピルリナが、出産前の有益なサプリメントになり得る。スピルリナに含まれる鉄は貧血にも効果がある。貧血は、発展途上国の多くの子どもたちに共通する健康問題である。

多くの国際的な、そして地元の援助機関団体は、ビタミン欠乏症と闘うために、開発途上国でビタミン剤を緊急に配布しているが、スイスの慈善団体のアンテナ財団は、自給自足を促すアプローチを取っている。財団は、浴槽や浅い人工池でスピルリナを育てる方法を女性たちに教えている。村人は、池の水を手で、または簡単なモーターでかき混ぜ、シアノバクテリアを天日または太陽乾燥機で乾燥する(天日干しのスピルリナの利点の一つは、加工されていないために、味がほとんどまたは全くないことである)。生産物は、子どもの食事の足しになるだけでなく、パッケージにして販売することで、喉から手が出るほど欲しい現金を得ることができる。スピルリナは、野菜よりも少量の水と肥料で育ち、高温によく耐え、熱帯の多くの国々で一年中栽培と収穫が可能である。

アンテナ財団の専門家は、インド、カンボジア、ラオス、ネパール、およびマリからマダガスカルまで、七つのアフリカ諸国の村々でスピルリナ池の建設と維持を支援した。近年、他の慈善団体も同様のプログラムを開始した。製品の誇大な宣伝を続けているグループもある(たとえば、あるグループは「小さじ一杯で、数食分の野菜と同じ栄養価がある」と主張している)。ともかく、人々の栄養失調が続く国々では、スピルリナは食卓に載せるべきである。

第3部

高まる藻類の可能性

1章 農家と海藻の深いつながり

藻類は発電機（ダイナモ）である。藻類はあらゆる種類の滋養分豊富な有機化合物を作り出す。しかし、私たちはその恩恵を享受するために、必ずしも藻類を食べる必要はない。

食料以外で、人々が藻類――特に大型藻類――を最初に活用した事例の一つは、農地の肥沃度を上げること、または肥沃度を回復することだった。何世紀もの間、アイルランドの海辺の小規模農家は、岩だらけの海岸から干潮時に海藻を採取してきた。彼らは、湿った重い海藻を大きな編みかごに入れて、ポニーの背中に縛りつけるか自身で背負って、家に持ち帰った。海藻をすすいで、腐敗させて、数週間後に畑に広げてジャガイモ畑の土に混ぜた。海藻肥料は、時に失敗して家族に立ち退きを迫るが、別の年には肥沃な農地をもたらした。アイルランドの西海岸沖にある石灰岩でできたアラン諸島では、何世代にもわたって、住民が海岸から大量の海藻と砂を採取して、それを散布することで、それまで何もなかったところに農地を作り上げた。

農民は、少なくとも二〇〇〇年にわたって家畜に海藻を与えてきた。あるギリシャの作家は、紀元前四五年に「食料が不足したとき、農民は海岸から海藻を採取して、淡水で洗って家畜に与え、彼らの寿命を延ばした」と書いている。アイルランドの畜産農家は、状況が厳しいときに限らず、長い間、豚、

アスコフィラム・ノドサム

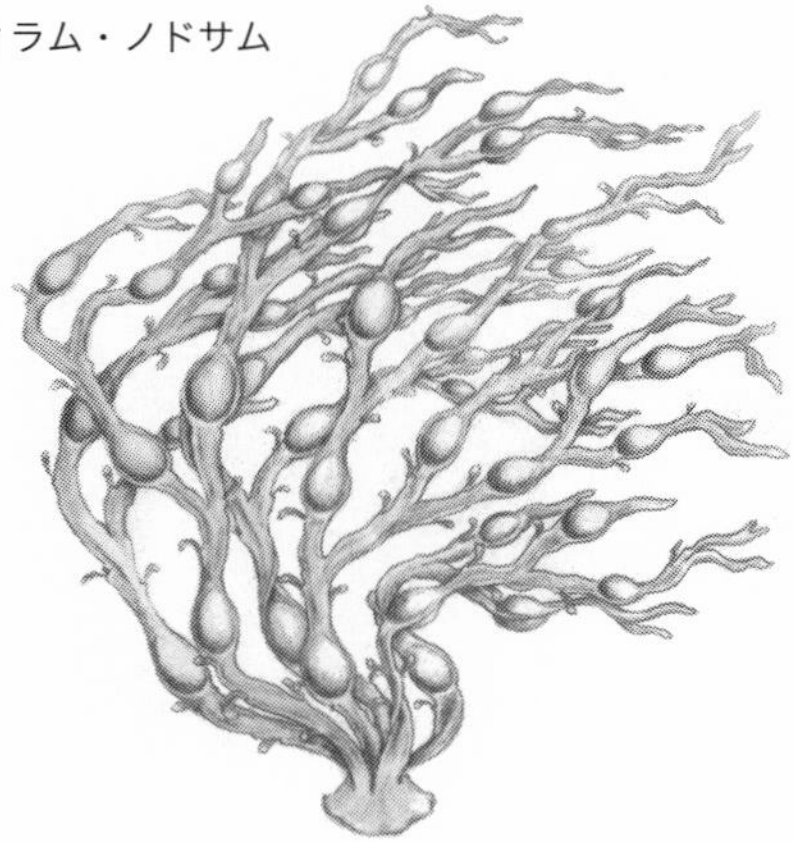

主に北大西洋沿岸に生育する褐藻ヒバマタ目ヒバマタ科の海藻。免疫賦活作用や抗癌作用を示すアスコフィランという多糖を作る。

牛、羊の飼料に海藻を混ぜてきた。通常、海藻が動物の餌に占める割合はごくわずかだが、スコットランドのオークニー諸島のある島では、紀元前五〇〇〇年から、野生の羊のある品種は海藻に依存して生息してきた。ノース・ロナルドセー島の羊は、肩の高さが四五センチ、体重が約二〇キログラムほどだが、干潮時に岩に沿って放牧されている――決してやけでやっているわけではない。彼らは大型藻類を食べて育ち、牧草を与えると小さな鼻づらを上げる。

アイルランドの農民のかごに入っていた海藻は、アスコフィラム・ノドサム（ロックウィード：岩に生える雑草、またはブラッダーラック：袋のある海藻、とも呼ばれる）が多かった。これは、モップのように見える金茶色の褐藻の一種で、紐状の茎部とたくさんの小さな葉部を持っている。長さ二・五メートルまで成長し、一五年も生きることがある。アイルランドや他の北ヨーロッパの国々に分布し、北アメリカのメイン州、ニュー・ブランズウィック州、ノバスコシア州で、何キロもの海岸線を広く覆っている。私は、雑草のように普通に見られるこの大型藻類が世界に何をもたらしてくれるか調査するために、ノバスコシア州にやって来た。

注目を集めるロックウィード

私の調査は、州の西海岸のウェッジポート港から、朝霧の中をゆっくりと進む小さな白い小船で始まった。操舵していたのは、アカディアン・シープラントの海洋生物学者ジーン－セバスチャン・ローゾン－ゲイだった。アカディアンは、世界最大の乾燥ロックウィードの生産者で、作物用の液体肥料や家畜とペット用の飼料に混ぜる、乾燥粉末に加工している。非上場企業で、約三五〇人を直接雇用し、カナダ、アメリカ、アイルランド、スコットランドの独立した収穫業者約六〇〇人と契約して、数百トンの海藻を集めている。アカディアンは、カナダから世界の八〇か国に製品を出荷している。最近、二つの加工施設を購入して、アイルランドとスコットランドに事業を拡大した。

正午、干潮から約九〇分後、ローゾン－ゲイと私は、その日二回目の収穫の準備をしている収穫業者のジェフ・ドゥセットに会いに行った。小さな港の反対側の埠頭に半ダースの海藻採取用のボートが係留されていた。ここの潮は壮大で、一時間に三〇センチほども上昇あるいは下降し、その時はボートは埠頭から四・五メートル下にあった。海藻に覆われた、木の幹のように頑丈で幅の広い杭が、ボートの後ろと上に浮かび上がって、ボートを小さく見せていた。ローゾン－ゲイは、真っ黒い鉄製の浴槽――ジェフ、ごめんなさい――のようなドゥセットのボートを指さした。その時の喫水線と甲板の間は九〇センチほどだった。しかし、数時間後に、海藻が高く積み上げられると、船べりは水面すれすれになった。黒塗りのボートは美しくはないが、目的にかなっており、うまく作られていた。

私たちが横に駐車すると、長い金属製のヤスリを片手に持ってボートに立っていたドゥセットが、丁寧に挨拶した。丸いはげ頭とアメフトのラインバッカーの体格を持つドゥセットは、目的に合わせて作られたかのように見えた。彼は三〇年間海藻を収穫してきた。息子が成長して自分のボートを買うのを見るのに十分な長さだったと、彼は言った（「息子はよく私と一緒に来たものだ」、と楽しそうに笑った。「でも、私は厳しいボスだった」。ドゥセットの母国語はアカディア仏語である。彼は生き生きした抑揚で英語を話し、摩擦音は使わなかった）。私たちは、彼がロックウィード用の熊手を研ぎ終えた直後に到着した。それは、木材用のノコギリがステーキ用のナイフの代わりにならないように、落ち葉用の熊手を二倍にしたものではなかった。長さが三・五メートルもあった。熊手の先端には三つの鉄製の部品があり、それぞれ隣と約一五センチの位置で溶接されていた。一番下は湾曲した一対の保護具で、刃を底から一二センチ離しておくためのものである。これで、海藻を再生部位の近くで切断することを防ぐ。真ん中は、海藻をきれいに切るための幅の広いギザギザの恐ろしい刃である。一番上は、狭い間隔で並んだ細長い歯の列で、切断した海藻をつかみ、水中から持ち上げることができる。

「私は自分用の熊手を使います」とドゥセットが言った。「刃を動かしたり、形を変えたりして、たぶん違う形状の熊手を一〇種類は試しました。小さなこと一つずつが使い勝手に影響します」と彼は笑った。「もし、あなたの背中と肩で熊手を扱うことができればね」

ドゥセットは一日に二回、満ち潮と引き潮時に出かけるが、通常は、他の収穫業者がそれぞれのボートで同行する。海藻を収穫する秘訣は、潮の満ち引きがほぼ半分になった時に行くことである。水面が高すぎると、ロックウィードは海水に深く覆われてしまう。水面が低すぎると、露出した岩までボートで近づけない。現在、少なくともノバスコシアでは、誰も陸から区域を採取することはない。それは時間のかかる困難な作業で、さらに悪いことに、一つの区域からロックウィードを一掃してしまう。一掃された区域では、長年にわたってロックウィードが再生することはない。だから回復途中の海藻は刈り取らない。収穫業者は、ボートで漂いながら、岸にいる人よりも広い範囲から収穫するように努力をしている。

州の規制で、ロックウィードの収穫は利用可能なバイオマスの約二〇％に制限されている。ローゾン＝ゲイの仕事は、それぞれの地方自治体がアカディアン・シープラントに貸し出している数十の区画の収穫量を監視して、上限量に達したときにその区画を閉じることである。同社は、何十年にもわたって、ロックウィードの事業を展開してきた。アカディアン・シープラントが、稚魚や海鳥に生息地を提供する生態系を維持することに全力を尽くしていることは、私にはよくわかる。ドゥセットによると、採取が自由だった昔よりも今の方が、海藻が豊富になっているそうだ。

できのいい日の収穫量を聞いてみると、ドゥセットは、二回の収穫で八トンと教えてくれた。私はそんな量を収穫することに驚いたが、彼は「実は、一度に一〇キロから二〇キログラムしか獲りません」と笑った。多くの漁師にとって、海藻の収穫はロブスター漁のない初夏から秋までの仕事だが、ドゥセットにとっては、一年間の通しの仕事だ。彼の熊手の柄が凍りついて、手から滑り落ちたときにだけ、彼の仕事は中断する。

ドゥセットがボートを出すと、そのボートを追って私たちも霧の中に入り、タッカー島に向かった。タッカー島は、港から二・五キロほど離れた平らな無人島である。ボートはゆっくりと海岸に近づき、ロックウィードの塊が点在する浅い暗い海の中に静かに浮遊した。

ドゥセットは、船の真ん中に立って、全長三・五メートルの熊手を海に投げ入れ、先端が沈むにまかせた。彼はそれを両手でたぐり寄せてゆっくりと引いた。そして、てこの要領で熊手の先端を跳ね上げ、巧妙に降し、ひねりを加えて、ひと抱えの茶色、オリーブ色、および秋の色合いを持つ金色の湿った海藻をボートの底に落とした。それから彼は再び熊手を投げた。彼は安定した、ゆったりとしたペースで働き、通常、一度に二株か三株の海藻の塊を捕らえて切り取っていると説明した。初心者は短くて軽い熊手を使うが、彼らはほぼ同じ労力で半分しか採れない、と彼は言った。私は自分でも試す機会をもらったが、海藻で重くなった熊手が私を簡単に船外に放り出すところが想像できたので、丁重に断った。代わりに、ローゾン-ゲイは、ロックウィードを詳しく見るために海岸に移動しようと言った。

海岸は、水辺から九〇メートルほど先の森の端まで、隙間なく海藻の山で覆われていた。最初は海藻自体が山を作っていると思ったが、船から降りるとすぐに、下に尖った岩があることに気がついた。歩行には危険だった(ローゾン-ゲイは、私に——前もって慰めるつもりか?——彼が研修生を初めてこの海岸に連れて来ると、彼らはいつも海藻の山で転ぶと言った)。私たちはよく見るためにしゃがみ込んだ。海藻には二〇〜三〇本の枝があり、枝には短い小枝とオリーブの実ほどの大きさの茶褐色の気胞がついていた。気胞は、年に一つずつ増えて、釣り糸の浮きのように葉部を浮かせる役割を果たしている。モップのような海藻をほぐしながら、ローゾン-ゲイは、海藻がどこで岩に固着するか差し示した。付着器による固着は強力だが、最終的に冬の強い嵐と厚い氷が大きな海藻を土台から引き剝がす。

ひざ丈のブーツの片方に冷たい水が入ったまま、なんとかボートに戻り、港に向かった。私は振り向いて、少し離れたところを漂っているジェフにありがとうと叫んだが、彼は霧の中に溶け込んでしまっていて、聞こえたかどうかわからなかった。ドックで、ローゾン-ゲイは埠頭にあるトレーラーほどの大きさの青い箱を指さした。アカディアンは収穫業者ごとに箱を用意している。収穫から戻ると、ドゥセットはクレーンで戦利品を箱に移す。箱がいっぱいになると、重さを量り、空の箱と交換して、アカディアンのトラックがそれを運んで行く。海藻は、加工のためにコーンウォリスまたはヤーマスにある会社の施設に輸送される。

海藻抽出物の力

何世紀にもわたって、農民は、土壌に海藻を混ぜると優れた作物ができることを知っていた。最近まで、藻類は栄養素のミネラルを供給すると考えられていた。それは事実だが、現在の研究は、話はより興味深く複雑であることを明らかにした。海藻には、生物刺激剤として知られる特別な化合物が含まれていて、肥料とは異なる手段で植物の質を向上させているという。

私は、生物刺激剤や、それが植物の成長に果たす役割について、何も知らなかった。そのため、コーンウォリスの会社の研究開発施設を見学するために、栽培科学のシニア・マネージャーのジェフ・ハフティングに会った。ハフティング――背が高く、金髪で、ヒョロッとしている――は、ブリティッシュ・コロンビア大学で植物学の博士号を取得した後、ハワイでアワビを養殖する新規事業に参加した。アワビは、甘味のある、拳大の殻を持つ貝で、特に東アジアでは高級品である。餌としてダルスを与えている。彼は、空腹の腹足類の餌として必要な数百トンの海藻を屋外のタンクで育てる方法を開発した。

ここノバスコシアでは、ハフティングの責務は、陸上で海藻を育てる（3章で触れる）ことから、ロックウィードの生物活性の評価にまで及ぶ。そこで、私たちは、緑豆の苗で実験をしている研究室から見学を始めた。強いライトで照らされた棚の上で、高さ五センチもない透明なガラス瓶の中で小さな緑豆の苗が育っていた。ハフティングは小さな瓶を三本取り出し、植物の側面に注目するように私を促した。丈夫な垂直に伸びる幼根から横に糸状の側根が出ていた。最初の瓶はただの蒸留水で育てたもので、側根は二日目の白い無精ひげのように見えた。二番目の苗は、ロックウィードから抽出したミネラル栄養素だけを加えた蒸留水で育てたもので、側根がクリスマスツリーの枝のように伸びていた。

三番目の苗は、海藻抽出物のミネラルと生理活性物質の両方を含んだ、錆び色の水で育てたものだった。一見、その根系は二番目の苗と同じように見えたが、よく見ると側根が幼根を覆う割合が高く、またより密に成長していることがわかった。驚くような違いではないが、これらの苗の年齢はわずか一週間である。さらに、ハフティングは、最も重要な違いは顕微鏡で見ないとわからないと言った。顕微鏡で拡大して見ると、すべての側根の先端をボトルブラシのように囲んでいる根毛を見ることができた。完全な海藻エキスで育てた苗には、他の苗よりも多くの根毛があった（根毛は——共生菌類とともに——多くの栄養素を取り込む役割を果たしている）。生物刺激剤で処理された植物が成熟すると、根系全体がより密になり、花と果実が増える。

グローライトで照らされた小さな温室と部屋を通り過ぎ、黒い鉢で育てられている植物——クルミほどの大きさの実をつけたピーマンと開花期のトマト——が並ぶ温室に立ち寄った。一部の植物にはロックウィードの抽出物を与え、他の植物には与えないで、成長の違いを調べている。高さおよそ一メートルのトウモロコシでいっぱいの別の部屋で、少しきまり悪そうにハフティングが言った。「これは植物相手の一種の拷問実験室です。散水する水に塩を加えることもあります。また、干ばつ試験もできます。抽出物を使うと強力な根系が発達するために、植物がストレスに強くなることがわかりました。私たちは、切り花でも実験しました。抗酸化物質の含有量が高いために、より長持ちします」

海藻の抽出物にはいくつかの働きがある。一つは、植物を刺激して、共生菌類に与える多糖類の分泌を増加させることである。多糖類の摂取量が多いほど共生菌類が増え、菌類が多いほど植物の栄養状態が良くなる。さらに、根毛から滲出するゲル状物質は土壌の水分保持能力を高める。海藻抽出物は、炭素固定、ミネラル代謝、解毒酵素、浸透圧調節物質（水分の吸収を制御する分子）、および成長ホルモンを制御する遺伝子の発現も刺激する。

実験室および屋外でのテストで、少量の海藻抽出物を土壌に加えるか葉にかけると、収穫量が一〇～三〇％向上することが実証されている。しかし、コストがかかるので、実際には価値の高い作物のみに使用されている。たとえば、カリフォルニアの食用ブドウの六〇％は、海藻エキスで処理した土壌で栽培されている。生物刺激剤としての海藻市場は現在四億五〇〇〇万ドルだが、業界はまだ揺籃期にある。干ばつ、水の塩分濃度の上昇、極端な温度変動などの作物のストレス要因はすでに世界中の農業で深刻化しているから、今後数十年で需要がなくなることはないだろう。問題は、海藻抽出物の供給がペースを維持できるかである。

アカディアンの動物飼料の生産事業は、ヤーマス郊外の道路を一二〇キロ下ったところにある、第二次世界大戦後に廃止された空軍基地で行われていた。ハフティングと私が到着すると、改良された肥料散布機を牽引する何台かの大型農場トラクターが五つの滑走路のうちの二つを横切りながら、湿ったロックウィードをばらまいていた。一日（または天候が良くない場合は数日）放置した後、トラクターが、干し草乾燥具と呼ばれる広い熊手を引いて、農場で干し草を干すように、海藻を数回ひっくり返して、ふかふかに毛羽立てる。最後に、同じく改良された貯蔵牧草刻み機が通過して、海藻を細かく刻んだ。

この日の午後、晴れた空の下で、ローダーが乾いたロックウィードをすくい上げて青いトラックに積み上げ、その後、トラックがガラガラと音を立てながら基地に残る古いかまぼこ形兵舎の一つに運んで行った。私たちはトラックの一台を小屋の入り口まで追いかけて行った。蛍光オレンジ色のベストを着た警備員が、手振りで入れと合図した。

長い建物の端にあるドアは幅が広く、トラックを収容するために九メートルほどの高さがあった。窓はなく、奥に向かって歩くとすぐに暗くなった。トラックを収容するために……ダンプカーが、サイレンを鳴らしながら荷台を上げて、建物の一方の端にあるロックウィードの山に荷を降ろした。海藻のほこりが空気中に舞い上がった。ダンプカーが出ていった後、小さな積込機が海藻を建物の反対側に繰り返し運んだ。そこでは、緑色のほこりにまみれて、一連の機械が、騒音を上げながら、海藻をさらに乾燥し、裁断して粉末にしていた。粉砕された海藻は、最後に一トン分が入る白いプラスチックの袋に流し込まれた。移動荷物台に積み上げられた袋はやがて飼料メーカーに出荷され、メーカーでは少量の海藻――通常飼料の体積の二%未満――を彼らの製品に加える。

海藻とプレバイオティクス

最近まで、アイスランド人は、植物飼料が枯渇する冬の間、家畜の餌として海藻を使用していた。沿岸部の農民は、海藻が家畜の健康のために良いと考えて、飢えの問題を解決する目的ではなく、日常的に少量の海藻を与えてきた。二〇世紀初頭に、科学者が褐藻の成分を分析すると、予想どおりミネラル栄養素、脂肪酸、タンパク質が見つかったが、動物にとって健康上の利点があることを説明できるほどの量ではなかった。科学者は、海藻には動物が消化できない強靭な炭水化物がたくさん含まれていることも発見した。要するに、海藻を含む餌を動物に与えることに科学的な根拠はなく、海藻を加えることは、無害だが効果のない、民俗的伝統だと考えられた。

海藻の秘密が明らかになったのは、二一世紀になる前のことだった。一九九〇年代、動物の栄養において結腸（または大腸）の役割に、科学者たちからの大きな注目が集まり始め、研究の基礎が築かれた。ほとんどの食品の栄養素――糖、短鎖多糖類、脂肪、ミネラル――は、胃と小腸で塩酸と酵素によって消化される。従来、結腸には二つの目的があると考えられていた。一つは、食物の残りかすから水を再吸収して、消化管の端に送ること、二つ目は、消化されない長鎖多糖類を含む残渣を圧縮して、身体から排出することである。

結腸が微生物のるつぼであることは、以前から知られていた。胃や小腸は酸性で、一般に微生物の生存に適さない。一方、結腸のpHは中性に近く、微生物にとっては幸せなすみかである。一九七〇年代の終わり頃、科学者たちは下部腸管には主に大腸菌が生息していると考えていた。しかし、腸内微生物叢を培養する技術と、それらを識別するための遺伝子配列決定技術の進歩により、微生物学者は驚くべき数（一〇〇兆、または私たちの体を作る細胞の数の一〇倍）と種の多様性（一〇〇〇以上の異なる種）の両方で、大腸の住人をより深く理解するようになった。さらに、これらの住人のほとんどは無害で、いくつかの種はむしろ非常に有益であることを認識した。事実、結腸に微生物と真菌の多様な集団を持つことは、人間の健康にとって極めて重要である。

私たちは、細菌に支配されていることを幸運に思うべきである。細菌は私たちに欠けている消化酵素を持っている。これらの酵素は、結腸に到達する最も強靭な多糖類を短鎖脂肪酸（ＳＣＦＡ）に分解することができる。これらのＳＣＦＡは、燃やしてエネルギーに変換することができる。現在では、ＳＣ

FAが人間が使用するカロリーの最大一〇%を提供し、草食動物に必要なエネルギーのかなりの部分を提供していることがわかっている。有益な腸内微生物は、他の臓器を調節するビタミンやホルモン様の化合物も生成している。これらの細菌を愛するか、少なくとも感謝するもう一つの理由がある。腸内微生物は、抗酸化物質を生成し、抗炎症効果もあり、結腸をよりアルカリ性に保って有害な微生物が棲みつくことを防いでいる。腸内の有益な微生物の割合が高ければ、有害な細菌が定着する機会が減少する。

私たちの消化管の微生物叢は非常に強い影響力を持つために、一部の科学者はそれを一つの器官と考えている。その重要性は、「プロバイオティクス」という数十億ドル規模の産業、ヨーグルトやその他の発酵食品あるいは動物の飼料に、生きた微生物叢を配合した商品を生み出した。プロバイオティクスを摂取することは素晴らしいアイデアのように思える。しかし実際は、胃酸と肝臓で生成される胆汁が、非常に効率的に、有益な微生物を含む有機化合物を分解する。胃や小腸のスキュラとカリブディス（訳注：いずれもギリシア神話に登場する怪物）から逃れたとしても、有益な細菌たちは衰弱した状態で結腸に到達する可能性が高い。仮にたどり着いたとしても、彼らは腸内のすみかを求めて一〇〇兆個もいる他の細菌と競争しなければならない。ほとんどの有益な微生物にとって、のどから下って行く旅は決してハッピー・エンドではない。*

*人間の健康について補足すると、健康な人にプロバイオティクスの摂取が有効だとするデータはほとんどない。さらに、店頭で売られている多くの「生きた培養菌」は、実際には、消化管に送られる前にすでに死んでいる。ただし、抗生物質を服用して腸の細菌叢が破壊された場合、または何らかの消化器疾患がある場合は、プロバイオティクスが役に立つ可能性があるといういくつかの証拠がある。しかし、流行の結腸洗浄は完全に誤っている。これは結腸の自然でバランスのと

れた微生物生態系を破壊し、有益な細菌を殺し、有害な細菌がコロニーを形成するスペースを提供することになる。

ここで疑問が生じる。大腸に有益な微生物を簡単に追加できないなら、すでに居住している微生物の数を増やすことはできないだろうか？

これが、一九九五年に二人の教授グレン・ギブソンとマルセル・ロバーフロイドが生みだした造語、「プレバイオティクス」の本来の目的である。プレバイオティクスは、特定の有益な腸内微生物が好んで食べる化合物である。これらの微生物が好む長鎖多糖類を十分に供給すれば、彼らは活発になり、増殖し、結果として宿主動物の利益になる。言い換えれば、プレバイオティクスは腸内環境を有益微生物に有利に傾けることができるのだ。何年もの間、食品および飼料メーカーは、友好的な腸内細菌を増加させるために、野菜のチコリから採れる多糖類のイヌリンを製品に加えてきた。同様に、ロックウィードの多糖類は草食動物の結腸に棲む特定の有益微生物に好まれる。海藻は有用なプレバイオティクスになる。

海藻のプレバイオティクスは、抗生物質耐性菌の世界的な流行に対抗するためにも有益である。事の発端は、何十年もの間、肉牛、豚、ブロイラー鶏の畜産農家が、病気の治療に用いるより少ない量の抗生物質を飼料に加えてきたことである。これは、治療が目的ではなく、動物の成長を促進するために投与された。農場のこのやり方は実際に機能して効果があったか、多くの議論がある。問題は、彼らが実際に抗生物質を投与したことであった。抗生物質は、動物を囲いの中で密集して飼育する大規模な畜産業で特に重要とされる。この環境は動物にストレスを与え、したがって病気に対する脆弱性を高めるだけでなく、微生物叢が入れ替わる可能性も高くなる。

治療に使用する量より少ない抗生物質を投与すると、家畜の成長を促進するが、今では、この処置が人間の生命を危険にさらすことがわかっている。絶えず暴露されると病原体は薬物に鈍感になる。抗生物質耐性菌を含む肉を食べると、時に病原体も体内に取り込むことになる。そして、体内で病原体が増殖して病気を引き起こしたとき、抗生物質が効かなくなるのだ。菜食主義者でも影響を受ける。耐性菌は家畜の近くで栽培された野菜の上にも出現する。さらに悪いことに、農場で出現した薬剤耐性菌は、遺伝子を通して（遺伝子の水平移動によって）、私たちの体で本来無害で生息している微生物に抗生物質耐性を付与してしまう。

私たちは、効果のある抗生物質を使い果たしつつある。世界中で、毎年七〇万人が薬剤耐性感染症で死亡している。これには、アメリカの少なくとも二万三〇〇〇人が含まれる。二〇一六年にイギリス首相の諮問委員会が発行した薬剤耐性に関する論評は、二〇五〇年までに新しい抗生物質が開発されなければ、世界中で、治療不能の細菌感染で年間一〇〇〇万人が死亡する可能性が高まると結論した。開発中の新しい抗生物質はほとんどないが、同じ論評で、「今日、医師が対抗するべき最も強力な薬剤耐性細菌の大部分（九〇％以上）に対して薬効を示す可能性があるのは、おそらく三つだけである」と報告している。二〇〇六年に、ＥＵは動物の成長促進剤として抗生物質を使用することを禁止した。アメリカの医療協会も、非治療目的の動物への抗生物質投与をやめるよう畜産家に要請したことを公表した。世界保健機関（ＷＨＯ）や他の著名な保健機関も同じ行動を求めている。しかし、タイソン・フーズやパーデュー・ファームズなどの大規模鶏肉生産者は抗生物質の使用を減らすことを約束しているが、アメリカでは依然、抗生物質の七五％以上が動物の成長促進を目的に使用されている。

禁止措置が必要であることは明らかだが、食肉業界が抗生物質を必要としているのも事実だ。アカディアンは、ロックウィードで代替できると主張している（もちろん、非人道的な密集飼育を止めて工業的畜産を再設計することも大きな助けになる）。動物生理学の専門家で、会社に所属する一三人いる博士の一人で三〇人の研究者を束ねているフランクリン・エバンス博士は、「私たちは、線虫からラット、ガチョウ、肉牛、豚、ウサギ、アヒルまで、あらゆる種類の動物でロックウィードの製品をテストしました。いずれの場合も、実験動物の消化管内の有益微生物が増加し、サルモネラ菌と大腸菌が減少しました」。応用藻類学誌は、ケルプや他の海藻は、家畜の生育を高める点でイヌリンより少なくとも五倍強力であり、有効性は治療用の抗生物質に匹敵すると示したエバンスと同僚の研究成果を掲載した。

我慢強いアイルランドとスコットランドの農民たちは、ずっと前から何かに気がついていたのだ。

現在、アカディアン・シープラントは茶色の大型藻類であるロックウィードに多額の投資を行っているが、一九六七年に会社を設立したときは、他の紅藻、アイリッシュ・モスとして知られるコンドルス・クリスプス（ヤハズツノマタ）を事業の中心に据えていた。アイリッシュ・モスは、分枝した、平らな葉状の、焦げ茶色の小さな海藻で、その価値はカラギーナンと呼ばれる多糖類を作ることにある。カラギーナンは、ギリシャ語で「藻類接着剤」を意味する藻類コロイドである。藻類コロイドは、ちょうど良いサイズの微細な吸水性粒子で、液体中で懸濁した状態を保ち、増粘、乳化、または液体のゲル化などの優れた特性を持っている。

アイルランド人がカラギーナンの力を最初に発見したのは、おそらくアイリッシュ・モスでお茶を入れるときだっただろう。カラギーナンは簡単に抽出できる。少量のアイリッシュ・モスを大量の水に入れて、沸騰させた後、すぐに冷水を加えて、ろ過して冷やすとゼリー状の物質が残る。中世、ヨーロッパの医師と祈禱師は、呼吸器疾患の治療薬としてこれを勧めていた（この場合は民俗的伝統は間違っていた。カラギーナンに薬効はない）。一七世紀になると、主にキッチンで使われるようになった。ミルク、砂糖、アーモンドにカラギーナンを加えて、ブランマンジェと呼ばれる白くてぷるぷるしたデザートを作った。一九世紀半ばにアメリカにやって来たアイルランドとスコットランドの移民たちは、ニューイングランドの海岸で繁茂しているおなじみの海藻を発見して喜んだ。以来、このデザートはアメリカでも定番のものになった。料理人のファニー・ファーマーは、一九一八年に、彼女のボストン・クッキングスクール・クックブックに、伝統的なレシピとチョコレートのバリエーションを載せている（本書巻末の附録にも収録した）。

需要が高まる藻類コロイド

デザートは食品業界を盛り上げた。一九四〇年、シカゴの酪農会社クリム－コがマサチューセッツ州シチュエートに工場を建設し、沿岸域で繁茂するアイリッシュ・モスからカラギーナンを抽出した。同社はこれを使って、ジャンケットと呼ばれる牛乳をベースにしたプリンに似たデザートを作り、またココアをチョコレートミルクに溶かすのにも使った。第二次世界大戦でアラビアゴムやキサンタンガムなどの植物由来の増粘剤の輸入が止まったとき、アメリカの企業は代替品としてカラギーナンを試した。乳製品を増粘するのに、これ以上のものはなかった（今もない）。化合物は、牛乳の量の〇・二％未満の非常に低い濃度で作用した。戦後、メイン州のロックランドにあるアルギン・コーポレーションは、アイリッシュ・モスからカラギーナンを効率的に抽出する方法を開発し、新しい使途を考えるように、化学エンジニアに指示した。

プリン・ボーイズとして知られるアルギンの研究者は、三種類のカラギーナンを開発し、また、アルギン酸塩と呼ばれる褐藻から抽出される同様の藻類コロイドを利用して、半固体ゲルを作り、成分を結合し、また液体を濃くすることで、洗練された製品を生み出した。タイミングも良かった。戦後、振興したインスタント食品企業は、最新の食品保存技術と化学物質（凍結乾燥と清涼飲料などの保存料として使われる安息香酸ナトリウムを考えてみればよい）を活用して、製品のラインナップを拡大した。クラフト、ユニリーバなどの企業の研究所とテスト・キッチンから、パイの缶詰、ケーキミックス、スポンジケーキ、アイスクリーム、成型肉（小片をまとめたもの）、マヨネーズ、サラダ・ドレッシング、人工メイプル・シロップ、真ん中にシロップの入ったキャンデー、練り歯磨き（歯磨き粉の代わり）、シャンプー、コンディショナー、ローション、シェービング・クリーム、口紅、空気洗浄剤、およびその他の多くの製品が生み出された。これらすべては、（善かれ悪しかれ）藻類コロイドがあったから生まれたものである。製紙業界は、紙の表面を滑らかにするために、にじみ止めとして大量のカラギーナンとアルギン酸塩を使用し、布地印刷業者は、藻類コロイドが染料を定着させることに気づいた（たとえば、水玉模様が滲(にじ)まないように印刷できるようになった）。製薬業界では、カラギーナンとアルギン酸塩を結合剤として使用し、錠剤を固めた。醸造業者は、タンパク質やポリフェノールで濁りのあるビールを「精製」して透明にするために使用した。科学者たちは、胸焼け用の薬にアルギン酸塩を添加できることを発見した。アルギン酸塩は重炭酸塩と作用して障壁を作り、胃酸の食道への逆流を防いだ。藻類コロイドは、これらすべての製品と産業において、今日もなお重要である。

社名をマリン・コロイドに変えたアルギン・コーポレーションは、マサチューセッツ州、メイン州、およびカナダ沿海州の海岸からアイリッシュ・モスを収集するために、子ども、大学生、および季節外れのロブスター漁業者に賃金を払った。海辺の多くの住民にとって、夏は、夜明け前に起きて、岩によじ登ったり、数百トンの海藻をかき集める平底船に立って、一日を過ごすことを意味していた。もし夜に戻って二度目の干潮時にも仕事をすれば、大人の「コケ収集者（モス・コレクター）」は、一日に最大四五〇キログラムも集めることができたし、学生なら夏の間に大学の一年分の授業料を稼ぐことができた。しかし、足を濡らしたくない人でも、あるいは海藻採集に必要な背筋力がない人でも、お金を稼げた。会社は、海藻を浜辺に広げて乾燥させ、それを木箱に詰めて工場に輸送するための人材も雇った。シチュエートのような町では、夏の海藻は大切な文化の一つで、地元の人々の重要な収入源でもあった（詳細は、日曜日の午後だけ開く「海事とコケ博物館」で学ぶことができる）。

一九七〇年代までに、マリン・コロイドは世界最大のカラギーナン製造業者になり、もはや、北米のアイリッシュ・モスは、工場の需要に追いつかなくなった。同社は、メイン州の抽出工場で使用する海藻の新しい供給源を探すために、カナダの子会社の若手従業員の一人、ルイ・デボーをメキシコと東アジアに派遣した。アイリッシュ・モスはこれらの暖かい海では成長しないが、デボーは別の紅藻、ユーキューマ・コットニーが優れた代替品になることを発見した。マリン・コロイドや他の会社が購入に熱心になったために、インドネシアやフィリピンの漁師たちは、コットニーを栽培することを学び、静かな湾の砂に挿した杭の間に紐を張って栽培を始めた。

一九八〇年にアメリカの総合化学メーカーである多国籍企業ＦＭＣがマリン・コロイドを買収したとき、デボーはカナダの子会社を買収し、アカディアン・シープラントと名付けた。私が前章で訪れた会社である。デボーと息子のジーン゠ポール（現アカディアンＣＥＯ）は、会社の主力拡大のため、ロックウィードの事業を開始した。北米の畜産農家はヨーロッパからロックウィードを輸入してきたが、供給量が安定せず、顧客はしばしば製品の不足に悩まされた。アカディアンは市場の隙間を埋めた。新しい事業は成功したが、とジーン゠ポールが私に説明した。「製品の有効性は一〇〇％確実ではないと認識しています。そのため、私たちは科学に多額の投資をしました」。アカディアンはコーンウォリスに研究所を設立し、カナダ国立研究機構と連携して研究を進めている。

事業の拡大は成功した。一九九〇年代初頭までに、アカディアンのアイリッシュ・モス事業は終了した。東アジアのコットニー栽培漁師は、カラギーナンを豊富に含んだ海藻を、北米の誰も太刀打ちできない価格で供給した。アカディアンは、フィリピンとインドネシアに任せることにして、カラギーナンの事業から撤退した。

今日、カラギーナン事業はフィリピンの沿岸の村の主力産業で、小規模の家族経営で海藻の大部分を栽培している。二一世紀になって、カラギーナン事業は何万人もの人々を貧困から救った。外国のトロール船が沖合の海を違法に荒らし、地元の漁師を絶望に追い込んでいる現在、コットニー栽培は特に重要である。生き残るために必要なお金を稼ぐために、必死の（そして最終的には逆効果になった）努力で、漁師はサンゴ礁をダイナマイトで爆破している。これは、売れる魚だけでなく、海中の他のすべての生き物を殺し、さらに悪いことに、魚が依存しているサンゴ礁を破壊する。漁業収入の大幅な損失に直面して、カラギーナン産業はますます重要になっている。家族全員が、海藻を育てる紐を作り、浅い水につかった紐に海藻を結びつけ、作物の世話と収穫に関わっている。かつては、カラギーナンに変換するために海藻を海外に出荷していたが、近年は変換処理も地元の工場に移って、要望の多かった新たな雇用を生み出している。

現在、残念ながらこの地域の幸福は新たな脅威にさらされている。カラギーナンは六〇年以上にわたって広く使用され、消費もされてきたが、一部の人々がカラギーナンの摂取が健康に良くないと主張しているのである。ジョシュ・アックス博士、アンドルー・ワイル博士、ヴァニ・ハリ（「FOOD BABE」というサイトを立ち上げている）などの補完・代替医療の支持者は、カラギーナンは炎症性物質で危険である、と彼らのウェブサイトやブログで強く主張している。しかし、これは気にする必要はない。アメリカ食品医薬品局、ＥＵ、ＦＡＯ／ＷＨＯ食品添加物専門家会議（ＪＥＣＦＡ）、および日本の厚生労働省が、カラギーナンの安全性を保証している。

この誤解はどのように生じたのだろうか？　カラギーナンに対する懸念が最初に示されたのは、ポリギーナンと呼ばれるカラギーナンの分解物を研究して、胃腸への有害な影響があると結論づけたジョアン・トバクマン博士の記事だった。ただし、ポリギーナンはカラギーナンとは大きく異なり、カラギーナンの価値を高めている増粘、乳化、その他の特性を持たない。実際、ポリギーナンは食品には全く使用されておらず、診断医療の用途で使用されているだけである。ＪＥＣＦＡは、トバクマン博士による証明を考慮しつつも、カラギーナンの消費は安全で、全く制限の必要はないと結論づけた。それにもかかわらず、一部の健康オタクたちはカラギーナンに対抗するキャンペーンを張っており、多くのアメリカ企業が、消費者の懸念に応えて、カラギーナンを製品から除外した。これは誰の健康にも全く影響を与えなかったが、カラギーナンの市場を縮小し、それによってフィリピンとインドネシアの貧しい漁民の収入が減った。

私は、乳糖を含まないカルシウム強化牛乳を飲む。牛乳に含まれる微量のカラギーナンが余分なカルシウムを溶解させている。藻類の調査を始めたとき、私は毎日藻類を飲んでいたことに気がついて、嬉しかった。私は今もこれを飲んでいる。

救世主、寒天誕生

一部の海藻は、命を救うコロイドを作る。その物語は日本で始まった。一六五八年の冬の夜、美濃屋太郎左衛門という宿屋の主人が、グラシラリア属またはゲリディウム属の種で作った海藻スープの残りを台所の外に投げ捨てた。翌朝、彼はスープが変身していることを発見した。スープは透明なピンク色の固体になっていた。その瞬間、偶然にも彼は特定の海藻が、ある条件を満たせばゲル状の藻類コロイドを作ることを発見した（専門的に言えば、化学的に結合した、透明で、半剛性の、三次元の格子を形成する）。太郎左衛門と他の日本の料理人は、スープを捨てるのではなく、藻類コロイドを抽出する方法を学び、それを使って食品、特にデザートを作った。現在、この物質は寒天（agar）として知られている。名前はマレー語のゼリー、agar-agar に由来している。

一九世紀後半に、寒天は温厚なキッチン仲間から、人々の命を救うスーパー・ヒーローへと変身した。一八七〇年当時、ルイ・パスツールの病気の細菌理論はまだ新しく、一般から受け入れられてはいなかった。パスツールは、微生物（「瘴気（しょうき）」ではなく）が病気を引き起こし、他の微生物からのみ生じること（生き物が自然に発生するのではなく）を実証した。しかし、彼は特定の微生物が特定の病気を引き起こすという実験的証拠を示せなかった。そこに、一八七〇年代半ばに、アパートに設置した間に合わせの研究室で働いていたプロイセンの医師、ロベルト・コッホが参入した。コッホは、炭疽菌が牛の深刻な病気である炭疽病を引き起こしていることを証明しようと乗り出した。彼は、病気で死んだ動物の脾臓から採取した血液をマウスに接種することから始めた。実験をする度にマウスは死んだ。それでもこれは、細菌が原因であることを示す絶対的な証拠ではなかった。血液中の他の物質がマウスを殺した可能性も考えられた。

コッホは、決定的な証拠を提示する唯一の方法は純粋培養した細菌を動物に接種することで、病気の唯一の原因が細菌であると立証できるとわかっていた。しかし、当時は、どんな細菌であれ、細菌を純粋培養するのは極めて困難だった。液体の栄養スープで培養すると、微生物が分散して、収集と濃縮がうまくできなかった。コッホは、牛の目の後ろから抽出した無菌の液体で増殖させることで、ついに純粋なバキルス・アンスラキス（炭疽菌）を培養することに成功した。しかし、培養液として牛の眼房水を使用することは、実験技術として実用的ではなかった。

コッホは、微生物が分散しないように、固体の栄養物質の上で細菌を育てるのがよいと考えていた。薄切りのジャガイモに菌を接種したときは、ある程度の成功を収めた。微生物は密集する純粋なコロニーとして増殖した。しかし、ジャガイモのスライスの形を維持したままで滅菌することは不可能で、しかも透明でないために、細菌コロニーの観察と大きさの測定が困難だった。

次に、コッホは動物の皮膚、骨、結合組織のコラーゲンから作られたゼラチンを試した（細菌はコラーゲンを消化しないので、少量の栄養スープを混合する必要があった）。培地としてのゼラチンは、固体で、透明で、滅菌可能という利点があったが、摂氏三五度で溶けるという大きな欠点があった。コッホは哺乳類で繁殖する微生物の研究がしたかった。そして、通常、体温は摂氏三五度を超えるために、ゼラチンを培地として使用することは不可能だった。生物学者は挫折した。

幸いなことに、彼だけがこの問題に対処しようとしていたわけではなかった。空気中にも微生物が存在することを調査していたドイツの研究者、ヴァルター・ヘッセ博士も同じ困難に直面していた。答えを見つけたのは彼のアメリカ人の妻、ファニーだった。ファニーは、夫の研究助手、医療イラストレーター、五人家族の世話役として一人二役または三役をこなしていたが、東アジアに住んでいる友人からもらった、寒天で固めたジャムやゼリーを作るためのレシピを持っていた。ヘッセ夫人は、デザートが夏の暑さでも液化しないことを知っていたので、彼女はヴァルターに研究室でそのゲルを試すよう提案した。いくつかの栄養素を混ぜた培地は、摂氏六〇度まで固体の状態を保ち、培地として理想的であることがわかった。ヘッセはすぐにレシピをコッホに伝えた。コッホは一八八一年に、それを使用して炭疽菌、結核、コレラを引き起こす細菌の分離に成功した。*

*コッホの研究室のユリウス・ペトリという助手が、培地を保持するための浅い二つのパーツからなるガラス容器を発明した。どこにでもあるペトリ皿は、その発明者にちなんで名づけられた。しかし、ペトリ皿の内側の寒天培地を提案した女性、ファニー・ヘッセを覚えている人はほとんどいない。

微生物学者にとって、寒天はすぐに顕微鏡と同じくらい重要になり、今日でも、成長培地と同様に不可欠である。さらに、寒天は法医学、病理学、および親子鑑定でも新しい用途が発見された。多糖類の頑強な基質のミクロンサイズの空間は、ざるの穴のように機能して、寒天ゲル電気泳動法と呼ばれる一般的な手法でDNAやタンパク質分子を分離し、分類することができる。コッホが最初に使用してから一五〇年以上経った今でも、寒天は医学と科学の分野で輝かしい地位を占めている。

二一世紀、ほとんどの寒天は主に大型藻類のゲリディウムから作られている。小さな低木のような姿の海藻で、スペイン、ポルトガル、モロッコ沿岸の冷たく乱流が強い海域の水深二〜二〇メートルの海底で豊富に生育している。プロのダイバーが水中芝刈り機を使用して海底でゲリディウムを刈り取る。

残った基部から海藻が再生する。また、海底から引き剝がされた海藻は、海底のくぼみに溜まるので、収穫業者はポンプでボートに吸い上げる。海藻が打ち上げられた砂浜では、トラクターで海藻をすくい上げる。

残念ながら、多くの地域でゲリディウムの収穫に規制がなく、誰でも採取できた。それは予想通りの結果をもたらした。二〇一〇年、ゲリディウムの収穫量が大幅に減少したために、モロッコ政府は、種の長期にわたる生存を保護するために、輸出割当を設定すると発表した。ゲリディウムの新しい供給源が見つかる見込みはほとんどない。ゲリディウムは非常に荒れた海で成長する。これは容易に再現できない環境のため、養殖という代替手段はない。寒天の価格は過去七年間でほぼ三倍になり、買いだめの話もある。他の種——特にグラキラリア——があるが、寒天の質が劣る。寒天の不足はまもなく世界中の研究および診断のための研究室に影響を及ぼす可能性がある。私たちが牛の目に戻るかもしれないことを、誰が知っているだろうか。

藻類コロイドは何百年も前から存在しているが、科学者はそれらの新しい使途を探し続けている。皮膚癌が世界中で増加している。ほとんどの日焼け止めローションは、紫外線を吸収するか物理的に遮蔽する化合物でできている。日焼け止めは実際に皮膚を保護するが、オキシベンゾンやその他のよくある関連化合物を含むものは、たとえ少量であっても海洋生物にとって致命的であることを、現代の私たちは知っている。問題は、毎年六〇〇〇〜一万四〇〇〇トンものこうした化合物が海洋で波に巻かれて、サンゴ礁のような観光客が訪れる地域で濃縮されていることである。ハワイ諸島の絶滅の危機にあるサンゴ礁への懸念から、ハワイ州は、二〇二一年から非ミネラル性の日焼け止めの販売を禁止する。以後、ハワイでは、酸化亜鉛と酸化チタンをベースにした日焼け止めのみが購入可能になる。

だから、スウェーデン、スペイン、イギリスの研究者が、各自の研究から、藻類ベースの日焼け止めが非常に効率的にUVA（訳注：波長三二〇～四〇〇ナノメートルの紫外線）とUVB（訳注：波長二八〇～三一五ナノメートルの紫外線）放射を吸収することを発見したことは、良いニュースである。もちろん、このニュースは驚くことではない。藻類は、三〇億年以上にわたって、自然で毒性のない日焼け止め技術を完成させてきたからである。また、フロリダ大学薬学部の研究者は、生物工学を用いて、紫外線対策をしてくれる特定の分子シノリンを多く生産するシアノバクテリアを作り上げた。ちなみに、心配は不要だ。シノリンは緑色ではなく透明である。

藻類コロイドの新たな医学的利用も始まっている。たとえば、アメリカ国立衛生研究所の国立生物医学イメージング・生物工学研究所の科学者は、糖尿病患者のためのインスリン注射に代わるもの、つまりアルギン酸塩で作られたパッチを開発している。皮膚に貼ったパッチは、皮膚の外層を通して痛みを伴わずにインスリンを投与するだけでなく、長時間安定して機能する。

科学者はまた、微生物感染との戦いで、アルギン酸塩の新しい役割を見出している。感染性細菌の八〇％がバイオフィルム――滑らかで粘着性のある細菌自身の細胞の集合体――を形成する。バイオフィルムは、私たちの体が生来持っている防御機構と抗生物質の両方を回避するために、細菌の細胞同士の通信を可能にしている。またバイオフィルムは、細菌が生体の表面――たとえば、肺組織――に付着することを容易にし、その場所で感染の活性を維持する。これらは嚢胞性線維症の特徴で、肺と消化器系に粘液が詰まり、やがて感染性微生物が繁殖する遺伝病である。過去一〇年間、カーディフ大学の研究者は、ノルウェーの企業アルギファーマと協力して、バイオフィルムを破壊するアルギン酸塩薬を開発してきた。この有望な薬は現在、嚢胞性線維症患者を対象に臨床試験が行われており、他の多くの疾患に治療の扉を開くことになるだろう。

藻類コロイドはおいぼれだが、彼らは新しい、そして命を救う術を学んでいる。

3章　イスラエルで海藻養殖

何年もの間、アカディアンはアイルランドのアイリッシュ・モス事業から撤退していたが、再び参入することにした。復帰のきっかけは一九九二年の国際海藻会議だった。日本の食品メーカーの社員が、コンドルス・クリスプスの花のような形に興味を持ち、デボーに、サラダの材料または付け合わせとして、日本に市場があると考えていると語った。しかし、と彼は付け加えた――そして、それは重大な「しかし」だった――アカディアンが海藻の色を変えることができれば、ということだった。和食または「食の調和」を尊ぶ日本の伝統によれば、食欲をそそる健康的な食事には五つの色の要素があると、彼は説明した。白と黒――多くの場合米と海苔で提供される――そして、緑、ピンク、黄色。アカディアンが三色のアイリッシュ・モス（そして、ちなみに、傷のない均一な形の海藻）を生産できれば、お金になると。

現在、アカディアンは九〇〇トン以上の三色のアイリッシュ・モスを生産・乾燥して、そのすべてを日本に出荷している。ブランド名「ハナ・ツノマタ」とつけられた海藻は、ヤーマスからそれほど遠くない施設で栽培されている。生産は実験室で始まる――私のような部外者は立ち入り禁止だ。一個体のアイリッシュ・モスから切り取った海藻が、照明の下で育てられる。一年後、個々の海藻がほぼ拳大ま

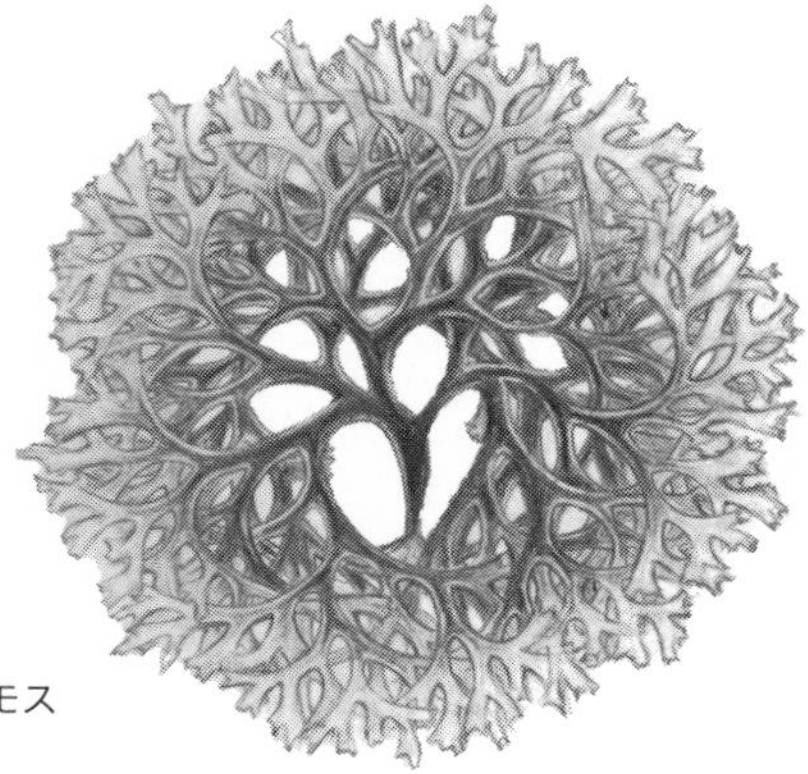

アイリッシュ・モス

ヨーロッパと北アメリカの大西洋岸に生息する紅藻類スギノリ目スギノリ科の藻類。スギノリ目の他の海藻とともにカラギーナンの重要な原料。

で育つと、近くの海岸から引き込まれたろ過海水が満たされた、屋外に並んだ数十の浅い「泡の池」の一つに移される。アカディアンのジェフ・ハフティングと私は池の回りを歩いた。下に張り巡らされたパイプから空気が送られているので、水面の波立ちが抑えられているように見える。池は三ヘクタール以上の広さで、ここで約六か月栽培される。

収穫の準備がほぼ整った池に立ち寄って、ハフティングが水の中で流れに優しく転がっている濃いえび茶色の海藻をつまみ上げた。野生では、海藻は海底に付着して直立する低木状の形に成長するが、ここでは絶え間なく動いて上下の区別がないために、すべての方向に等しく成長する。水中から引き上げると、それは平らになり、手のひらとほぼ同じ大きさになった。葉状体は、薄く柔軟で、あたかも高品質のプラスチックでできていて、機械で型抜きされたように見えた。

コンドルスをフルサイズまで成長させるには、理想的な条件でも約一八か月かかる。池の中身を収穫するために、道の向こう側にトラックが停まった。トラックの荷台で巨大な長方形のザルが揺れ動いて、水中から海藻をすくい上げた。排水した後、ザルはトラックに回収されて、近くの建物の一つに運ばれた。そこで、海藻が望ましい色合いをまとうように処理される。

詳細は企業秘密だが、一般的な方法は数百万年前から存在している。落葉樹の緑色の葉が秋に黄色、オレンジ、赤に変わるしくみである。葉を緑色にしている色素のクロロフィルは、気温が下がって日が短くなると、徐々に分解して隠れていた他の色素が現れる。アカディアンの科学者は、海藻の主要な色素のフィコエリトリンおよびその他の補助的な色素を分解して、目的の色を出す方法を開発した。変身が終わると、海藻はサイロのような乾燥機に入り、空中を飛んで、映画館にあるポップコーンメーカーのポップコーンのように互いにぶつかる。これで表面から異物が取り除かれて、日本の顧客が要求する均一の小花になる。

帰り際、ハフティングが三種類すべての色が混ざったハナ・ツノマタの袋をくれた。白状するが、袋の中身は期待できそうになかった。それは、深い栗色、黄土色、および濃い緑色であることを除いて、乾燥パセリの砕片のようだった。ホテルに戻って、グラスを水で満たして小さじ一杯の砕片を落とすと、すぐに広がり始めた。まるで花が咲くタイムラプスの映画を見ているようだった。五分後、新葉の緑、桜の花のピンク、マリーゴールドの黄色の小花の、繊細で浮遊する春のブーケを見ていた。私は一片をつまみ上げてかじってみた。少しコリコリしたが味はなかった。価値はすべてその見栄えにあった。パッケージで提案しているように、私は、自宅でそれらを印象的な付け合わせとして、春のサラダの素晴らしいハイライトとして使った。

陸上海藻養殖の未来

アカディアンは、美しいアイリッシュ・モスを育てて世界を変えようとしているわけではない。しかし、私は陸上で海藻を育てるというアイデアに興味を惹かれた。天然ものを収穫することが海藻を食物として利用する最初のステップとしたら、海で作物として栽培することが二段階目で、陸上で海藻を栽培することは、第三の取り組みとなるか?

イスラエルの新会社、シークラはまさにそれを模索している。藻類を食べることの最大のセールスポイントは、海水から吸収する栄養素が豊富ということである。しかし、この傾向は海水がきれいなときは恵みとなるが、そうでない場合は不利になる。すべての国が韓国の全羅道(チョルラド)やメイン湾のように自然のままの海を持っているわけではない。そして、もちろん、海のない国や地方、または州には、海藻の栽培は選択肢になかった。

地中海に近いテル・アビブのすぐ北に位置する養殖会社、シークラの創設者のヨシ・カルタは、汚染のない海藻を増産できる新技術を開発した。同社は、基本的に温室に設置したプラスチックの円形タンクで海藻を栽培している。この設備を使うことで、空気中の汚染物質から隔離しながら、透過光を利用できる。タンクは海水で満たされているが、それは地中海のものではなく、この地域の地下にある石灰岩に掘られた深い井戸から汲み上げられている。シークラは幸運である。石灰岩は汚染物質を海水からろ過するだけでなく、カルシウムとカリウムを豊富に含んでいる。

会社のビデオで、私は穏やかな流れに押される緑色のウルバの薄いシートと、タンクの周りを回るグラキラリアの赤いタンブル・ウィードを見た。理想的な栄養素、光、およびその他の成長因子を供給するように制御された環境で、海藻はたった五週間でフルサイズに成長し、シークラは海藻を年間最大九回収穫する。つまり、タンクは平方メートルあたり二五トンの海藻を生産することができる。これは、沿岸海域から収穫できる量よりはるかに多い。海藻は高品質で、その約四分の一がタンパク質（九種類の必須アミノ酸すべてを含む）、五〇％が食物繊維、さらにミネラルやビタミンが豊富で、水銀、ヒ素など野生の海藻が蓄積する重金属は含んでいない。シークラは昨年ほとんどの製品をイスラエルで販売し、一部はイギリスとベルギーの店舗で販売した。製品の大部分は粉末とフレークで売られているが、スムージーやシチューに入れられる、低温殺菌された海藻ピューレと新鮮な冷凍キューブも販売している。シークラは、一食分のピューレはモンツキダラと同じくらいのヨウ素、ケールまたはほうれん草と同じくらいのマンガンとマグネシウム、およびリンゴと同じくらいの食物繊維を含んでいると宣伝している。

シークラの海藻の最大の潜在市場は食品メーカーで、彼らはスープ、クラッカー、ドレッシング、スナックなどの製品を海藻のビタミンとミネラルで強化する方法を探している。カルタと電話で話し、彼の会社の目標について尋ねたとき、彼はイスラエルの施設を拡張する予定だが、第一の目標はシークラの技術を可能な限り広く提供することだと言った。

カルタは普通の起業家ではない。彼は汚れのない藻類の熱烈な信奉者で、藻類は陸上のすべての生命のために神が創造した基盤であり、私たちの種の進化にとって重要であると考えている。彼にとって海藻は原初の生命の一員である。彼は、海岸から離れて暮らしていても、人々が汚染されていない海藻が持つ豊かな栄養素を摂取できるようにする仕事に携わっている（この点で、カルタは、食品会社ケロッグの創設者で医師であるジョン・ハーベイ・ケロッグを思い出させる。「科学と聖書を調和させる」という彼の計画は、彼を、彼と彼の兄弟が発明した朝食用シリアルの伝道者にした)。カルタは、市場に出回っている一部の海藻の品質によって、彼の存在を根底から揺るがすほど、苦しめられている。彼の目標は、ろ過した海水または自治体の水源の清潔な水で作った人工海水を使って、陸上海藻養殖が世界中で展開するのを見ることである。

シークラは、持続可能な陸上での魚養殖に特化しているメリーランド大学海洋環境技術研究所の海洋生物工学部長のジョナタン・ゾーハー博士に折に触れて相談しているとカルタは語った。彼は、ゾーハーがシークラに似た水槽で魚を育てており、また、養殖魚に与えるための微細藻類を育てる専門家でもあると言った。彼とゾーハーは、シークラの海藻を養殖魚の餌として使用できるか議論したという。もちろん私は興味を惹かれた。ゾーハーのオフィスはボルチモアのダウンタウンのオフィスビルにあり、一時間もかからないので、電話をかけて訪問の約束をした。

広がる魚の陸上養殖

オフィスで私に挨拶した男性は、背が高く、細く、白髪で、柔らかいイスラエルのアクセントのあるよく響く声で話した。私たちは、ひと続きの階段を下りて、金属製のドアを通り抜けた。私は、静かで明るく照らされたいくつかの部屋とよくある実験室の設備、つまり、作業台、換気装置、顕微鏡、フラスコ、振とう機、多くの分析機器やその他の機器が明るく照らされ、全体が白く、清潔な部屋を想像していた。しかし入った部屋は、薄暗くて騒々しい、天井が低い二〇〇〇平方メートルのスペースで、薄緑色をした裏庭のプールのようなもので占領されていた。建物の機械システム用のパイプとダクトが頭上を走り、蛍光灯が天井からぶら下がり、ブーンという機械音がした。私が見ていたのは、ダウンタウンのオフィスビルに設置された屋内養魚場だった。

　私たちはタンクの一つに近づき、中を覗き込んだ。流れに逆らって素早く泳いでいたのは、ヨーロッパスズキとも呼ばれる数千匹の銀色の一五センチほどのブランジーノだった。ゾーハーが一握りの餌を投げると、群れが水面をかき乱した。他の水槽には、成長した鯛、シイラ、メバル、その他の人気のある食用魚の群れが飼育されていた。（プライバシーを守るために？）部分的に閉じられたいくつかの小さなタンクには、成長して動きが遅い、繁殖用の魚が入っていた。ゾーハーの研究の多くは、産卵を誘発する条件と、さまざまな種を刺激してタンクで繁殖させる方法に関するものだった。この太陽のない研究室で、ゾーハーと彼の同僚と学生たちは、毎年二トンのすこぶる健康な魚を育てている。

　何よりも、魚は環境に全く影響を与えない方法で養殖されている。タンク内の人工海水――市の水道水にいくつかの一般的で安価な化合物を加えたもの――は、微生物が魚の排泄物を絶えず除去する二つのろ過装置のおかげで、市場規模の魚の飼育にかかる何か月もの間、透明で清潔な状態に保たれる。ゾーハーの魚は、自然の環境を模倣した、管理の行き届いた綺麗な海水で飼育されている。その結果、魚は健康で、抗生物質を必要とせず、魚の廃棄物が建物の外に出ることもない（ただし、魚自体は最終的にボルチモアのレストランに向けて出発する）。

　従来の屋外の水産養殖との違いは明白である。海の養殖では、魚は浮かんだ網の囲いの中で飼育され、廃棄物は環境を汚染する。排泄された窒素とリンは藻類の成長を促し、その結果、バクテリアの呼吸が水中の酸素レベルを低下させて、魚にストレスを与える。

　海の養殖魚は別のストレスにもさらされている。成長と健康のために最高の環境を求めて季節から季節へ移動する野生の同胞と異なり、養殖魚の環境は理想にはほど遠く、事実上一箇所で暮らしている。

彼らは、海シラミなどの寄生虫病にかかりやすくなり、それによって死ぬこともある。*

＊マリン・リソース・エコノミクス誌で公開された最近の研究とモデルによると、現在、海シラミはサーモン養殖業者から収益の約九％を奪っている。メイン大学の水産養殖の教授イアン・ブリックネル博士は、死亡による損失は年間約五億二五〇〇万ドルと推定している。さらに、高レベルの感染は、抗生物質と化学物質の使用につながる。サーモン養殖産業が急速に成長しているチリでは、政府と業界の情報筋によると、二〇一四年に養殖業者はおよそ五五〇〇トンの抗生物質を使用した。

囲いの中の魚は現在、理想的とは言えない餌を与えられている。これまで肉食魚が大きくなってくると、養殖場では魚粉と魚油の混合物を与えてきた。どちらも、養殖魚が野生で食べたであろう、アンチョビ、イワシ、メンハーデン、ニシンなどの、小さくて、油っぽく、骨があり、（人間にとって）食欲をそそらない「飼料用魚」から作られている。しかし、近年飼料用魚も希少で高価になっており、養殖業者は魚粉を大豆や他の植物性タンパク質に置き換えている。陸生の植物が魚にとって完璧な食べ物でないことは容易に想像がつく。つまり、大豆畑の中で魚が進化したことはない。さらに、植物は、魚が必要とする特定のアミノ酸——リジン、メチオニン、トレオニン、およびトリプトファン——を作らない。つまり、養殖魚は世界の食糧供給に不可欠だが、養殖の方法には改善の余地がある。

ゾーハーと彼のチームは改善に取り組んでいる。彼らは、稚魚と若い魚に、彼らが好む微細藻類または微細藻類で育てられた動物プランクトンを与えている。実験室の「藻類キッチン」の床から天井に伸びるプラスチックの袋の列が、ライトに照らされて茶色から金色、緑色に光っている。ここで、養殖場のさまざまな魚に対応するためにあらゆる藻類種を育てている。微細藻類には必要なアミノ酸がすべて含まれており、一部の種は、魚の体液バランス、電解質、カルシウムを維持しながら細胞膜を安定化する関連化合物のタウリンも含んでいる。微細藻類は、植物ベースの食事を補うために、大型魚の餌にも添加されている。これで、海から飼料用魚を採取することなく、同等の餌を与えられるようになる。

しかし、ゾーハーはまた、シークラが養殖している海藻を使用できたらと考えている。私たちが好む大型魚は主に肉食魚だが、大型藻類を食べるおいしい種もいくつかいる。有力候補の魚の一つが、すでに東アジアで人気の高い高級魚のラビットフィッシュ（アイゴ）である（もしあなたが長い耳とひきつった鼻を持つ魚を思い描いているなら、申し訳ない。その名前は菜食主義の食事に由来している）。繊細でマイルドな風味で評判が高いが、骨が少なく、多価不飽和脂肪酸が豊富である。主に野生で捕獲されるが、東アジアの生け簀で養殖されているものもある。ゾーハーは、この魚を養殖の海藻を与えて陸上養殖で育てられるのではないか考えている。彼が成功すれば、飼料用魚を使用せず、海洋への悪影響がない、栄養価の高い魚介類の新たな供給源ができる。

内陸水産養殖が広がっている。カナダのバンクーバーでは、ナムギス・ファースト・ネーションがクテラと呼ばれる七六〇万ドルの事業を運営しており、陸上のタンクでサーモンを飼育している。メイン州では、ノルディック・アクアファームが陸上のサーモン養殖場を建設しており、ノルウェーのアトランティック・サファイアは一億ドル以上の資金を調達してフロリダで養殖場を建設している。陸上のエビ養殖はもう一つの成長産業である。二〇一五年現在、インディアナ州だけでタンク内でエビを育てている会社は一一社あり、メリーランド州とマサチューセッツ州にも別の会社がある。エビも海藻を食べる。研究者たちは、シーレタス（アオサ）と甲殻類を一つのタンクで育てることを検討している。結果は有望である。一緒に育てることで、エビの脂肪酸特性が改善され、カロテノイドの含有量が上がった。さらに、海藻は魚の排泄物に含まれる栄養素を循環させるので水の浄化も助ける。

現時点では、魚の陸上養殖は、操業を確立するまでにかかる膨大なコストが障害となっている。タンク、制御装置、廃棄物管理機器は高価である。しかし、活きが良くて、持続的に収穫できる、環境にも負荷をかけない養殖魚に対する消費者の需要は増えており、それに伴って高品質な魚用飼料への需要も増加している。自然に近い状態で栽培され、汚染もされてない微細藻類や海藻類は、こうした需要に応えることができる。

4章　藻類からランニング・シューズを作る

海藻は長い間動物と人間の食料源だったが、一方で、耐久性のある素材としての歴史、そしておそらく未来がある。一六〇〇年代後半、スコットランド人は、ケルプを焼いたあとの灰に、ソーダ灰（炭酸ナトリウム）とカリ灰（炭酸カリウム）の二つのアルカリ化合物が豊富に含まれていることを発見した。これら二つの化合物は、砂とともにガラスの主要な成分である。

伝統的に、ガラスは木を燃やした後に残る炭酸ナトリウムから作られていたが、スコットランドでは、燃料と建築用に木が過剰に伐採されて、一七世紀までに国土の大部分が丸裸になっていた。イギリスは、燃料になる石炭が大量にあったが、石炭ではガラスの製造に必要な灰が残らないために、イギリスのガラスメーカーは原料を国外で探さなければならなかった。大陸のガラスメーカーは、高レベルの塩を蓄積する湿地植物の一種である地中海のバリラから作った灰を使用していた。バリラ灰は、炭酸ナトリウムを多く含み、特にガラスを透明にすることから、木材灰の優れた代替品となっていた。

問題は、バリラ灰が高価なのと、工業化で繁栄した一七〇〇年代のヨーロッパで上質なガラスの需要が増えて、かつてないほどガラス製品の価格が高騰したことである。イギリスのメーカーにとって事態をさらに悪くしたのは、一八世紀の大半イギリスとスペインは戦時下にあり、バリラ灰の入手が常に困難だったことである。幸いなことに、切羽詰まったイギリスのガラスメーカーが、ケルプの灰がバリラ灰の代わりになることを発見した。ケルプ灰で作られたガラスは、息を吹き込んで球体にされ、平らにされ、小さなガラス板にカットされた。低品質だが安価だった。美しくはなかったが、人々のニーズに応えた。

ガラス製造とケルプ

ケルプ灰の大規模生産は一七二二年にオークニーで始まった。当時、羊毛の価格が上昇したため、地主（領主）は領地を牧場にするために小作人を追い出した。一部の小作人は移住を余儀なくされたが、地主は他の小作人をクロフッと呼ばれる沿岸の小さな地域に移転させた。小作農地は概ね放牧には不向きで、農業にも使えなかった。小作人たちは、小作農地に居住するための条件に従う必要があったのと、唯一の収入源だったために、ケルプを集めて燃やす仕事に従事せざるを得なかった。小作人たちも最初は抵抗した。「彼らの先祖はケルプを燃やす仕事なんて考えたことがなかったし、彼ら自身も、子孫がケルプの仕事を続けることを望まなかった」と、ある人物が書き残している。オークニー諸島の住人はその仕事とケルプから出る油っぽい黒煙を嫌い、土地や動物が汚染され、妻が不妊になるのではないかと恐れた。それでも、ケルプ灰の価格が上昇すると、家内工業は島全体と大陸の海岸に広がった。

仕事は重労働で季節にも縛られた。頻繁に起こる冬の嵐の後、人々は、岸に打ち上げられる小川と呼ばれる大きな海藻を、海に洗い流される前に急いでかき集めた。誰が収穫できるのかや、収穫量の割当てなど、細かい規則が定められた。漂着物のどこを取るかを決めるのに、抽選が行われた。海藻の真ん中の部分はよじれが少なく、価値が高いとされた。サミュエル・ジョンソンは、一七七三年にジェームズ・ボズウェルとヘブリディーズ諸島への旅行記で、「ケルプの価値が知られるまでどちらも所有などど望んでいなかった岩の先端をめぐって、マクドナルドとマクラウドの間で、長く苦々しい訴訟が引き起こされた」と報告している。一部の地域では、海藻はほぼ養殖されていた。砂地の海岸で、地元の人々が海藻の足場にするために海中に岩を移動した。ひとたび「海の漂着物」を集めて乾燥すると、「漂着物の道」に沿って馬とカートを使って運搬した。腐敗が早い葉部は肥料にするためにとって置かれた。乾燥した茎部は積み上げられて、海岸近くに作られた石敷きの穴や釜で四~八時間、低木と藁で焼いた。灰がおよそ四五センチまで積み上がると、男たちはそれをかき集めて、鉄の棒で粉々に砕いた。

悲惨な経済変化の時代に、一〇万人ものハイランド・スコットランド人がケルプ収穫の仕事に就いていた。不幸なことに、彼らは地主にしか灰を売ることができなかった。地主は、灰に最低の金額しか払わないばかりか、土地の借料を上げて貧しい小作人を搾取した。小作人たちは激怒したが、無力だった。地主は、グラスゴーのガラスと石鹸の工場に灰を売って、大きな利益を上げた。ウォルター・スコット卿の回顧録によれば、ヘブリディーズのウルヴァの地主は、「自身の財産、特にケルプには細心の注意を払った。収入はすぐに三倍になり、領地の人口は二倍になった」。それでも、何十年もの間、ケルプは多くのスコットランドの家族の家計を支えた。一八〇〇年代初頭までに、ハイランドの人々は年間二万トンの灰に相当する約四〇万トンの海藻を収穫していた。オークニー諸島だけでも、一年のうちの一時期、ほぼ全人口に当たる二万人がケルプの仕事に従事していた。

一世紀の間、ハイランドの人々は生き延び、地主はケルプ灰で繁栄した。しかし、一七〇〇年代の終わりまでケルプの市場価格を維持していたのは、スペインのバリラ灰に課された高い税金だった。一八一五年にようやく戦争が終わり、スペイン政府がバリラの関税を引き下げると、ケルプ灰の価格は下がり、一八一〇年の一トン二二ポンドから一八三〇年には四ポンドに下落した。スコットランドの産業は荒廃した。小作人たちは二世代にわたって借地が細分化されていたので、経済的に全く立ち行かなくなってしまった。立ち退き、飢餓、大規模な移住が続いた。ケルプ灰産業はほぼ消滅した。

しかし、完全に消滅したわけではなかった。何年もの間、残っていた小作人の中には、消毒薬として使用するヨウ素を得るためにケルプを燃やして金を稼ぐ者もいた。しかしその後、第一次世界大戦中にチリでヨウ素の鉱床が発見されて開発されると、その産業も消滅した。

藻類は、もはや、ガラスやヨウ素産業には有用でなくなったが、他の製品に活路を見出した。ケイ素が豊富な珪藻の化石である珪藻土は、反射率を制御するために壁の塗料に使われた。珪藻土は研磨剤にもなるので、練り歯磨きや金属研磨剤にも使われている。一八六七年、アルフレッド・ノーベルはニトログリセリンを珪藻土にしみ込ませてダイナマイトを製造した。現在でも爆発物には珪藻土が使用されている。そして、藻類は、一八世紀の誰も夢にも思わなかった製品で、新しい、潜在的にはるかに大きな用途を生み出した。

藻類プラスチックができるまで

二〇一七年八月に、イギリスのヴィヴォベアフットが製造している、ウルトラⅢブルームという、防水ランニング・シューズの広告を見た。それによると、軽量で柔軟性のある靴の甲の部分と靴底の両方が藻類から作られているという。私はその藻類の含有量はごく少量で、単なるマーケティング戦略に違いないと疑ったが、調査することにした。ヴィヴォベアフットは、靴の素材を作っている会社、アルジックスを私に紹介してきたので、アルジックスの共同設立者で最高技術責任者であるライアン・ハントに電話した。

驚いたことに、藻類の靴は本物だった。ヴィヴォベアフットのランニング・シューズのプラスチック・ポリマーの約五〇％が藻類から作られていた。アルジックスの開業初年度の二〇一八年に、約五五〇〇トンの藻類（本物の池の藻類）から、発泡体を作成し、それを用いて、ヴィヴォベアフット、アルトラ、キーンのスポーツ・シューズ、ビラボン、ファイヤーワイアのサーフボード、サーフテックのスタンドアップ・パドル・ボードが作られた。これは間違いなく詳細な調査が必要だったので、会いに行ってもいいかライアンに尋ねた。

五日後、アラバマ州バーミンガム空港から車で二時間ドライブした後、ミシシッピ州メリディアンにあるアルジックス工場の簡素なロビーでライアンを待っていた。彼が少し遅れるというので、二つの展示ケースを見る時間ができた。ガラス製の棚には、同社の藻類シューズ製品のサンプルが入っていた。白くて厚いミッドソール、カラフルで薄く柔軟なインソール、そして、特徴的な深い切れ込みの入った堅いアウトソール。サンプルには、キーン、クラーク、アンダーアーマー、スケッチャーズなど、よく知られた名前が刻印されていた。二足の完成品、ヴィヴォベアフットの靴とクロックスに似たサンダルもあった。

ロビーのガラスドアでカードキーを手探りしている男性を見つけた。ジャズクラブなら、私は彼をサクソフォン奏者——逆立った黒髪、黒眼鏡、黒いヤギひげ——に見立てただろうが、この人物がライアンだった。プラスチックの生産を職業にしている男には見えなかった。

プラスチックと言うと、人々は化学的、人工的、自然でないものと考える。しかし、分子的に言えば、プラスチック自体は有機物で、炭素系のポリマー（重合体のこと）である。つまり、プラスチックの種類によるが、酸素、窒素、または他のいくつかの元素と結びついた炭素の長い鎖なのである。現在使用されているプラスチックのほとんどは、はるか昔に死んだ生物が長い間圧縮されてできた、天然ガスと石油に含まれている古代の炭素でできている。しかし、ごく死んで間もない生物の炭素でプラスチックを作ることも、問題なくできる。これが、ライアンがプラスチック事業に参入した理由である。

ライアンは偶然に今の仕事についた。それは二〇〇九年のことだった。ジョージア大学で生物工学の博士号を取得するために、藻類のバイオ燃料の研究をしていた。「細胞壁を破って油を抽出するために、高エネルギーの電磁パルスで藻を破壊するプロジェクトの助手を探していたときに、マイク・ファン・ドゥルネンという男が加わった。彼は一九九〇年代にビールとジュースを殺菌する目的で、まさにこの技術に取り組んできた。ある日、材料科学科の教授が研究室を訪ねてきたとき、私たち二人は懸命に仕事をしていた。教授は、どのようにして、羽や鶏肉の廃棄部分を圧縮、成形してプラスチックを作っているかを、私たちに語った」。

「それは面白い、と私は思いました。余った藻類がたくさんある。これで何ができるか見せてください、と彼に言いました」。すると彼は藻類を受け取り、プラスチックの塊を持って戻ってきた。

「それを見たとき、マイクの目が輝きました。彼も私のような電気オタクかと思っていましたが、彼はまた、かなり大きなプラスチック包装会社を立ち上げた起業家であり、プラスチック技術者でもありました」

ライアンとマイクは、藻類のプラスチックを使って、何か、おそらく何か大きなことができることに気がついた。鶏の羽のように、藻類はタンパク質含有量が多く、タンパク質はプラスチックのように炭素のポリマーである。マイクとライアンは二〇一〇年にアルジックスを設立して、藻類をまるごとプラスチックに変える方法をつきとめ、そのプラスチックを市場価値のある製品にするために、次の五年間を費やした。

彼らが作ったプラスチックは、通常は石油と天然ガスから作られるポリマーである酢酸ビニル（ＥＶＡ）の新商品である。ＥＶＡは、食品ラップからサッカーシューズ、スイミングプールで使うコースロープまで、さまざまな消費材を作る素材である。アルジックスは、プラスチック中の化石炭化水素の半分を藻類タンパク質ポリマーで置き換えたＥＶＡを製造することができた。最初、マイクとライアンは、エクソンと同様に、地球に優しいＥＶＡペレットを製造して、下流の製品を生産するメーカーに販売しよう考えていた。しかし、起業家を志望する彼らは、すぐに、ＥＶＡペレットを作るだけでは薄利多売のビジネスになるだけで、業界を支配する大手メーカーと競争できない。代わりに、彼らは、より価値が高い（そしてより利ざやが大きい）商品を生産する、一つまたは複数の下流ビジネスを始める必要があった。

懸命に実験した結果、彼らは３Ｄ印刷用のフィラメント、生分解性植木鉢、容器、包装、薄膜、ラップなどの製品を開発した。植木鉢は技術的に成功したが、一般的な植木鉢よりも生産コストが少し高かった。小売店の顧客なら環境に優しい鉢を値段が高くても買うかもしれないが、植木鉢の主要な買い手である園芸会社はそんな事はしない。フィルムと容器にも同様の問題があった。消費者が日用品を購入するとき、たいていは価格で選ぶ。アルジックスの食品ラップは、競合他社よりも少し高価である。環境問題に前向きであっても、勝者にはなれない。初期の藻類製品のうち、成功したのは３Ｄ印刷のビジネスだけだった。

その後、アルジックスは、ただＥＶＡペレットを製造しているだけでは利益が見込めないが、溶けた

ＥＶＡに空気を注入して気泡を生成するＥＶＡ発泡体は利益を生む可能性があることに気づいた。四〇年間、ランニング・シューズやその他のスポーツシューズの靴底はこのような発泡体で作られていた。溶けたＥＶＡを靴の型に注ぐか、発泡体のシートをカットしてインソールとして利用する。ＥＶＡ発泡体は、毎年製造される一〇〇億足のスポーツシューズに使用されており、足元で反発し、足を支え、関節の負担を軽減し、土踏まずを支える。同素材は、サーフボード、密封材、ヘルメット、フロアマット、その他多くの製品でも使われている。

ライアンは、藻類ＥＶＡと化石燃料ＥＶＡを五〇対五〇でブレンドして作ったブルーム・フォームは、単なる代替ソールではなく、従来品より優れていると私に言った。藻類ポリマーは石油ポリマーと平行に並んで結合することで、製品を強化し、裂けにくくしている。また、石油のみのポリマーよりも発泡体内で気泡を均一に分散させるので、わずかだがブルームＥＶＡの弾性が増す。藻類のＥＶＡには、さらに二つの控えめな利点がある。一つは、発泡体表面の化学的性質が改善されているために、その上を覆う布が剝がれにくい。もう一つ、ソール作成時に靴メーカーのロゴが熱い発泡体に刻まれるが、ロゴの輪郭がより鮮明に保たれることだ。

しばらくの間、ライアンと彼のビジネスパートナーは製品の色を心配していた。アルジックスはさまざまな色の発泡体を作ることができるが、藻類のクロロフィルは色調がより控えめである。しかし、靴メーカーはこのオプションに満足していることがわかった。ブルーム・フォームで作られた靴は、色がより自然で、環境に配慮しているランナーへのセールスポイントになっている。

スポーツシューズの製造は、よく知られているとおり、環境に与える負荷が大きい。ほぼすべてが石油化学製品でできており、そのほとんどが、石炭火力発電所で作った電力に依存しているアジアの工場

で製造されている。マサチューセッツ工科大学の調査によれば、靴一足を作ると、大気中におよそ一三キログラムの二酸化炭素が放出される。これは、一〇〇ワットの電球を一週間点灯するのと同じである。ヴィヴォベアフットの藻類シューズはそうではない。製品の「エコ・ファクト」は、インナーソールに刻まれている。このシューズによって二五〇リットルの水が浄化され、風船四〇個分の二酸化炭素が大気中に放出されるのを防ぐ。藻類シューズを履くと、あなたはより軽いカーボン・フットプリントを後に残す*。

*靴の廃棄は問題として残る。ＥＶＡは一般にリサイクルされずに、埋め立て処分されている。それでも、靴の藻類部分はカーボンニュートラルで大気から二酸化炭素を取り除いており、埋め立て地では一〇〇〇年にわたって藻類の炭素と石油由来の炭素が大気から隔離されるだろう。

原料を探し求めて

ブルーム・フォームの原料はよく見られる藻類のブルームである。私がそうだったように、あなたも池の藻類ほど調達が容易なものはないと思うかもしれないが、十分な量の藻類を見つけることは一番の頭痛の種だと、ライアンは言った。「二〇〇九年と二〇一〇年当時、藻類燃料セクターには多くの情熱と約束された未来がありました。私たちは、藻類燃料会社が多くの廃棄物を残してくれると期待していました。しかし、そうはなりませんでした」。最初、ライアンは、カリフォルニア州の自治体が運営している水処理施設に注目した。施設では、処理済みのきれいな水を三次浄化工程に送る。この最後の浄化で、水は池または屋内プールに入り、そこで微細藻類が成長して窒素とリンを吸収する。死んだ微細藻類は通常埋め立て地に捨てられるが、アルジックスにとっては打ってつけである。問題は各施設から出る藻類が年間数千トンしかなく、アルジレックスが必要とする量には足りなかった。「二〇一二年、私たちは藻類を求めて必死になっていました」とライアンは私に語った。「私たちは独自のレースウェイの池を建設しなければならないと思っていましたが、もちろん、建設に必要な数百万ドルの資金がありませんでした。そこで、マイクと私は、グーグルアースを使って、藻類の緑に覆われた水域を探しました。ミシシッピ州とアラバマ州を見たとき、私たちの目はパトカーの回転灯のように光りました」。彼らが発見したのは、州のおよそ三九〇平方キロメートルを占めるナマズの養殖場だった。ビンゴ！　池は藻類でいっぱいだった。

ナマズ飼育では魚に魚粉を与える。しかし、餌をスプーンで与えるわけではないので、食べ残しの餌が、最終的に藻類の栄養になる。養殖場では、飼育する魚一キログラムに対して約一キログラムの藻類も飼育しており、これを廃棄しなければならない。だから、ライアンが彼らに池のクズを売ってくれないかと尋ねたとき、彼らはとても喜んだ。アルジックスは、ナマズ養殖場や湾岸の港に近いことを理由に、メリディアン郊外に工場を建設した。

アルジックスの工場に向かう時が来た。工場は、シミ一つない明るい一ヘクタール弱の広さがあり、波型の金属製の屋根を持つ数階建ての高さのある建物だった。私たちが最初に立ち寄ったのは、可動式の収穫機の一つで、たまたま修理中だった。あまり見るものはなかった。ミニクーパーほどの大きさのスチール製の箱を乗せた平台トレーラー、さまざまなポンプ、白いパイプ、大きな白い容器があった。収穫機が動作して、毎分数千リットルの池の水を吸い込み、藻類を濃縮し、その後、濃い草緑色のスラリー――一日あたり約四五〇〇リットル――を後部の容器に送る（ナマズについて心配する必要はない。取水管の上の網が、ナマズの取り込みを防ぐ）。一方、浄化されて酸素を含んだ水は、池に戻される。

その後、タンクローリーがスラリーを工場に運ぶ。ライアンは、藻類をじょうご状の器に落とし、ベルトコンベヤーに広げる様子を見せてくれた。ベルトは、合計一〇〇万ワットの電力で藻類を砕く八つの工業用マイクロウェーブのラインに入り、そこで内部の水を蒸発させて細胞を破壊する。蒸気は、屋根に設置された広い銀色のダクトから排出されるが、その間に乾燥藻類の粒子は高速ジェット・ミルに入り、互いに音速で衝突して、微細な粉末に粉砕される。

その後、粉末は真空の管を通って、アルジックス独自の技術が組み合わされた貯蔵庫に移動する。この貯蔵庫は、私には黄色、白、青、および銀色に塗られた精巧な三階建てのジャングルジムのように見えた。ここでは、藻類の粉末、エクソンモービルのプラスチック樹脂のペレット、およびさまざまな添加剤（顧客が指定する）が溶かされて、押出し装置に送られる。押出し装置は、一メートルの長さの、特注の機械加工部品で作られた二軸のスクリューである。押出し装置の反対側に、薄い緑褐色の半分藻類半分化石燃料のプラスチックの糸が現れ、これが別の機械に移動して小さなペレットに加工される。最後に、ペレットは中国の業者に出荷され、そこで最終製品に仕上げられる。二〇一八年、目下の注文に応じて、会社は五四〇〇トンの藻類を仕入れた。ライアンは、これはほんの始まりにすぎないと信じている。

アルジックスには十数基の藻類収穫機があるが、注文に応じて十分な量の地元の藻類を確保するには、さらに数十基が必要である。ただし、一基あたり一〇〇万ドルの費用がかかり、現在同社には、設備投資の資金がない。代わりに、中国ですでに収穫済みで、部分的に乾燥された数千トンの藻類が見つかった。

上海の西約一二〇キロメートルに位置する太湖は、中国で三番目に大きい淡水湖である。かつては牧歌的なリゾート地だったが、過去数十年の間に周辺地域に数百万人の人々が定住して、化学工場や織物工場そして農場が建設された。産業廃水、下水、肥料が湖を汚染して、毎年夏になると二・三平方キロの湖面の三分の一に鮮やかな緑色の藻類の厚い層ができる。藻類が死んで分解が進むと、吐き気を催す悪臭が漂う。数年前、特にひどいブルームが発生した時には、周辺地域の二〇〇万人が、飲料水を使えなくなった（蛇口をひねると、緑のスライムがシンクに流れ落ちた）。政府は汚染物質の流入を制限しようとしているが、変化は鈍い。しかし、幸いなことに卓越風が藻類を湖の北西の隅に押しやる傾向があり、これが天然の貯水池として、また間に合わせの対策として役立っている。藻類を引き揚げるために、政府は一六か所の収穫基地を湖岸に建設した。各基地は、年間約三〇〇〇トンの部分乾燥した藻類を生産している。

二〇一六年、アルジックスは、太湖の藻類の購入の許可を求めて中国当局と交渉した。現在、中国のブルームはアルジックスの原料の多くを供給しているが、ライアンはより多くの藻類を近隣から集めたいと考えている。中国製品は価格が安いので、輸送費を含めても地球に優しい靴底は経済的に成り立つが、彼は藻類の輸送にかかる地球半周分の環境コストを残念に思っている。より多く地元の藻類を使用するために、ライアンは、アルジックスはより多くの――そしてより効率的な――収穫機が必要だと私に言った。ただし、そのために必要な調査と取得は、会社がさらに収益を上げるまで待たなければならない。

プラスチック製造は、何千もの異なる調合と製品を扱う洗練されたビジネスである。アルジックスは、比較的少数の種類のプラスチックだけを藻類で置き換えようとしてきた。現在、同社のエンジニアは、特定のパイプ、エポキシ、継ぎ目のないフローリングで使用される、付加価値の高い熱硬化性プラスチックの開発に取り組んでいる。だが、すべての製品に藻類を組み込むことはできない。プラスチックの中には形成に高熱を必要とするものがあるが、摂氏二五〇度を超えると、藻類のポリマー鎖が壊れる。ポリカーボネートとナイロンの強靭なポリマーはさらに高温で熱する必要があるから、藻類でできた車のバンパーや歯ブラシの柄は決して作れない。一方、発泡スチロールのプラスチックは比較的低温で形成されるから、市場価格の低さが障害になるが、藻類と石油の混合物で作った梱包材やクーラーは技術的に可能である。それでも、毎年世界中で約四億トンのプラスチックが生産されていることを考えると、同社の市場価値が下がることはないだろう。

新たな生分解性プラスチック

従来のプラスチック製造では温室効果ガスを大気中に放出するが、プラスチック製品自体が環境問題となっている。プラスチックを分解できるバクテリアはほとんどいない。つまり、廃棄されたコンビニ袋、漁網、ミルク容器、スマホカバー、その他の何千もの製品は、数百年は分解されずに残る。一年で製造されるプラスチックの一〇%未満がリサイクルされているが、その割合は、中国がもはや欧米諸国のリサイクル可能な廃棄物を受け入れなくなった今、減少していくはずである。

すでに、五〇〇万～一二〇〇万トンのプラスチックが毎年海に流れ込んでいる。そこで、風と波によってプラスチックが小さな欠片――シアノバクテリアよりも小さいものもある――に砕かれて海流の中を漂っている。これらのマイクロプラスチックは、動物プランクトン、魚、海鳥、クジラ、およびそれらを消費する他の海洋動物にとって餌に見える。マイクロプラスチックを食べた海洋動物はプラスチックの毒素で死ぬか、粒子が消化器系に詰まって死ぬ。生き残ったものは、より大きな捕食者に食べられる。つまり、プラスチックと毒素が食物連鎖を上って行く……私たちに向かって。

プラスチックの耐久性がそれほど強くなかったとしたらどうだろう。何年もの間、企業は植物から生分解性プラスチックを作ってきた――あなたも、トウモロコシのデンプンでできた梱包材を発泡スチロールの代わりに使っていたかもしれない。しかし、植物を育てるためには耕作地と淡水が必要なので、植物系の梱包材は、環境のことを考えると、あまり意味がない。異なるアプローチをとることで、科学者は天然由来で、または遺伝子工学の助けを借りて、プラスチック・ポリマーを合成する特定のバクテリアを利用できるようになった。これらの細菌は、大量の生分解性プラスチックを生産する可能性がある。しかし、この話には裏がある。微生物は従属栄養性だから糖を食べる。これは耕作地と淡水の問題を再び提起する。それに、細菌プラスチックが石油系のプラスチックと競合するにはコストがかかりすぎるのだ。

しかし、コストについての難問から抜け出す方法があるかもしれない。そして、その方法はシアノバクテリアに依存している。二〇一七年、ミシガン州立大学植物研究所の研究者であるダニエル・ドゥカット、テイラー・ワイス、およびエリック・C・ヤングは、遺伝的に改良して、常に一部の糖（もちろん、光合成で生成する）を細胞外に放出するシアノバクテリアを作り出した。研究者たちは、このシアノバクテリアとプラスチックを生産するバクテリアを同じタンクに入れて、力強い二人組を作り出した。シアノバクテリアはバクテリアに栄養を与え、バクテリアがプラスチックを作る。両者が協力することで、バイオマスのほぼ三〇%がプラスチック・ポリマーになった。さらに、藻類で強化されたバクテリアは、バクテリアだけの場合よりも二〇倍も速くプラスチックを生産した。つまり、プラスチックが二〇倍になり、しかも高価な糖は不要である。これは状況を一変させるゲーム・チェンジャーになるかもしれない。

世界中でプラスチックの生産が加速しているので、藻類プラスチックの増加を予想しておくことは特に重要である。カリフォルニア大学サンタバーバラ校のローランド・ガイヤー博士が率いる研究者たちは、二〇一七年の研究で、これまでに製造されたプラスチックの半分に当たる八三億トンが過去一三年間に製造されたことを指摘している。エクソンは、二〇五〇年までに世界の化石燃料の二〇%がプラスチックの製造に使用され、これは現在の量の二倍に当たると予測している。もし、一般的なプラスチックの半分を藻類のプラスチックで置き換えることができれば、将来の温室効果ガスの排出を抑えることができる。

ある意味で、私たちは、ジョン・ウェズリー・ハイアットが最初のプラスチックを発明した一八六九年に戻っている。当時のアメリカはビリヤードの流行のまっただ中だった——シカゴだけで八〇〇もの玉突き場があった。そして、ビリヤードのボールを作る象牙の需要が急増していた。アフリカと南アジアのハンターが象を数千頭も殺していた。ニューヨークタイムズが書いたように、象は「絶滅種の番号がつけられる」危険にさらされている動物になった。ビリヤード製造業者は、彼ら自身も絶滅に向かっているかもしれないと思った。木材もどんな金属も象牙の満足のいく代替品にはならなかった。そしてある会社が象牙の代替品開発に一万ドルの懸賞金を出した。ニューヨークの若い印刷業者のハイアットは、綿、硝酸、および溶剤を組み合わせて、世界初の合成樹脂であるセルロイドを作った。プラスチックが象を救ったのである。

私がこの本を書き終えた時、アルジックスはまだ二年間しか稼働していなかった。しかし、二〇一九年にはアディダス、クラーク、トムズ・シューズがそれぞれ自社のモデルの一部に藻類のソールを発注している。アルジックスは現在、ユタ州とウィスコンシン州の水処理施設、フロリダ州の藻類ブルーム、ニューメキシコ州とテキサス州の藻類オメガ3オイル生産者から藻類を調達している。ミシガン州立研究所は最も新しい調達先である。藻類プラスチックが新しいセルロイドになり、人工材料の未来を変えるかどうか判断するのは時期尚早である。しかし、今回は新しい素材が私たちを助け、私たちを救うことは明らかである。

5章　夢の燃料、藻類オイル

藻類プラスチックの展望は興味深いが、現在、プラスチックの製造で排出される温室効果ガスは、総排出量の一〇％にすぎない。一方で、藻類が輸送燃料の代替品となったら、今後の化石燃料の使い道と気候変動の問題に極めて大きなインパクトになる。エネルギー情報局によると、人と物の輸送は世界のエネルギー消費全体の約二五％を占めている。二〇〇八年、テキサス州エルパソ郊外の、温室で藻類から石油を作ろうとしていたバイオ燃料会社バルセント・プロダクツを訪ねたとき、私はこの本を書くことを思いついた。バルセントの創設者グレン・ケルツは、一ヘクタールあたり九五万リットルの藻類燃料を生産できると主張した。つまり、アメリカ南西部の半乾燥地の二五〇万ヘクタール（政府はネバダ州だけで数百万ヘクタールの土地を所有している）を充てれば、アメリカ人が二〇一五年に燃やした四八〇〇億リットルのガソリン、ディーゼル、およびジェット燃料に代替できる。

それは胸を躍らせる提案で、興奮したのは私だけではなかった。ブルームバーグ、ABCニュース、フォックス、その他多くの主要なニュースメディアがバルセントを訪れ、藻類の緑色に輝くパネルの映像を流し、この希望に満ちた新しい燃料についてレポートした。だが、ケルツだけが「oilgae（油 oil + 藻類 algae）」の時流に乗った起業家ではなかった。たとえば、二〇〇九年にオーロラ・バイオフュエルのCEOだったロバート・ウォルシュは、公共放送サービスの科学ドキュメンタリー番組「ノヴァ」で、彼の会社は年間四億五〇〇〇万リットルの燃料を生産する予定だと語っていた。

バルセントとその仲間が藻類オイルの新しい事業に惹かれたのは当然だった。一つには、これらの企業の背後にある基本的な概念が理にかなっていた。元をたどれば、石油は何百万年もの間、地下で押しつぶされていた藻類の死骸である。それなら、なぜそのプロセスを加速して、現在生きている藻類からオイルを作らないのか？　化石オイルを地下から汲み上げて大気に二酸化炭素を放出する代わりに、藻類を育てて大気中から二酸化炭素を除去することができるではないか。

藻類オイルが保証しているのは、すべての生物が糖（藻類の場合は光合成で作った糖、動物の場合は食物を食べて得た糖）の一部を、グラムあたりで二倍以上のエネルギーを含む脂質に変換するという科学的事実から始まる。食料を二倍詰めてもサイズが変わらない、魔法のスーツケースのようなものだ。もしあなたが光合成をすることができない日陰で立ち往生している藻類なら、防災バッグに入っている脂質を使って危機をしのぎ、生き延びることができる。

脂質には化学的に異なる多くの形態がある。非常用エネルギーを、人間は固形脂肪、マッコウクジラはワックス、藻類は液体オイルとして貯蓄している。藻類が貯めているオイルの量は種によって異なるが、一部の藻類は特に用心深く、重量の半分をオイルとして蓄える。極端に用心深い藻類は、窮地に立たされたとき、八五％をオイルとして貯蔵する。

原油価格と藻類オイル開発

化石燃料が安価で豊富だった二〇世紀半ばまでは、誰も代替エネルギー源のことなど考えもしなかった。しかし、第二次世界大戦中に、軍の海外での燃料需要が異常に高まったため、アメリカ政府は自国で燃料を賄う方針を打ち出した。そのとき、数人の科学者が藻類オイルを代替品として検討を始めた。しかし、戦後石油の供給が回復すると、藻類オイルへの関心は泡のように消え去った。その後、一九七三年、石油輸出国機構（ＯＰＥＣ）は、第四次中東戦争でイスラエル軍に石油を転売したとして、アメリカに対して石油禁輸措置を課した。アメリカ人はガソリンスタンドで長蛇の列を作り、燃料価格が高騰した。アメリカは、外国の燃料に依存することの危険性を認識した。禁輸措置は一九七四年に解除されたが、西側諸国の脆弱性が忘れられることはなかった。一九七八年、エネルギー省（ＤＯＥ）は、輸送用燃料として、またはその補助燃料として、植物の糖と種子のオイルが使用可能かを調査する研究に資金を投じた。ＤＯＥは、資金のごく一部を藻類研究にあて、それが水生生物種プログラム（ＡＳＰ）になった。

ＡＳＰの資金提供を受けた生物学者は数千種の藻類を収集し、成長率、必要光量、必要な栄養素、塩分耐性、オイル生産、その他のさまざまな特性を評価した。その内の三〇〇種が特に有望と見なされて、カリフォルニア、ハワイ、ニューメキシコで、実験室とさまざまなサイズの人工池で試験が行われた。

ＡＳＰに対するＤＯＥの資金提供は年平均約一〇〇万ドルで、植物系の石油代替品の研究に充てられた資金のわずか五％にすぎなかった。この額の少なさが、私たちが燃料としての藻類の可能性についてほとんど知らなかったことを示していた。しかし、一九九五年、石油価格の急落と財政面の制約に直面して、ＤＯＥはこのプログラムを終了し、残りの研究費をトウモロコシや他の植物の糖からエタノールを生産する研究に回した。しかし、ＡＳＰの最終報告書は、藻類の経済的可能性を強調し、「この報告書は終わりではなく、始まりと見るべきである」と述べた。報告書は、一二五万ヘクタールの土地で三〇〇億リットル、またはヘクタールあたり約一五万リットルのガソリンに相当するエネルギーを生産できると推定した。しかし、報告書はレースウェイを建設する初期費用などが高くつくことも指摘した。藻類の成長促進のため池の水に二酸化炭素を加え、藻類を水から分離してオイルを抽出するにも費用がかかる。成長させ、抽出し、変換し、それから精製して使用可能な製品にすると、藻類燃料は一ガロン（約三・八リットル）二四〇ドル（リットルあたり六三ドル）になる。もちろん、現実離れした価格だが、技術はまだ胚発生の段階にまでも至っていない――やっと受精卵の段階と言えるかもしれない――ことを誰もが認めていた。このまま研究開発が続けば、価格は確実に大きく下がるだろう。

その後、二一世紀の最初の一〇年間、原油価格は、一九九八年の一バレル一七ドル（リットルあたり一〇セント）から二〇〇八年の一バレル一六〇ドル（リットルあたり一ドル）に、着実かつ大幅な上昇を始めた。専門家は、世界は「ピークオイル」に達したと見なした。ピークオイルとは、世界全体の石油採掘量が最大に達し、その後減少していく瞬間のことである。加えて、二〇〇五年に京都議定書が発効した。これは、一九九七年に一九〇か国で採択された国際協定で、温室効果ガスの排出量を削減し地球温暖化に対抗するというものである。各国政府が合意内容に従うのであれば、化石燃料を割高にする政策――たとえば炭素税――を実施しなければならない。多くのエネルギー専門家は、原油価格が無期限に上昇し続けるか、少なくとも一バレル一〇〇ドル（リットルあたり六三セント）超えで推移すると結論づけた。

この評価によって、多くの起業家や投資家が藻類オイルに真剣に――そして二〇〇八年になるとほとんど熱狂的に――関心を抱くようになった。二〇ほどの新興企業が投資資金を探し求めて、ベンチャー・キャピタル、エンジェル投資家、財団、そして政府が財布を開いた。新会社の一部は、株式公開を成功させた。シェブロン、シェル、エクソンなど大手石油会社も参入した。[*] 二〇〇〇年から二〇一〇年の間に、藻類オイル会社は二〇億ドル以上の資金を集めた。

*石油会社は、環境問題への会社の関心を低コストで済ませるために、単に広報活動として投資した――グリーン・ウォッシングとして知られるテクニック――と言う人もいる。石油供給が減少に向かう日に備えて大手石油会社は投資したと、寛大に解釈する人もいる。

振り返ってみれば、収益性の根拠がほとんどなかったにもかかわらず、投資家が多額の資本を投じたのは驚きだ。ＡＳＰはアイデアといくつかの興味深い予備データを提供したが、実際のところ、このプログラムで生産されたオイルは非常に高価で、詳細に調査された藻類は数千種のうち八種だけ、生産方法については一種類しかテストされなかった。最大の実験用池は〇・一ヘクタールの大きさで、たったの二つしかなかった。コストに関する多くの質問には、単に答えていなかった。それにもかかわらず、お金が押し寄せた。

苦難が続く藻類オイル生産

急成長分野のすべての企業の中で、サファイア・エナジーは最も多く報道され、最も多額の資金を集めた。二〇〇八年初頭、同社は三つのオフィス、数台の実験台、未使用の温室を備えた又借りしたスペースで作業していたが、間もなくビル・ゲイツの投資会社であるカスケード・インベストメントやベンロック、アーチ・ベンチャー、ウェルカム・トラストから一億ドル以上の資本を確保した。同社の目標は、ドロップイン燃料を生産することだった。ドロップイン燃料は、化石原油に類似しており、精製した製品をガソリン、ディーゼル、ジェット燃料に問題なく混合できる。

サファイアは、銀行口座の預金額がどれほど大きくても、開業資金と給与で、資金がすぐに底をつくことを知っていた。会社は生産と収益の流れに迅速に移行する必要があった。サンディエゴの研究室、温室、管理スペースを借り、スタッフを集めた。サファイアの化学者は抽出技術に注目し、エンジニアはレースウェイの設計に取り組み、藻類学者はさまざまな種のオイル生産を研究し、遺伝学者は染色体を精査し、生態学者は池の藻類の維持に焦点を当て、そして財務担当者はコストと利益を分析した。サファイアと競合他社は、数々の難しい決断を迫られる事態に直面した。水流を作り出すパドルホイールの理想的な速度は？　または、藻類が吸収する二酸化炭素の泡の最適なサイズは？といった、一見簡単そうな質問にも、答えを出すことはできなかった。たとえば、これらの二つの質問に対する回答は、「電気代、レースウェイの形状と深さ、栽培中の特定の種などが絡み合って、パドルホイールの速度と泡のサイズが決まる」ということになる。分析がそれほど的外れだったということではなく、研究室で研究されたことのない変数があまりにも多かった

サファイアの最初の決断は、バルセントが使用した透明なプラスチック・パネルのようなフォトバイオリアクターを用いた培養ではなく、屋外の人工池で微細藻類を栽培することだった。ＡＳＰが屋外の池に焦点を絞っていたので、サファイアはそれに基づいて設備を構築することができた。それに、フォトバイオリアクターの最適な設計がどのようなものか、アイデアを持っている者が誰もいなかった。アメリカとヨーロッパの大学および新興企業の研究者は、異なる透明のプラスチック構造――垂直、円形、

傾斜型のチューブ、水平バッグ、平たいパネル、アコーディオン型のパネルなど——を実験していた。しかし、決定的な勝者はいなかった。その上、サファイアが念頭に置いていた大規模生産では、確かに屋外の池は初期資本コストが低かった。二〇〇八年一二月三一日に、実験室で徹底した試験を行った後、研究者たちは、ニューメキシコ州ラス・クルーセスにある五五ヘクタールの試験施設で、長さ一二メートル、幅一・八メートルの池に初めて藻類を投入した。

理想的なパドルホイールの速度の計算と最適な二酸化炭素の供給システムを決定することは、屋外で大量の藻類を実際に増殖させるという課題に比べると簡単だということがわかった。そのことについて、当時のサファイアの副社長だったクレイグ・ベーンケは、「何度も、何度も、打ちのめされました。実験室で最も生産性の高かった藻類は、現場では最高のものではないことが判明しました。本当の課題が何かわかってきました。農業に組み込んだとき、藻類がどのように振る舞うのか？ということです」。野外では、砂嵐が池の水を濁らせ、土砂降りが数時間で池の化学を変える。pHが七の池で強い光の下で繁茂していた種は、水が濁るかpHが下がると、勢いを失う。藻類がようやく繁茂しても、繁茂したそばから滅びていってしまうのだった。ワムシやその他の微細な水生動物は、塵を吸い上げる小さな掃除機の艦隊のように、太った藻類を吸い込んでいく。何キロも遠く離れた空中に浮かぶ藻類の胞子が、栄養分の豊富な池に着水すると、厳選されたサファイアの種がそこで増殖していても、その家と故郷から駆逐することもある。失敗に失敗が続いた。栽培された藻類は、すべての作物がさらされてきた、数千もの自然がもたらす脅威に屈した。ベーンケと彼の同僚は怒り狂った。

科学者とエンジニアはキャリアを変える必要があった。「農民になる方法を学ばなければなりませんでした」と、ベーンケは言った。たとえば、彼らは藻類を培養することと植物を栽培することは全く異なることを学んだ。植物の生活環は数か月だから、農家は成長期に数回だけ施肥すればよい。一方、藻類の寿命は三日で、分裂が起こると親細胞は消え去る。藻類は絶え間なく摂食する必要があるが、必要なのはすぐに同化できる量（試行錯誤によって決定された）だった。過剰な肥料は競合する生き物を利するだけだった。新しい農民は、pHを操作し、菌類、寄生虫、空腹の動物プランクトンの侵入に対処する方法を学んだ。ある意味では、藻類の農業は野菜や穀物の栽培よりも困難だった。成長サイクルの速度は、どんな陸上植物とも異なる。当時の運用マネージャーだったブリン・デイビスは、次のように述べている。「午前中に池で何か問題が発生すると、昼食までに何もしなければ、その日の夜には全滅してしまいます」

実験は二〇〇九年から二〇一〇年までラス・クルーセスで継続して行われ、最初の小さなレースウェイに加えて、新しい三〇メートルおよび九〇メートル長のレースウェイでも実施された。科学者の農民は、少しずつ学習曲線を上げ、一年以上の試行錯誤の後、実験がうまくいき始めた。「ついに、私たちは新しい種を大規模に、短時間で増殖させることができるようになりました」と、アソシエイト・ディレクターのクリストファー・ヨーンが私に語った。商業規模に移行する時が来た。

二〇〇九年に、土地が安価で日光が豊富なニューメキシコ州コロンバスに二五〇ヘクタールの商用施設を建設するため、ＤＯＥは五〇〇〇万ドルをサファイアに補助し、会社は農務省（ＵＳＤＡ）から五四五〇万ドルの融資保証を取得した。コロンバスでの事業は藻類を育てるだけでなく、原油に変換することだった（原油はその後、従来の精製業者に販売され、化石原油と同様に、車両が必要とするさまざまな種類の燃料に変換される）。二〇一二年、サファイアは三種類の藻類の大量生産に着手した。

この間ずっと、エンジニアは、最小限のエネルギーで藻類を収穫し、次に藻類からオイルを抽出する方法に焦点を絞って研究していた。この課題は、今でも重要である。藻類オイルを生産するエネルギーコストの四〇%超が、収穫と加工の二つの工程にあてられる。屋外の池で、藻類の密度は水一ガロン（約三・八リットル）あたり小さじ約半分に抑えられている。そうしないと、藻類が互いに日光を遮って、全体の成長を妨げてしまうのだ。しかし、この低い密度には問題がある。一部の種は水面に浮かび、一部は自然に沈降するが、他の多くの種は水中では無重力でゆっくりと上昇しまた沈降している。この場合、最も安価な収穫の方法は何だろうか？

藻類を機械的にろ過することは当然の選択だが、微細藻類は毛髪の直径よりも小さいので、これを捕らえる細かいフィルターは詰まりやすく、頻繁に洗浄する必要がある。他の選択肢として、最初に藻類を集める方法がある。つまり、数百万個のほこりの粒子よりも、集合した大きなほこり一個を捕らえる方が簡単だということだ。一部の生産者は、凝集と呼ばれる工程で、藻類の培養液に微細な粒子、すなわち凝集剤を加える。藻類は粒子に付着して集塊または「フロック」を形成する。フロックは、粒子の密度に応じて、水面に浮かぶかまたは沈む。しかし、その後、凝集剤を藻類から分離する必要がある。または、高速遠心分離機で藻類から水を除くこともできる。生産者は、藻類が浮遊物か沈下物かなど、多くの特性を考慮して方法を選択し、時には異なる方法を組み合わせて使用する。

藻類が脱水されたら、いよいよ細胞からオイルを抽出する。私は、これは全工程の中で簡単な部分だと思っていた。なぜなら、微細藻類の細胞壁は非常に薄い。それを破るのがそれほど難しいだろうか？実際には、非常に難しい。微細藻類は、上下で変化する水圧に耐えるために、強靭だが弾力性があり破裂に耐える強靱な細胞壁を進化させてきた。そして、細胞の破壊はオイルを収穫するための唯一の障壁ではない。脱水された藻類は完全に乾燥している藻類ではない。まだ多くの水分が含まれており、それが潤滑剤として作用する。水を入れたボウルに大量のバスビーズ（訳注：ビーズ状の入浴剤）を入れて押し潰そうとすると、ほとんどのビーズは、潰れずに手の下から滑り出る。

加熱して乾燥した藻類を標準的な搾油器にかけることもできるが、乾燥機は多くのエネルギーを消費する。多くの場合、栽培者は藻類のバイオマスをヘキサンのような溶媒で処理する。溶媒は細胞壁を化学的に溶解してオイルに結合する。これは実用的だが、オイルをヘキサンから分離するために沸騰させる必要があり、さらに費用がかかる。そして、ヘキサンは危険な化学物質でもある。

他の実験的な方法としては、音波またはマイクロウェーブで細胞を破裂させる、細胞を溶解（分解）して内容物を放出させる化学物質を加えるなどがある。しかし、どういう手段を使うにせよ、頑強な藻類からオイルを取り出すことが、藻類燃料のコストを引き上げる元凶となるのである。

世界初の屋外藻類農場

抽出の費用を考えると、そのすべてを避けて、単純に藻類全体をオイルに変えることはできないだろうか？　つまるところ、自然は、藻類全体に圧力をかけ、数百万年の時間をかけて石油を作った。二〇〇九年、サファイアのエンジニアは、藻類のすべての有機部分をオイルに変える実験を開始した。途方もなく長い時間をかける代わりに、彼らは数時間でそれを実現することができた。

この方法は、水熱液化またはＨＴＬと呼ばれている。ＨＴＬでは、バイオマスは高温の水（摂氏約三四九度）で処理され、海水面の圧力の約二〇〇倍に当たる一平方センチあたり約二一〇キログラムに加圧された化学反応容器で処理される。圧力は水が蒸発するのを防ぎ、代わりに「過熱」状態を作り出す。

過熱水は腐食性で、固体有機化合物を分解する。HTLは水分を含んだバイオマスに作用するので乾燥費用が不要となり、藻類を処理するには魅力的な方法である。「HTLは分子ミキサーのようなものです」とベーンケは言う。「どんな生体分子も、このプロセスから逃れられません」。オイルだけでなく藻類のすべての有機成分を液化できるので、HTLは会社の原油生産を二倍に増やす可能性がある。原油には、リンやその他のミネラルが含まれており、（追加費用で）除去する必要があるが、リサイクルして藻類の飼料にできる。

HTLは一九二〇年代から知られていたが、最近まである程度の規模だったり、長期間機能するシステムが構築されたことはなかった。テスト用システムは機械的な問題に悩まされ、HTL装置の金属部品は腐食性の環境で壊れた。オペレーターは、バイオマスを反応容器に少しずつ加えるために、装置を頻繁に停止する必要があった。そして、HTLは危険だった。ボイラーの爆発による火傷騒ぎを想像して、それを一〇〇〇倍にしてみてほしい。それでも、サファイアは二〇一一年に特許を伴うHTLの連続処理システムを開発し、ラス・クルーセスの敷地に小さな試験装置を設置した。

その年、ウォール・ストリート・ジャーナルは、サファイアが「緑の原油」を生産する可能性があることを強調し、フォーブスは成長の初期段階にある一六の「注目すべき企業」の一つにサファイアを選んだ。環境保護庁（EPA）は、サファイアの藻類原油は従来の精製処理に適合しており、大気浄化法が求めるすべての要件を満たしていると認証した。二〇一二年、同社は史上最大のレースウェイ（各一ヘクタール）を建設し、大量の石油を供給する世界で最初の屋外藻類農場になった。その年の秋、米海軍は、燃料源の多様化に向けた取り組みの一環として、数十機のジェット機とヘリコプター、二隻の駆逐艦、一隻の巡洋艦からなる攻撃部隊を緑の大艦隊と呼び、藻類オイルや使用済食用オイルと石油燃料を五〇対五〇で混合したオイルで運用することを決定した。二〇一三年、サファイアは、これまでに一〇〇万ガロン（三七八万リットル）の藻類原油を生産したと報告した。その後、大手の石油精製販売会社のテソロ（現アンデバー）は、藻類原油を購入する契約に署名した。サファイアの業務ディレクターであるティム・ゼンクは、同年九月の業界の会議で次のように発表した。「藻類燃料産業は、商業化への道を着実に進んでいます。……政策立案者は、自信を持って藻類由来の燃料の持続可能性を通達することができます」

光合成をしない藻類の活用

緑の大艦隊に藻類オイルを供給していたのはサファイアだけではない。サンフランシスコに拠点を置く上場企業のソラザイム（訳注：現コービオン）もそうだった。二〇一六年の夏、私はカリフォルニアに向かった。ソラザイム――私たちが話をした少し前にテラ・ヴィアに改名していた――の本社の会議室で共同設立者のジョナサン・ウォルフソンに会った。茶色の髪と青い目を持つ四〇代半ばのずんぐりした男、ウォルフソンは急いでいた。力強く話しながら私のために会社のテスト・キッチンへの訪問を準備し、会議の前にインタビューの時間を絞り出そうとしていた。また、彼は電話をちらっと見て、三番目の子どもが生まれたから病院に来てという妻からの呼び出しを待っていた。

彼は、ソラザイムの始まりの物語を語った。彼とエモリー大学の仲間であるハリソン・ディロンは、二人ともアウトドアが大好きだった。環境問題に関心があり、愛するものを守るために何か意義のあることをしたいと夢見ていた。一九九〇年代初頭の学部生として、彼らは環境に優しいビジネスのためのさまざまなアイデアを出し合って過ごしたが、卒業後は別々の道に進んだ。ディロンはデューク大学で遺伝学の博士号と法学の学位を取得し、シリコンバレーにある企業で数年間働いた。ウォルフソンは、ニューヨーク大学でＭＢＡと法律の学位を取得し、金融サービス・ソフトウェア会社を設立した。しかし、二〇〇三年に二人は再会した。当時ウォルフソンが言ったように、「心からいいと思えて、同時にお金を稼げること」をやるために知識とビジネスの両方の経験を身につけて、彼らがやることは藻類燃料だと決定した。当時、ＤＯＥはまだ水生生物種プログラムを通じて科学者に資金を提供していたが、会社を興そうとする者はまだいなかった。ウォルフソンはシリコンバレーに移り、もちろん二人はガレージでソラザイムを開始した。

最初は、ＤＯＥの資金提供を受けた科学者たちと同様に、太陽エネルギーを利用して屋外のレースウェイの池で栽培する藻類に焦点を合わせていた。家族、友人、エンジェル投資家の支援を受けて、彼らは六人の研究者を雇い、さまざまな種の石油生産量をテストし、ゲノムを操作して原油に近いオイルをより多く生産するように改変できるか調べた。最初の数年間、彼らは科学の面で進歩したと考えていた。しかし、ある日ウォルフソンは数字を見て、石油を生産することはできるが、化石燃料の市場価格に近い価格で販売することはできないことを悟った、と言った。大きな不安を抱えた彼らは、未熟な戦略を変えることを決定し、完全に異なる提案を持って投資家のところに行った。

「私たちが理解したのは、面積あたりで考えると、光合成藻類はものすごく非効率だということです。藻類は光に依存します。つまり、設備を拡張するためには多くの土地が必要で、藻類同士が互いに陰にならないようにすることが必要です。これに対して、光エネルギーを使わない光合成はとても効率がいい」。ウォルフソンが言ったのは、光に依存しない光合成、つまりカルビンサイクルである。藻類は日光の力でＡＴＰを生成した後、一時的に貯蔵した化学エネルギーを使用して、昼夜を問わず、二酸化炭素を単純な糖に変換し、次に、オイルを含むあらゆる種類のより複雑な有機化合物に変換する。「最初はそれがわかっていませんでした。でもそのことを理解してから、光合成はしないが、オイルを作るのが得意な種を探し始めました」

ちょっと待って――光合成しない藻類？　光合成は藻類であることの本質ではないのか？

すべての微細藻類の母は、柔軟な膜を持つ単細胞従属栄養生物だったことを思い出してほしい。その生物は光合成を行うシアノバクテリアを捕食したが、消化はしなかった。シアノバクテリアの子孫は、従属栄養生物の子孫の細胞の中で葉緑体として生活し、太陽からのエネルギーを使って宿主に力を与えた。この素晴らしい革新は、地球の緑化と私たちの創造につながった。

しかし、微細藻類にとって、光を食べることが常に最良の解決策とは限らない。一部の種は、従属栄養性の先祖がそうであったように、エネルギーを得るために有機物を食べる能力を保持して、それを復活させた。ガソリンと電気で走るハイブリッド車のように、これらの混合栄養生物は、光子と有機分子のどちらが豊富に存在するか、状況に応じて燃料を選択する。* 地球の長い歴史の中で、一握りの微細藻類は、有機分子を食べることが太陽光を吸収するよりも効率がよい環境で常に生息していた。これらの種――これまでに発見されたのは五〇種未満――は、太陽を使う実験を完全に放棄して、葉緑体を不活性化または除去し、時間を遡って再び従属栄養生物になった。

＊なぜすべての藻類が左右両打ちできる混合栄養生物にならなかったのか？　柔軟性にはコストがかかる。すなわち、混合栄養生物は両方のエネルギーシステム――葉緑体と消化器官および関連酵素――の構築と修理に投資する必要がある。それでも、混合栄養は有効な戦略である。最近の研究は、これまで考えられていたよりもはるかに多くの混合栄養種藻類が

ウォルフソンとディロンは、混合栄養藻類の中で最も効率のいいものを見つけることに力を注いだ。この分野で、彼らは先駆者だった。それまで、混合栄養藻類のオイル生産の可能性を研究した者は誰もいなかった。彼らは、体積の約五〇%をオイルとして保存する優れた候補を発見しただけでなく、割合を最大八〇%まで上げるために、ゲノムを調整できる生物工学のツールキットを開発した。次に、ビール、エタノール、その他の発酵産業ですでに高度に洗練された技術を用いて、密閉したスチール製の大きな容器で、直接糖を与えて藻類の培養を始めた。

待って――私はウォルフソンを遮った――無料で無公害の太陽光をエネルギーとして使うのは、藻類の素晴らしい点ではないか？　ソラザイムが有料の糖を藻類に与えるのはなぜか？　加えて、陸上の植物は、光子、二酸化炭素、および水を糖に変えるが、藻類よりはるかに効率が悪い。糖料作物――トウモロコシ、テンサイ、サトウキビのどれであれ――を栽培、収穫、処理するには、耕作地、貴重な淡水、高価な肥料を使用し、そして、種まき、耕作、収穫にエネルギーを使わなければならない。糖で育った藻類のオイルは、たとえばサファイアの無料の日光を使う藻類オイルと市場で競合できるか？　そして、この方法は環境的に健全なのか？

ウォルフソンには答えがあった。糖を食べて鋼鉄のタンクに棲んでいる藻類は、日中だけでなく二四時間休むことなく成長できる。彼らは、温暖で日当たりの良い地域だけでなく、どんな気候ででも培養できる。それなりの高さがある発酵槽で栽培するので、屋外で栽培する藻類よりも面積あたりのオイル生産量がはるかに多く、使用する水もはるかに少ない。さらに、タンクでの栽培は完全に管理できるので、屋外の栽培者が抱えている問題はほとんどない。競合種の混入はないし、空腹の動物プランクトンが藻類を食べることもない。そして砂嵐、涼しい朝、曇りの日、暴風雨などが生産を遅らせることもない。

さらに、屋外の池に比べて、ソラザイムの藻類は発酵槽の中で一〇倍も密に成長する。それは、ソラザイムが藻類の処理にかかるコストを節約できることを意味する。藻類のスープは普通に乾燥され、キャノーラ、大豆、およびその他の種子オイルの処理業者が使用するものと同じ、ローテクで安価な機械である通常の圧搾機にかけられる。「これは、使用電力を大幅に削減します」とウォルフソンが言った。最終的な分析では、糖の購入は運用コスト増になるが、ソラザイムはその費用を生産性の向上とエネルギー費用の削減で相殺している。

二〇〇七年一二月に、ソラザイムは同社初の再生可能な燃料オイルを生産した。この一〇年で、イリノイ州ピオリアにある自社の小さな発酵施設と別に発酵施設を借りて、生産量を増やした。二〇一〇年に、同社は八三〇万リットルの燃料を米海軍に初めて販売した。二〇一一年には、ソラザイムの燃料がユナイテッド航空のジェット機の燃料の一部として使用された。二〇一二年までに、ソラザイムは、サファイアと同様に、緑の大艦隊に燃料を供給していた。ソラザイムのスローガンにあるように、同社は、「世界最小の生き物を使って、世界最大の課題のいくつかを解決する」。

しかしその後、二〇一四年に、サファイア、ソラザイム、その他の多くの藻類燃料関連の中小企業に災難が降りかかった。新しい油田掘削技術である水圧破砕法によって、アメリカの原油生産量が増加し、海外の産油国はやむを得ず生産量を減らしたのだ。その結果、原油価格は下落し、二〇一一年に一二〇ドルまで上昇していたバレルあたりの価格は、二〇一四年に七〇ドル（リットル四四セント）に、二〇一五年末には三〇ドル（リットル一八セント）まで下がった。アメリカ各地で、ガソリンが一ガロン二ドル（リットル五二セント）未満で売られた。藻類の燃料は対抗できなかった。

サファイアのヨーンが言ったように、「私たちは一バレル八〇ドルか九〇ドル（リットル五〇か五六セント）で石油に対抗する準備ができていました。しかし、どんな代替燃料でも一バレル三〇ドル（リットル一八セント）の石油と競うことは不可能でした」。二〇一五年、サファイアは藻類燃料事業を閉鎖した。ピーク時の従業員一四〇人から減ったが、私が訪問した二〇一六年二月には、サファイアはまだ約四〇人の職員を抱えていた。彼らは、かつての多くの藻類燃料会社と同様に、少量でより価値の高い製品を生産することに会社の存続がかかっていることを認識していた。私がベーンケとヨーンと話をしたとき、彼らは製品を色素、タンパク質、栄養補助食品、魚や動物の餌に変えようとしていた。実際、小規模な藻類オイル会社の多くがこの方法でなんとか生き残っている。いくつかの会社は、現在アスタキサンチンを生産している。アスタキサンチンはカロテノイド色素で、卵黄やサーモンの肉を着色するために動物飼料に添加されるほか、人間の栄養補助食品としても使用されている。しかし最終的にサファイアは事業に失敗し、二〇一七年に完全に閉鎖した。

ウォルフソンによると、ソラザイムは最終的に一〇〇万ガロン（三七八万リットル）を優に超える藻類燃料オイルを生産した。「税制上の優遇措置によって、私たちは五分五分に持ち込みました」。新しい産業分野で、これまで試されたことがない技術で挑んだ新興企業としては悪くなかった。「しかし、ビジネスが面白くなりかけた時、原油価格が崩壊しました」。ソラザイムは、二〇一六年にはまだ藻類燃料を小包配達会社ＵＰＳに販売していたが、化石燃料を再生可能な藻類燃料に置き換えるという壮大な構想は保留にしなければならなかった。幸いなことに、すでに藻類の技術を新しい方向に向けていた。

ソラザイムのバイオエンジニアは藻類のゲノム操作を始めてすぐに、自分たちの技術を使えば、車で燃やす高品質のオイルだけでなく、メーカーや消費者が望むどんな種類のオイルでも作れることに気がついた。炭化水素の分子の長さと形状を制御する遺伝子を操作することで、藻類オイルの特性、たとえば粘度や不飽和度を変えることができる。藻類は、化粧品、潤滑油、クレンジング・オイル、または食用オイルを生産できるかもしれない。

ソラザイムは最初から「デザイナー」オイルの経済的な潜在力を認識していた。第一に、原油のような画一的な商品ではないために、価格は世界市場に左右されない。さらに良いことに、重量あたりの価格は燃料オイルよりも桁違いに高い。また、遺伝子組み換え藻類を屋外で栽培することは環境への懸念を引き起こす可能性があるが、密閉した発酵槽で栽培される改変藻類はなんのリスクも生じない。

ソラザイムは、原油価格が暴落するかなり前の二〇一一年に、ダウ・ケミカルと、電気変圧器用の絶縁流体に使用するオイルを提供する共同開発契約を結んでいた。ソラザイムの絶縁オイルは、特に「引火点」（蒸気が発火する温度）が高く、高電圧の電気を使うときに大きな利点がある。同年、ソラザイムは同社が「アルグロン酸」と呼ぶ化合物を含むスキンケア製品、アルジェニストを世に出した。同社は、アルグロン酸は多糖の混合物で、藻類が数十億年にわたって環境ストレスから自らを守る役割を果たしてきたもので、人間の肌のアンチエイジング効果があると主張している（化粧品会社は製品の効果について科学的証拠を示す必要がないことに留意のこと）。一オンスのアルジェニストは、現在一一五ドルで販売されている。一オンス数セントにしかならない原油と比較してほしい。セフォラとＱＶＣが販売するアルジェニストは、同社の人気商品である。最近、ソラザイムはこのブランドを約二〇〇〇万ドルでテングラム・キャピタル・パートナーに売却した。二〇一六年、ユニリーバは、自社のパーソナルケア製品にソラザイム独自のオイルを組み込むために、五年間で二億ドルの購入契約に署名した。

減少を続ける飼料用魚

ソラザイムは、従属栄養微細藻類が人間の健康に重要な長鎖オメガ３（ＤＨＡやエイコサペンタエン酸〈ＥＰＡ〉）を生成することも認識していた。これまで見てきたように、乳児は脳の全能力を発揮するためにＤＨＡを必要とし、それを母乳と強化粉ミルクから摂取している。そして、大人も、心臓血管と脳の両方の健康のためにオメガ３が必要で、藻類を食べる小魚を食べてオイルを蓄積しているマグロ、オヒョウ、タラ、サケなどの冷水魚から摂取している。

しかし、野生の冷水魚は消費者にとってますます高価になっている。供給が大きく減少していることと、冷水魚を食べることの健康上の利点が知られるようになって、需要が増加しているのである。五〇年前、海にはこれらの大型魚がたくさんいて、枯渇するとは誰も想像していなかった。しかし、進化した魚群探知機と八〇〇メートルの長さの底引き網を使用するトロール船の出現によって、人間は海を池に変えて、海の大きな住人たちを略奪した。国連食糧農業機関（ＦＡＯ）は、持続不可能なレベルで捕獲されている魚種の割合が、一九七四年の一〇%から二〇一六年には三一%に増加したと報告した。私たち人類は海洋の限界に直面している。世界の天然魚の漁獲量は、一九九五年の一億三〇〇〇万トンのピークから二〇一〇年には一億一〇〇〇万トンに減少し、二〇二〇年には九〇〇〇万トンになる見込みである。結果は、食料品の店頭で見られる高い価格に表れている。

この傾向にもかかわらず、養殖産業のおかげで（多謝！）、世界の魚の消費量は一九六〇年から二〇一三年の間で倍増した。二〇一四年に、養殖魚——主にサーモン、ティラピア、コイ、ナマズ——の消費が、自然から捕獲した魚の消費を初めて上回った。一般的に言って、これは人々と地球にとって前向きな展開である。つまり、養殖魚がなければ天然資源への圧力がさらに増し、価格が上がると、多くの消費者は魚——とそのタンパク質と栄養素——に手が届かなくなる。

養殖魚には餌が必要で、飼料用魚から作られた魚粉と魚油が彼らにとって最高の食物である。しかし、飼料用魚はますます大量に捕獲され、時に乱獲されている。天然の飼料用魚が少ないと、アシカが餓死し、海鳥の個体数が減少し、捕食者の魚の供給が不足する。飼料用魚の個体数が年によって変動しているのは事実で、そのために、個体数の減少が漁師によるものか母なる自然によるものかを明確にすることは難しい。それにもかかわらず、二〇一四年に全米科学アカデミーが発表したレポートによると、飼料用魚種の現存量はすでに自然界の最小量に達しており、さらに頻発する乱獲が劇的な減少を引き起こしている。近年、ペルー政府は、沖合のカタクチイワシとイワシ漁業を閉鎖しなければならなかった。魚の個体数が著しく減少して、これ以上漁獲を続けると回復できなくなる可能性があるからだ。

飼料用魚は短期間で繁殖し、ほとんどの個体群はすぐに回復するが、それを食べる大型の魚や海鳥への影響は明らかになっていない。食物連鎖の上位の捕食者は下位の生き物よりゆっくり成長し、繁殖する。何年にもわたって獲物の減少が続き、乱獲も進んでいる場合、上位の動物の個体数は回復しないかもしれない。飼料用魚を保護する理由がもう一つある。ピュー慈善信託から資金提供を受けたレンフェスト・フォレージフィッシュ・タスクフォースは、貴重な食用魚のために飼料用魚を海洋に残すことは、捕獲して養殖魚の餌にするよりも二倍の価値があると二〇一二年に報告した。

養殖魚の生産は、年に一〇％近くの割合で増加している。同時に、飼料用魚は減少して価格が上昇している。すでに見てきたように、これは養殖業者が代わりの餌としてさらに多くの植物を与えることを意味する。それは二つの問題を生み出している。消化が悪い植物性の食物は海に残り、環境問題を引き起こす。また、私たちが食べる魚のオメガ3のレベルが低下する。

天然魚を救う藻類

これらの問題を解決する――または少なくとも軽減する――方法がある。天然の肉食魚のDHAは、飼料用魚を介して、藻類に由来している。それなら、養殖魚に直接藻類を与えればいいのではないか？言い替えれば、中間の魚をスキップしたらどうか？

ソラザイムを始めとする起業家はまさにそのために動いていた。二〇一二年に、ソラザイムは、ニューヨークに本社を置くグローバルな農業関連産業および食品会社であるバンジと、ブラジルで合弁事業を開始した。バンジはサンパウロの北西約五三〇キロにあるサトウキビのプランテーションと工場を、ソラザイムは技術を提供した。合弁会社のソラザイム・ベンジ再生可能オイル（SBO）は、二億ドルをはたいて新しい発酵施設を所有して運営を始め、隣接する工場から供給される糖を使用して従属栄養藻類を培養している。この施設は二〇一四年に開設され、年間最大一〇万トンの藻類オイルと粉末を製造できる。これまでのところ、ＤＨＡが主要製品となっている。

ＳＢＯに似たベンチャーは他にないので、技術工学担当副社長のデイビッド・ブリンクマンと、持続可能性および外部業務担当副社長のジル・カウフマン・ジョンソンから、ドローンカメラを使った会社の施設見学の申し出を受けたときは嬉しかった。南から飛んで行くと、製糖用の古い複合施設の波形の錆びたブリキ屋根を背景にして、新しい白い屋根の建物が見えた。複合施設の向こう側には、何キロもの密集した緑色のサトウキビ畑があり、ユーカリやゴムの木、トウモロコシ畑や放牧地が点在していた。そのほか、ブラジルのこの地域のサバンナのような気候に固有の樹木が生えていた。カメラがＳＢＯの事業の中心部にズームインした。高さ二四メートルのサイロのような六基の鉄製の発酵槽には、輝く鉄パイプと梁が付いており、各発酵槽の上部には青緑色のエンジン保護カバーが見えた。明るい黄色の階段と張り出し足場が発酵槽の上に向かってジグザグに伸びていた。

ＳＢＯのカメラがドローンから人間のオペレーターの手に渡って、私たちを実験室の建物内部に案内した。そこでは、濃い灰色の手袋を着用した技術者が超低温冷凍庫から親指サイズの藻類のガラス瓶を取り出し、内容物を卓上の発酵槽に移していた。ガラス瓶の中の微細藻類はシゾキトリウム属の一種で、元々フロリダのマングローブの湿地から発見されたものである。砂糖シロップ、窒素、および多くの微量栄養素のスープの中で、最適なpHおよび温度条件の下でクリーム色の藻類が急速に増殖する。次に淡いスープはさらに大きな容器に移される。藻類が十分に増えるとメインの発酵槽に移されて、そこで増殖を続ける。発酵槽内の液体は絶えず混合され、冷却面にさらされる。そうしないと、たっぷりの食物と酸素で急速に成長、繁殖するために、非常に多くの熱が発生して、藻類が茹だってしまう。

藻類が最適な密度に達すると、窒素の流入が遮断される。窒素がなければ、彼らは成長と分裂を止め、代わりに自己保存モードに入って、糖をエネルギー密度の高いオイルに変換する――そして、身を縮めて窮地をしのぐ。好条件に戻せば、オイルは代謝しやすい糖に変換されるが、そのチャンスが訪れることは決してない。数日間の窒素欠乏処理の後、藻類がオイルで肥大化したら収穫の時である。培養液はパイプで発酵槽から標準的な工業用の乾燥機に送られ、そこで水分を取り除き、金色またはベージュ色の藻類粉末にされる。粉末は袋や樽に詰められて、養殖および動物飼料メーカーに出荷される。飼料メーカーは他の成分も加えて、ペレット化して飼料にする。

藻類はルンペルシュティルツヒェン（訳注：グリム童話の一つ。糸車で藁を金に変える小人が登場する）の糸車のようなもので、安価な砂糖を価値の高いオメガ3オイルに変換する。養殖魚に給餌すると、SBOのオイルは、養殖魚のDHA含有量を維持できるので、結果、天然の飼料魚類の命を救う。藻類をベースにした飼料オイルが増えると、魚の餌に混ぜるトウモロコシと大豆の量が減り、環境にもよい。

しかし、このハッピーエンドはまやかしだろうか？　ラテンアメリカと東アジアのサトウキビ農場は評判が悪い。多くの場合農場は熱帯林を切り拓いて作られ、土壌の浸食と過剰な肥料の流出が淡水生態系を汚染している。サトウキビの製粉作業で出る残渣は地元の水域に投棄されており、また、畑自体が危険な場所でもある。サトウキビ農場で働く労働者――いくつかの国では子どもが含まれる――は、なたや皮膚を傷つけるサトウキビの鋭い葉、長時間労働、低賃金、猛暑による脱水症状で腎臓病になるリスクの増加と戦っている。だから、次の質問をすることは正当だろう。砂糖で育てられた藻類製品の環境コストおよび人的コストはいくらか？

数年前、世界自然保護基金（WWF）は、サトウキビ畑や工場の環境、労働者保護の基準を定めた、ボンスクロ（Bonsucro）と呼ばれる厳格な認証プログラムを制定した。バンジのモエマ・サトウキビ工場と周辺のプランテーションの多くは、長年にわたってボンスクロの認証の要件を満たしてきた。プランテーションは熱帯雨林から数千キロ以上離れており、全地域が何十年も農地として使われてきた。さらに、この複合施設では、生産に化石燃料を使用していない。サトウキビの茎と葉は、エネルギーを供給するボイラーで燃やされる。また、サトウキビは大量の水を必要とする植物で、地下の帯水層の水面を引き下げる可能性があるが、プランテーションでは雨水だけを利用しており、発酵タンクから出る余剰水も作物にリサイクルされている。結論として、モエマ工場のサトウキビから作られたDHAの環境への影響は少ない。二〇一六年に、デンマークの飼料会社のバイオ・マーは、SBOのオメガ3製品を購入する契約に署名した。業界の報道によると、これまでに約四万トンが出荷された。

藻類関連企業の躍進

ソラザイムの食用オイルを食べるのは魚だけではない。ウォルフソン、ディロン、そしてその他の人々は、微細藻類が人間の食物中のオイルやタンパク質の健康的な代替品になり得ることを認識していた。かなり前に、ある従業員が面白半分で、バターと卵の代わりに藻類が使えるのではと考えて、会社のクロレラ藻類を使ってケーキを作ることにした。毎週行われる全社会議で出されたケーキは、評判がよく、従業員のさらなる実験につながった（ブラウニーとバナナラムケーキを懐かしく思い出す）。

ソラザイム――事業で対象とする食品を拡大するために社名が変更されたので、以後、私はテラ・ヴィアと呼ぶ――は二つの藻類製品を開発した。高タンパク質粉末と飽和脂肪とコレステロールが低い高オイル粉末である。いずれも遺伝子操作されていない藻類で作られており、絶対菜食主義者（ヴィーガン）に優しい。同社は現在、黄金色の粉末を食品メーカーに販売しており、食品メーカーはそれらをプロテイン・バー、ブラウニー・ミックス、卵代替品、サラダ・ドレッシング、その他の加工食品に組み入れている。*

*テラヴィアを訪れたとき、ピオリアの施設で、粉末はトウモロコシ由来の糖で育てた藻類から作られていたが、サトウキビを含む代替の糖源を検討していた。

新しいタンパク質と健康的な食用オイルとは結構だが、味はどうか？　ウォルフソンは私を会社のテスト・キッチンに連れて行った。カウンターにはたくさんの料理が並べられており、片方はテラヴィアの粉末で、もう片方は一般的な材料で作られていた。しかし、クラッカー、クッキー、フライド・ポテトにたどり着く前に、私は皿に載せた藻類の粉末を直接試すよう勧められた。私はその提案に少しうんざりしたが、一息ついて、最初に小さじ一杯のプロテイン・パウダーを試した。粉末は非常に細かく、口の中で転がして、顔をしかめる準備ができていた。しかし、なんと、味はほとんどなく、わずかにピーナッツの香りがあり、高級チョコレートと同じ口当たりがした。オイル・パウダーも同様にきめが細かく滑らかだった。魚の味は全くなく、ほっとした。

次は、ハッラー（訳注：ユダヤ教で祝祭日に食べる特製のパン）のスライスがあった。一つは植物油と卵で、もう一つは、卵を使わず、オイルが豊富な藻類粉末とわずかな植物油で作られていた。味や食感に違いはないが、藻類の粉で作ったパンは、コレステロールがなく、脂肪が三分の一、カロリーが二〇％少なかった。藻類のチョコチップ・クッキーは、従来のものと同じくらいおいしかった。オイルが豊富な藻類で作られたマヨネーズは、卵を使ったオリジナルのマヨネーズよりも味のバランスが良くて驚いた。私は二倍のタンパク質を含む藻類タンパク質で作ったチーズ・クラッカーも試したが、藻類なしで作られたクラッカーと同じ味がした。

食用粉末に使用される藻類は生物工学で改変されていないが、テラヴィアはプロトテカ属の一種のゲノムを変更して、千変万化の特殊な食用オイルの生産を可能にした。あなたがＧＭＯ（遺伝子組み換え作物）に不安を覚えていても心配する必要はない。藻類のゲノムだけが変更されており、抽出されたオイルには生物工学は施されていない（ほぼ同じ方法で遺伝子改変されたバクテリアは、人間のインスリンと多くのチーズの凝固因子を作っている）。そのようなオイルの一つが、テラヴィアの料理用藻類オイルである。スライブの商品名で販売されていて、無色で味がなく、パンケーキやフライド・ポテト、または油の風味がいらない料理に適している。また、料理用油の中で最も高い割合で不飽和脂肪を含んでおり、煙も出にくいのでコンロで調理をするのも安心である。ボナペティのレストラン・チェーンでは、六五〇を超えるカフェでスライブを使用しており、現在、ウォルマートもこの商品を取り扱っている。

ウォルフソンは、遺伝子改変オイルに関して言えば、テラヴィアは、パームオイルの代替品から化粧品オイルまで、食品企業や生活用品メーカーが要求するほとんどすべてに対応できると語った。可能性は無限である。同社は、「構造脂肪」を藻類バターと呼んで世に出したばかりだ。これは焼き料理で使うバターやパーム油などの半固形の高飽和脂肪の健康的な――ヴィーガンも使える――代替品になる。

しかし、同社の創意工夫にもかかわらず、控えめに言っても、財政上の成功への道は険しかった。フランス企業ロケット・フレールとの合弁事業は、ロケットによるテラヴィアの知的財産の盗用で終わった。その後、成功はしたものの費用のかさむ訴訟が続いた。二〇一七年、負債を抱えたテラヴィアは連邦破産法第一一条によって破産し、年間収益が一〇億ドルを超えるオランダのバイオテクノロジー企業であるコービオンに買収された。食物とバイオベースの成分に重点を置くコービオンは、テラヴィアにとって良い買収先のようだ。ヴィーガンに優しい食品の販売が増加しており、消費者がより健康的に調理しようとしているという事実は、成功の兆しに見える。

コービオンは、藻類由来のオメガ3の市場で唯一のプレーヤーではない。もう一つのオランダの会社であるDSMは、従属栄養藻類を長年使用して、粉ミルクや他の食品に加えるDHAを生産している。ハワイに拠点を置くセラナとテキサス州のクウォリタス・ヘルスは、オメガ3を生産するために屋外の池で藻類を栽培しており、主にヴィーガン用に魚油サプリメントの代替品として販売している。*

*油性魚種を食べることは心血管の健康に良いと立証済みだが、二〇一八年七月にコクラン・データベース・システマティック・レビューで発表された一一万二〇〇〇人以上の人々を対象としたメタ分析では、長鎖オメガ3オイルのサプリメントを摂取しても、心血管症、冠状動脈性心臓病の症状や、死亡、または脳卒中になるリスクは、おそらくほとんど、または全く変わらないと結論づけた。そして、『The Omega Principle: Seafood and the Quest for a Long Life and a Healthier Planet（オメガの原則：シーフードと長寿と健康な惑星の探求）』の著者のポール・グリーンバーグが、国営ラジオ番組「フレッシュエア」のホストのテリー・グロスに説明したように、世界の漁獲量の約八分の一に相当する一〇〇〇万トンものペルーのアンチョビが、毎年、オメガ3オイル・サプリメントの生産に使われている。あなたがサプリメントを摂取するにしても、海洋の健康のために、藻類ベースのサプリメントを選択した方がよい。

それでも、魚の飼料用に藻類を生産する企業は膨大な融資を集めている。世界最大の養殖飼料の生産者であるスクレッティングは、独自の藻類ベースの飼料を生産している。アリゾナに本拠を置くヘリエとワシントンに本拠を置くシンデルは、連携して、ニメガと呼ばれる水産養殖飼料を生産している。ドイツのエボニックとＤＳＭは、ネブラスカ州ブレアの二億ドルの工場で、海藻からオメガ3を生産する合弁会社ベラマリスを立ち上げた。ニューイングランド水族館の海洋持続可能性のディレクターであるマイケル・トルスティは、「今後、私たちは、増化する二〇億人の人々を養うために、毎年四〇〇〇万トンの水産食品が必要になる」と述べている。それを実現するには、藻類が必要だろう。

7章 コストの壁に阻まれる藻類エタノール

私はバルセントのテキサスの温室で藻類燃料に初めて出会った。私は、彼らのフォトバイオリアクター――藻類と水が流れる透明なプラスチックパネルの列――に最初から興味を惹かれた。工場の組み立てラインのような、自然環境から隔離されたバルセントの栽培方法は、世界の液体燃料に対する強い需要に合致しているように見えた。そこで、バルセントが突然閉鎖したにもかかわらず、独自のフォトバイオリアクターで藻類を育てていた――誰に聞いても成功しているという――別の二つの会社、ジュールとアルジェノールについて調査した。二社に連絡したとき、ジュールの経営陣は近寄りがたかったが、アルジェノールの創設者兼CEOであるポール・ウッズは控えめとは言い難かった。

それが、二〇一三年七月に、フロリダの燃えるような陽射しの下で、フォートマイヤーズ空港からさほど遠くない砂浜の低木が茂る場所にある本社で、彼と一緒に立っていた理由である。ウッズはショートパンツ、Tシャツ姿で、サンダルを履き、広い額から赤みがかったブロンドの髪が肩まで伸びていた。見た目もそうだが、ウッズは典型的なCEOなどではなかった。

目の前には、全部で一ヘクタール弱のスペースに、幅一二〇センチ、高さ一二〇センチ、厚さ五、六センチほどの、緑色に輝くプラスチックの袋が無数の列を作っていた。七〇〇〇個の袋は、約二五センチ間隔で鉄のフレームから垂直にぶら下がり、下端は地面から三〇センチ離れていた。全体を見るとその配列は、巨人のオフィスに並ぶ吊り下げファイルに見えた。しかし、それぞれのファイルには、書類の代わりに、約一五リットルの滅菌塩水、二酸化炭素の泡、そして遺伝子改変を受けた数百万のシアノバクテリアが入っていた。透明なファイルは、アルジェノールが特許を取得したフォトバイオリアクターの一種で、PBRとも呼ばれる。

シアノバクテリアが作り出しているのはオイルではなく、エタノールだった。ガソリンスタンドでポンプに貼られたラベルを読むと、石油が私たちの車を動かすことができる唯一の液体燃料ではないことがわかる。アメリカで販売されているガソリンのほとんどは、発酵トウモロコシから作られたエタノール一〇%が含まれている。エチル・アルコールとして知られるエタノールは、ピルスナー（チェコのビール）の酔いをもたらす成分であり、ピュレル（手指消毒剤）やその他の消毒剤の殺菌剤でもある。しかし、それをエンジンのシリンダーで圧縮して、酸素と結合させてプラグで点火すると、石油のように、突然化学結合に保持されていたエネルギーを放出する。エタノールで車を動かすことは新しいアイデアではない。最初の内燃機関はエタノールで走った。現在、ブラジルで使用されている輸送燃料は発酵サトウキビから作られたエタノール約二五%を含んでいる。ヨーロッパのほとんどすべての車は、少なくとも一〇%のエタノールの入った燃料で走行できる。北アメリカとヨーロッパのフレックス燃料車は、エタノールを最大八五%まで、ガソリンと任意の比率で混合した燃料で走行できる。

今日、エタノールは、トウモロコシ、サトウキビ、その他の植物を発酵する酵母によって生産されている。単純に言えば、エタノールは酵母のおしっこである。一部のバクテリアも発酵で生きている。バクテリアによる発酵でキャベツがザワークラウト（ドイツのキャベツの漬物）になり、キュウリがピクルスに変わる。しかし、少なくとも、アルジェノールが再考するように説得するまでは、シアノバクテリアのライフプランに発酵は含まれていなかった。

ウッズは私にPBRを詳しく見るように勧めた。プラスチックのポーチには、IVバッグ（点滴の薬液が入っている袋）にあるような引き込み口があり、これを通して二酸化炭素と栄養素を投入し、エタノールを回収し、余分なバイオマスを除去する。「PBRは四日で緑色からほぼ黒色になります」とウッズは言った。次に、その内容物をポンプで蒸留器と蒸気分離器に送り、そこで水からエタノールを分離して濃縮し、バイオマスを回収する。技術者はその場でPBRを洗浄し、塩水を補充し、藻類を含む培養液を注入する（注入する藻類は屋内の容器で培養される）。「美しいものに無駄はありません。燃料としてのエタノールだけでなく、最後に家畜の飼料に有用なタンパク質が豊富に含まれるバイオマスや、肥料に使える窒素とリンが得られます。淡水も得られます。塩水を入れると飲料水が出てくるので、アルジェノールは淡水化プラントでもあります」

本部の建物に戻って研究室を見学した。二八〇〇平方メートルの実験室は、白衣を着た科学者や技術者が使用する明滅装置でいっぱいだった。アルジェノールは、化学者、微生物学者、プロセスエンジニアなど、約一二〇人を雇用している。あるチームは、フォトバイオリアクターの設計と屋外での配置を改善する方法を検討している。他のチームは、新しいエタノール分離技術に焦点を合わせ、PBR内の成長条件を改善しているが、何をおいても重要なのは、シアノバクテリアの遺伝子改変である。

藻類エタノールを最初に思いついた男

遺伝子改変は、アルジェノールの核心技術である。アルジェノールの微生物学者は、酵母の特定の遺伝子をシアノバクテリアのゲノムに挿入した。これによって、光合成で生成した糖を発酵させて、エタノールを外部に排出する。これは生物工学のトリックである。シアノバクテリアは三〇億年以上の歴史の中で今までにないことをしただけでなく、自身の有毒廃棄物の中で生き抜けるほど頑丈である。エタノールは、手指消毒液が手のひらのバクテリアを殺すように、シアノバクテリアにとっても致命的である。

驚くには当たらないが、アルジェノールの技術開発には何年もかかった。ウッズは一九八四年に西オンタリオ大学で遺伝学を専攻していたときにこの道を歩み始めた。彼のアイデアの誕生について尋ねたとき、彼は言った――そしてそれはウッズらしかった。「五月のことでした。遺伝学コースの実験室のパートナーが出し抜けに言いました。『わかる？　エタノールは燃料の未来だ』。もちろん、私たちは二人とも石油禁輸措置とガソリンスタンドの長い行列の両方を経験していました。わかった、それは理にかなっている、と私は思いました。三週間後、私は窓辺に座って緑の芝生や木々を眺めていましたが、最高に馬鹿げたアイデアを思いつきました。もしも自分たちの肌でクロロフィルを作れたら、自分自身の食料、糖を太陽光で作ることができるだろうか？　そうなれば、食べることにこれほど時間を無駄にしなくて済む。もちろん、肌の表面積が十分でないので、これは完全に非現実的です。しかし、これをきっかけに、私は藻類について考えるようになりました。藻類がどうして完全に緑色で、完璧に光合成をするのか、そして惑星上でなぜ何者も藻類よりも速く糖を生成することができないのか考えさせられました。そして突然、藻類に自身の糖を使ってエタノールを作らせることができたらと思いました。藻類を使ってエタノールを作るべきだというのは、そしてすべてが始まったのは、文字通り、この非常に短い瞬間に浮かんだアイデアからでした」

しかし、もちろん藻類はエタノールを製造しない。彼は、そうするためには遺伝子組み換えが必要であることをわかっていた。彼はまた、シアノバクテリアがその仕事に最適であることを確信していた。なぜなら、すべての原核生物と同様に、シアノバクテリアの単純な環状の染色体は他の細菌の遺伝子を取り込む傾向があり、真核生物よりも操作しやすいからだ。

大学卒業後、彼はシアノバクテリアからエタノールを製造するためのビジネスプランをまとめて、カナダの燃料生産業者にアイデアを売り込もうとした。企業は明らかに無関心だった。たとえば、今日のエタノールの世界市場は年間八三〇億リットルだが、一九八四年にはわずか三四億リットルで、燃料として使用されることはほとんどなかった。そして、当時はまだ遺伝子工学は幼年期にあった。シアノバクテリアの遺伝子操作を試みた人はまだおらず、成功はおぼつかなかった。それでも、実績のある技術も市場もないにもかかわらず、ウッズは、彼がエノール・エナジーと名付けた会社のために、友人や知人から二〇万ドルを集めた。

資金を手に入れて、彼はシアノバクテリアの遺伝子改変ができる人を探し始めた。彼はトロント大学のジョン・コールマン博士に目をつけた。当時遺伝子操作の経験を持つ数少ないカナダの科学者の一人だった。コールマンは、ウッズが突然電話をかけてきたと、彼の研究室で私に言った。「当時、抗マラリア・プロジェクトに取り組んでいて、蚊の数を減らす遺伝子をシアノバクテリアに導入しようとしていました。蚊の幼虫はシアノバクテリアを食べるので、シアノバクテリアを摂取した幼虫を殺すか不稔にするタンパク質を発現させる研究をしていました。私は、ウッズのアイデアが実現する可能性は十分あると思いました」

とはいえ、簡単ではなかった。一九九〇年代初期の遺伝子工学は、退屈で、行き当たりばったりで、信頼性も欠いていた。一九九五年まで、誰も細菌のゲノムの塩基配列を完全に決定することさえできなかった。何年もの間、コールマンはトロント大学の別の科学者ミン・デェア・ドン博士と協力して、酵母遺伝子の二つの「パッケージ」をシアノバクテリアの染色体の有効な場所へ挿入することを試みていた（挿入点は重要である。生物のゲノムの間違った場所に遺伝子を置くと、ゲノムの重要な機能の一つが破壊され、生物が死滅する可能性もある）。遺伝子を挿入して、藻類がエタノールを排出するかテストした。何年もの間何も起こらなかった。まるでコールマンとドンが自転車配達人で、大都市の未知の住所に荷物を届けるために、夜、地図もなく、途中で出会った人に「ここ？」と尋ねるようなものだった。八年後の一九九六年、二一〇〇回の試行といくらかの幸運の後、彼らはついに酵母遺伝子を適切な場所に配置した。

私は盛大にお祝いしたかどうか尋ねた。「いいえ」コールマンは笑いながら答えた。「炎上したものは何もありませんでした。組み換えたシアノバクテリアはごくわずかな量のエタノールを発現しただけでした。ユーレカ（アルキメデスが叫んだ言葉、「やった！」）の瞬間を迎えるにはもう少し時間がかかりました」。一九九七年、コールマンとドンは研究に関する論文を発表し、ウッズは最初の特許を申請した。

その間、ウッズは天然ガスの仲介で起業家として成功していたが、三八歳でフロリダに引退した。そこで、彼は五年間、傍観者として満足に暮らし、白いロールスロイスを運転し、旅をした。しかし、二〇〇五年後半には、石油価格が上昇しつつあった。さらに良いことに、エタノール市場は一九九五年の再生可能燃料基準（ＲＦＳ）が制定されたことによって変容した。これは、簡単に言えば、ガソリンに一定量の再生可能燃料を混合することを義務化したもので、現実問題として、ガソリンの一〇％がエタノールでなければならないことを意味した。

国会議員は、元々は車の排気管から放出される危険な一酸化炭素のレベルを低減するためにＲＦＳを義務づけた。彼らはまた、ガソリンとディーゼル燃料の一〇％をエタノールに置き換えることで、アメリカの石油の輸入への依存を減らせると期待していた。しかし、二一世紀の最初の一〇年に、ＲＦＳは地球温暖化の元凶である人間の二酸化炭素の排出を制限するキャンペーンのツールとして、新しい役割を担った。エタノールを燃焼する車両は依然として二酸化炭素を放出しているが、エタノールの燃焼で生じる二酸化炭素は、元々光合成生物が成長するときに大気から取り出されたものだ。燃料中のエタノールを燃やすと、大気中の二酸化炭素はリサイクルされる。ガソリンに含まれるエタノールが多ければ多いほど、長い時間埋まっていた石油から大気中に放出される二酸化炭素が減少する。

大量のエタノールを製造する最も簡単な方法はトウモロコシを発酵させることで、二〇〇五年までにアメリカは年間約二二八億リットルのコーンエタノールを生産した。しかし、環境保護論者は、トウモロコシをエタノールに変換するには、かさばるトウモロコシを農場から発酵プラントに輸送し、それから製粉、加熱、液化、蒸留、遠心分離といった処理が必要で、そのすべてのプロセスは燃料の燃焼を必要とすると指摘した。さらに、トウモロコシを成長させるには、天然ガスから作られる肥料も必要である。人々は、コーンエタノールを使用することで二酸化炭素排出量を実際にどれだけ削減しているかについて疑問を持ち始めた。さらに、トウモロコシは多量の水を必要とする植物で、中西部の農業用水の大部分を供給するオガララ帯水層の縮小に拍車をかけている。また、ＲＦＳはトウモロコシをバイオ燃料に転換することで、食品としての利用を減少して、食物と飼料のコストを押し上げていると主張する人々もいる。[*] そういった訳で、トウモロコシの茎、スイッチグラス、木材チップ、あるいは他のバイオマスからエタノールを作ることに関心が高まっていた。

＊エタノール生産業者には、エタノールの生産にはトウモロコシのデンプンだけを使用していると反論する者もいる。貴重なビタミン、ミネラル、タンパク質、繊維は家畜の飼料として販売されているので、まだ食物連鎖に収まっている。さらに、トウモロコシの直接消費（軸つきコーン、冷凍、缶詰、またはコーンシロップ）はトウモロコシ市場のごく一部にすぎず、食品の価格は、加工および輸送コスト、小売の利益、仲介手数料、および金融コストによってはるかに大きく左右される。彼らは、トウモロコシの価格が二〇一四年以降大幅に下落した事実を指摘するが、それによるトウモロコシ関連商品の価格の低下は見られなかった。

遺伝子改変に成功

ウッズは、藻類がトウモロコシに代わる新たなバイオマスになることを望んでいた。時は来た。彼は藻類エタノールで新たな行動を起こすことを決めた。彼は再びコールマンと連絡を取った。

ほぼ同時期に、エタノールの特許の購入やライセンスの取得のため、起業家兼製薬会社の経営者エド・レジェールがウッズを探していた。レジェールはカリフォルニアで株式公開した製薬会社を経営してきたが、キャリアを変えたいと考えていた。「バイオ・エネルギーは生物工学の次の大きな成長分野になると思っていた」と彼は振り返った。彼はその市場に最初に参入したかったのである。彼はすべての原料を研究した。「私はすべてを調査して、いろいろ問題があることに気がついた。サトウキビとトウモロコシ？　それらは日常的に用いられている作物です。自らが経営する会社で、世界市場に左右される商品を扱うなら、それは製造工程を制御できないことを意味します。私はそれがどのように起こるか見てきました。トウモロコシがブッシェル（訳注：穀物などの容量単位、約三五リットル）あたり六ドル値上がりして、エタノール製造業者は不意打ちを受けました」

調査の過程で、彼はコールマンの論文とウッズの特許を見つけた。「シアノバクテリアは、私にとって、最も理にかなっていました。唯一重要な投入物は二酸化炭素で、それは大量にあります。藻類の生産施設がセメント工場や発電所と同じ場所にあれば、廃棄二酸化炭素は無料で入手できます。そうでなくとも、少なくとも二酸化炭素の輸送は安価で済む」。確かに、トウモロコシや牧草や廃棄木材を運ぶよりずっと安い。

ウッズとレジェールは、成功した製薬会社の幹部でバイオテクノロジー関連の起業家でもあるクレイグ・R・スミスとともに、二〇〇六年にアルジェノールを設立した。コロナビール・ファミリーの若手メンバーで、生物工学の投資家のアレハンドロ・ゴンザレズ・シマデヴィラが、同社の最初の主要な財政支援者だった。ジョン・コールマンは科学顧問として合流した。「奇跡的に」とコールマンが言った。「私の研究室の冷凍庫には、形質転換した生物のDNAの小瓶が何百もありました。通常、サンプルを保存するのは五年間ですが、何らかの理由で一〇年後もサンプルを保存していました。それらを保存していなかったら、スタートを切るのにもっと時間がかかったでしょう」

サンプルは役に立ったが、コールマンは特定の種にこだわっていた。なぜなら、そのシアノバクテリアの極小の染色体は遺伝子操作が容易と思われたからである。したがって、アルジェノールの最初の仕事の一つは、遺伝子操作が容易で、エタノールの存在に耐えながら大量の糖を作る種の名前を特定することだった。その種は物理的ストレスにも耐えなければならなかった。当時、アルジェノールのＰＢＲは地面に水平に横たわった長く平らなプラスチックのチューブで、培養液とシアノバクテリアを先端まで送るために相当な圧力をかける必要があった。

運よく、アルジェノールはすぐにシアノバイオテックを発見した。シアノバイオテックは、ベルリンの地下の実験室から四人で始めた新興企業だった。フンボルト大学の四人の若い博士は、抗癌性または抗菌性を持つ可能性のある有毒化合物を生成するシアノバクテリアを探していた。そのために、仲間は、ヨーロッパ周辺の採集旅行で種のコレクションを蓄積していた。レジェールとスミスは、製薬業界で化合物を高収益の薬剤に変える課題で苦労した経験を伝えて、代わりにアルジェノールのシアノバクテリアをスクリーニングすることを仲間に納得させた。

アルジェノールは、すぐにベルリンの研究室とスペインの屋外試験場でＰＢＲを稼働させた。エネルギー省（ＤＯＥ）とフロリダ州リー郡からの時宜を得た助成金を受けて、同社は二〇一〇年にフォートマイヤーズの土地を購入した。そこで、発見とイノベーションが加速した。シアノバイオテック（それまでにアルジェノールが買収していた）は、検討リストを一二に絞り、その多くに酵母遺伝子を挿入することに成功した。二〇一〇年までに、アルジェノールは、フロリダの不毛地帯で、実証規模でヘクタールあたり年間二万三〇〇〇リットル以上のエタノールを生産した。これは、カンザス州のトウモロコシ農家が一ヘクタールの農場で生産するエタノールの六倍に相当していた。

ウッズは補助金なしでエタノールをリットルあたり三五セント未満で販売するという目標を達成するには、ヘクタールあたり五万七〇〇〇リットル以上の生産が必要と計算していた。問題は、科学者たちがシアノバクテリアのエタノール生産能力が生理学的な限界に達したと考えていることだった。シアノバクテリアがこれ以上糖をエタノールに変換すると、基本的な生体機能に必要な糖が残らない。本質的に、死のうとしているのだ。

ウッズは、コード名171の野生のシアノバクテリアに最後の希望を託した。それは、他のどのシアノバクテリアよりも効率的に糖を生産し、熱、高エタノール濃度、機械的ストレスに非常に高い耐性を持っていた。「このバグ」とウッズは言った。「私たちは遺伝子を改変しようとしましたが、全くうまくいきませんでした。とても頑強で、形質転換が非常に困難でした。何だこれは！　タフなバグでした」。それでも、アルジェノールの微生物学者は171を相手に働き続けた。

二〇一一年半ばまでに、アルジェノールは資金が不足した。ぎりぎりで、ウッズは、インドで二番目に大きな企業で世界最大の石油精製所の所有者でもあるリライアンス工業と一億ドルのライセンスおよび投資契約を締結した。製油所は煙道ガスとして大量の濃縮廃棄二酸化炭素を生成しており、リライアンスはその二酸化炭素を市場性のあるエタノールに変える提案に興味を持った。アルジェノールは、インドのジャムナガルにあるリライアンスの沿岸製油所に試験施設を建設した。

さらに良いことに、リライアンスの投資から間もなく、アルジェノールの若い微生物学者の一人が、ついに171の染色体にエタノール産生遺伝子を挿入することに成功した。エタノール生産は二倍以上になった。理想的な条件下で改変された171は、一ヘクタールあたり最大五万七〇〇〇リットルのエタノールを生産できたが、平均値ではなかった。生産はまだ十分ではなかった。

ウッズは、問題解決の糸口はPBRの設計にあると確信した。彼らは根本的な再設計を必要としていた。二〇一二年二月に新しいチームを結成して、幅広い選択肢を模索した。アルジェノールは、シアノバクテリアの日光への暴露を最大化することが最善と仮定して、地面に横たわる長い袋を使用していた。しかし、一一か月にわたる厳しい実験の後、誰もが驚いたことに、垂直システムは水平システムの最大値の八倍に当たるエタノールを生産することがデータで示された。新しいＰＢＲを使用して、「突然へクタールあたり八万五〇〇〇リットルに達しました」とウッズが言った。エタノール処理の改善とＰＢＲを現場で製造することで、さらにコストが削減された。同社は、同事業を産業規模に拡張する準備ができた*。

＊生物工学で作られたどんな生物でも、環境面からの疑問がある。すなわち、野生への偶発的な放出が、競合種を脅かして、既存の生態系を攪乱する可能性はないか？　環境保護庁（ＥＰＡ）は、アルジェノールの生物はＰＢＲの外では生存できないことを確認した。彼らはあまりに多くのエネルギーをエタノールに変えているために、野生のシアノバクテリアが行う他のすべての仕事を効果的に実行できず、野生で生き残ることはできない。さらに、ハーバードの科学者であるパメラ・シルバーとジェームズ・コリンズは、バクテリアに「キルスイッチ」遺伝子を組み込んだ。これは、ＰＢＲや池の水に添加した特定の分子があれば発現しないが、この分子が存在しないとバクテリアは死滅する。

藻類エタノールの敗北

多くのバイオ燃料の新興企業は、生産を拡張する段階で失敗する。生物学、化学、物理学は、扱う量が大幅に増加すると変化するからだ。ただし、アルジェノールの場合、移行は簡単だった。アルジェノールのアプローチは組み立てユニット式である。プラスチックの袋の数と構成を変更することで、生産性を最大にして、費用を最小限に抑えることができる。ミツバチが巣に部屋を追加するのと同じように、生産を拡大するためにアルジェノールはＰＢＲのセットを追加するだけでよい。アルジェノールのエタノール生産は、日当たりの良い暖かい作付面積が利用できるか、そして海水または塩分のある水を入手できるかによってのみ制限を受ける。

年間約三万八〇〇〇リットルのコーンエタノールを生産するには、十分に施肥し、水をまいた一ヘクタールの耕作地が必要である。ウッズによれば、アルジェノールは、一ヘクタールの耕作不能な土地、塩水（淡水は不要）、わずかな肥料、そして基本的に無料の二酸化炭素を使用して、約八万五〇〇〇リットルの藻類エタノールを生産する。淡水とトウモロコシを燃料に変える代わりに、塩水と温室効果ガスを燃料に変え、肥料と淡水を残す。実に素晴らしい。なぜ普及しないのだろうか？　ウッズに聞いた。私が得た答えは、もうちょっと待って！だった。

次にウッズを見たのは、二〇一五年の夏、彼が基調講演をした会議でだった。演台での講演でアルジェノールの最近の業績を強調した後、パネル・ディスカッションのために演壇に座っている他の講演者と合流した。リラックスした様子で、自信に満ちて、会話の中心にいた。彼は明らかにゴール前の直線コースにいる男で、先を歩き、勝者になることが確かで、経験とアドバイスを惜しみなく提供していた。後日会ったときには、彼はリライアンスがジャムナガルの施設を拡大して生産を一〇倍に増やし、中国南部のエネルギー会社が藻類燃料プロジェクトの開発に署名しようとしている、と私に言った。彼は、中東の潜在投資家に、一〇〇人を雇用して、年間六八〇〇万リットルのエタノールを生産する新しい施設を中央フロリダに建設することをそれとなくほのめかした。九月に、アルジェノールがプロテクト・フュエル・マネージメントと契約し、フォートマイヤーズの工場で生産されたエタノールを販売・流通させたという記事を読んだ。私は、多くの藻類オイル会社が倒産した後で、商業的成功に近づいている企業の存在に元気づけられた。藻類エタノールは、規模の大きい、環境に優しい輸送燃料になる途上にあった。

その後、二〇一五年一〇月二六日の朝、アルジェノールに設定したアラートがポップ・アップして表示されたとき、私はコンピューターの前に座っていた。「ショッキングなニュース！ アルジェノール・バイオテック合同会社（アルジェノール）は本日、取締役会がCEOのポール・ウッズの辞任を受け入れたと発表した」。メッセージは続いた。会社は一七〇人以上の従業員のうち何十名かを解雇し、「当面水処理と炭素の回収に力を入れ、そして燃料事業はおそらく後になるだろう」。

私は本当にショックを受けた。何が起こったのか？ ウッズはアルジェノールの生産について正直でなかったのか？ 彼が明らかにしなかった経済的な問題があったのか？ ウッズは緑色したまがい物を販売していたのか？ 成功間近と思われた会社が、どうしてこんなに突然失敗したのだろうか？

一年間、私は何の情報も得ることができなかった。ウッズの下で定期的にプレスリリースしていたアルジェノールは沈黙した。しかし、二〇一八年の初めに、アルジェノールのチーフビジネスマネージャーであるジャック・ボードリー＝ロジークと話す機会があり、質問した。「ポールが話したヘクタールあたり八万五〇〇〇リットルは間違いではありません」と彼は言った。「ただそれはベストの数値で、一年を通した平均ではありませんでした。そして、ポールは、ガロンあたりのコストに、摩耗したPBRの定期的な交換などの維持管理費を含めていませんでした」。これらを会社の最終利益に組み込むと、エタノールは高すぎた。これを書いている時点で、一リットルのコーンエタノールの価格は四〇セントで、これは最低価格である。藻類エタノールはこれに勝てない。

アルジェノールの取締役会は、利益を速く生み出す価値の高い製品へ焦点を移している。同社は現在、フォートマイヤーズの敷地に三五ヘクタールのフォトバイオリアクターを所有しており、青い色素フィコシアニンを生産するために、スピルリナを栽培している。ボードリー＝ロジーク氏は次のように説明した。「私たちは新しい培養株を持っていますが、それはフォトバイオリアクターの中ですごい勢いで成長します。その生産性は、オープンポンドのスピルリナの二〜三倍です。そして、価格は藻類エタノールのキログラムあたり数ドルではなく、キログラムあたり一七〇ドルです」

アルジェノールは、スピルリナが、現在は着色料としてそして後には食用タンパク質として、会社の成功のエンジンになると確信している。その次の一歩を踏み出すために、エンジニアは処理後のスピルリナの苦味を取り除く方法を見つけなければならなかった。現在、彼らはタンパク質サプリメントとして、またおそらく合成肉の成分として、無色で味のないスピルリナを販売したいと考えている。燃料への希望はまだある、とボードリー＝ロジークは私に言ったが、それはすべて石油の市場価格に依存している。現時点では、藻類オイルと同様に、藻類エタノールも単純に競争できない。

8章 藻類燃料の未来

藻類燃料の未来は、先進技術と生物工学にかかっている。藻類は、さまざまな条件下で、二酸化炭素と水を極めて多様な有機化合物に変えるエンジンである。私たちは、選択したいくつかの条件の下でただ一つの製品——燃料——を生産するために、最良の種を最適化する必要がある。とりわけ遺伝子組み換えの改良が重要だが、新しい実験技術、完璧なレースウェイやフォトバイオリアクター、より良い収穫機、より効率的な変換技術も必要である。朗報は、エンジニアがこれらの改善に寄与する、これまで以上に洗練されたツールを持っていることである。

最近まで、藻類株のテストには膨大な時間がかかった。研究者は、最初に対象とする多くの種を振とう機上のフラスコで培養する。次に、最も生産性の高い藻類を大きな容器で成長させ、さらに浴槽サイズの試験池または小さなフォトバイオリアクターに移す。培養株のオイル蓄積能力を判断するには数か月の実験が必要で、仮に一回の屋外実験がうまくいったとしても、長期的な成功が保証されるわけではない。疑問は常に残る。pHを変えることで、または栄養素の条件を変えることで、オイルの蓄積を改善できるか？　季節ごとに日長と気温が変化するとどうなるか？　藻類株は水の濁りに耐えられるか？　凝集またはマイクロウェーブ処理は効率的な脱水法なのか？　テスト用の池の数が限られているために、数百株について最適な生育条件を明らかにするには何年もかかる。

二〇一〇年から二〇一三年にかけて、政府が出資した三九の公的機関、国立研究所、大学、および企業からなる、先進的バイオ燃料およびバイオ製品のための全米同盟（NAABB）と呼ばれる団体は、さまざまな研究プロジェクトを実施した。NAABBの支援を受けて、ミシガン州立大学の光合成および生物エネルギー学の教授のデイビッド・クラマーは、「環境フォトバイオリアクター」またはePBRと呼ばれる実験装置を発明した。この装置は、一〇カップ用のコーヒーメーカーとほぼ同じサイズと形状である。研究者はePBRの中で気候と緯度を再現して、光、温度、塩分、pH、酸素と二酸化炭素の濃度、乱流、栄養レベル、その他の屋外条件のほぼすべての組み合わせを生成することができる。テキサス州西部の池に風が砂を吹き込んだら、または雨が降ってフロリダの海水の池を薄めたら、藻類がどうなるか知りたい？ ePBRの変更ボタンを押すだけである。一ユニットわずか一万ドル（時間がかかる池の実験に比べれば、取るに足りない）という、高速並列テストが突然手頃な価格になった。

オイル生産に最適な藻類を探せ

しかし、数万種の微細藻類、および自然に変異した、または遺伝子操作された何百万の品種のどれをePBRでテストするべきだろうか？ コーネル大学とテキサスA&M大学の研究者は、俗にチップ上のフォトバイオリアクターとして知られる装置を発明した。正式にはハイスループット液滴マイクロ流体スクリーニング・プラットフォームと呼ばれる。この装置は、有望な候補藻類株の試験の高速化に役立つ。チップ上にフォトバイオリアクターを構築するために、単一の藻類が入ったミクロンサイズの水滴を、ほぼ同サイズの小さな油滴中に注入する。その後、数百万の同様の液滴を、ほぼ二五セント硬貨のサイズのチップに詰め込む。光をあてると、藻類は微細な容器の中で増殖する。その後、研究者は、増殖率と脂質生産を分析する。この装置を使えば、数百万個の細胞を短時間でスクリーニングすることができる。この装置は、バイオ燃料の革命をもたらす特別な藻類の探索を大きく進める可能性がある。

ＮＡＡＢＢから資金提供を受けたエンジニアは、二つの主要な問題を解決するためにレースウェイの設計の最適化にも取り組んだ。問題の一つは、パドルホイール周辺の藻類と水は十分に撹拌される一方で、パドルホイールから遠ざかると撹拌力が弱まるので、藻類の一部が十分に光を浴びることができなくなる。第二の問題は、藻類の代謝は水温が下がるほど遅くなるために、アメリカ南部の温暖な気候でも、夜間の生産性が低下することである。

二〇一〇年、アリゾナ大学のエンジニアは、池の設計上の問題に対処するシステムで特許を取得した。彼らの藻類レースウェイ統合設計（ＡＲＩＤ）システムは、一連の長方形の浅い池で構成されており、池は次の池に対してわずかに傾いている。日中、水は一番高い池から最も低い池へゆっくりと流れる。そして、水はパドルホイールよりもエネルギー消費が少ないポンプで、最上部の池に戻される。夜、ＡＲＩＤには別の仕掛けが施されている。一番下の池の真下には深くて狭い溝があり、日没後池の水はすべてこの溝に流し込まれる。地面には断熱効果があり、また溝の表面積が小さいために、一晩たっても熱はそれほど失われない。そのために、夜が明けると標準のレースウェイよりも水が早く温まり、藻類は早くから全力で光合成を開始する。同様に、春の栽培開始の時期を早め、秋の栽培期間を延長することができる。また、ＡＲＩＤは運用コストを四〇％削減する。

これらの新しい技術と、水熱液化（ＨＴＬ）の大幅な改善を含む、その他の技術は、藻類の増殖コストの削減、生産の拡大、またはその両方を実現する。ＮＡＡＢＢが事業を終了したとき、提案されたすべての改善策を実行すれば、藻類のガソリンの価格をガロンあたり七・五ドル（リットル約二ドル）まで下げられると試算した。これは、一九九五年に水生生物種プログラム（ＡＳＰ）で算定されたガロンあたり二四〇ドル（リットル六三ドル）という価格から見れば大幅な値下がりだが、化石燃料の価格とはかなりの差があり、まだそれに十分近づいたとは言えない。藻類オイルの技術は成熟にはほど遠いが、それにもかかわらず、競争力を高めることができる革新的手段がたくさんある。

藻類の生産性を上げる方法の一つは、葉緑体が捕捉する光量を増やし、脂質の合成に使えるエネルギーを増やすことである。光合成生物――藻類と植物――は、葉緑体に「アンテナ」を持っており、それを使って異なる波長の光を捕捉している。藻類のアンテナは入射してくる光の約二五％を光合成に使用するが、残りのエネルギーは熱や蛍光として外部に放出する必要がある。そうしないと、葉緑体と細胞が物理的な損傷を受ける。なぜ藻類はこのように危険なほど大きいアンテナを作るのだろうか？　純粋に防御のためである。アンテナで吸収した光は競合相手の藻類には届かない。もしも邪魔がなければ、競合者は光を受けて大きく成長し、逆に陰をつくって自身の成長を妨げるかもしれない。これは、いくつかの陸上植物が樹木になったことと同じ進化の道である。どちらも、隣人に太陽の光を遮られないようにするために、非生産的な構造（藻類の大きなアンテナと樹木の非光合成組織）にエネルギーを費やしている。

あなたが藻類なら、アンテナのサイズを最大化することは、とても良いことである。しかし、あなたが藻類オイルを経済的に生産することに熱中している人なら、大きなアンテナには問題がある。個々の藻類が優秀すぎると、集団の増殖やオイル生産能力は制限される。これは、コモンズの悲劇（訳注：資源が誰でも利用できる共用財すなわちコモンズになると、無秩序に使われて枯渇するという経済学の法則）の海洋版である。個人にとって最適なものは、グループにとって（少なくとも、私たちの目的にとって）良くない。この問題を解決するために、ロス・アラモス国立研究所の上級研究科学者であるリチャード・セイヤー博士は、ある系統のクラミドモナスのアンテナを最適なサイズに設計した。最適化された藻類は、野生の藻類の五倍の量のオイルを蓄積した。これは顕著な改善である。

セイヤーの研究は、生物工学が藻類オイルの未来をどのように変えるかを示した一例にすぎない。農務省（ＵＳＤＡ）のダンフォース植物科学センターの科学者たちは、藻類のオイルを増やす別の手段を研究している。二〇一六年、ジェームズ・ウメン博士とＵＳＤＡの彼の同僚は、藻類の複雑なタンパク質シグナル伝達システムの調査中に思わぬ発見をした。彼らが作成した、変異したＶＩＰ（血管作動性腸管ペプチド）遺伝子を組み込んだクラミドモナスは、タンパク質シグナル伝達を阻害することで、非変異細胞と比べて過剰にオイルを作った。また、多くのエネルギーをオイルに投入しているにもかかわらず、変異細胞はほぼ通常の速度で増殖した。さらに良いことに、窒素欠乏時に、突然変異体はギアを上げて、通常のほぼ二倍の速度でオイルを生産した。

ＶＩＰ遺伝子は、改変できる唯一の遺伝子ではない。ＮＡＡＢＢの資金を受けた科学者たちは、トップクラスの八種類の藻類株の核および葉緑体のゲノムの塩基配列を決定し、オイル生産に影響を与える少なくとも五〇の遺伝子を特定した。今日では、ゲノムの塩基配列の決定にかかるコストは一〇〇〇ドルまで下がっており、新しい手法（ランダムに改変された藻類を次々と生成する挿入突然変異誘発など）によって、新しい藻類の油田を発見できる可能性が高くなった。

遺伝子工学のエンジニアは、ゲノムを意図的かつ正確に変更できるCRISPR／Cas9のような新しい遺伝子編集ツールを使ってできることを模索し始めたばかりである。この手法のおかげで、シンセティック・ジェノミクスとエクソンモービルの合弁事業は、最近、飛躍的な進歩があったと報告した。彼らのバイオエンジニアは、栄養素が不足すると高レベルのオイルを生産するナンノクロロプシス・ガディタナの研究に力を注いできた。飢餓状態で藻類のオイル生産を過剰にさせたときに発現している遺伝子の塩基配列を決定して、炭素からオイルへの変換を微調整する遺伝子――ZynCys――を分離した。その遺伝子の発現レベルを調節することで、彼らの改変藻類は二倍量のオイルを生産したが、それにもかかわらず、通常の速度で増殖を続けた。

メリーランド州のJ・クレイグ・ベンター研究所と早稲田大学の研究者は、藻類の体内時計を制御する遺伝子を操作している。私たちと同じように、藻類も自然の概日リズムを持っているために、暗闇で睡眠モードに入る。その遺伝子を操作することで、常に昼であると藻類に錯覚させることができる。人工光にさらされて、藻類は二四時間休むことなくオイルの生産を続ける。

これらの特定の遺伝的改良は、商業的な未来があるかもしれないし、あるいはそうでないかもしれないが、現在考えられる画期的な例である。藻類オイル生産への遺伝子改変の効果は初期段階にあり、多くの可能性がある。

地球温暖化がもたらす巨額の損失

藻の収穫と変換についても進歩があった。グローバル・アルジー・イノベーション（ＧＡＩ）は、サンディエゴに本社を置き、ハワイのカウアイ島にレースウェイの池を持ち、近隣の発電所で発生する二酸化炭素を利用して藻類を栽培している。特許取得済みのハイテク膜を採用したＧＡＩのゾビー収穫機は、これまでの三〇分の一のエネルギーで藻類のろ過を可能にし、収穫にかかるコストを大幅に削減した。

ＨＴＬの開発はまだ初期段階にある。ペンシルバニア州立大学の化学工学部長のフィリップ・サベージ博士と同僚たちは、化学反応器内の温度を一定ではなく変動させる新しい方法、高速水熱液化、別名ＦＨＴＬを使用して、藻類をオイルに変換する時間を六〇分から六〇秒に短縮した。「藻類オイルが抱える課題はすべて経済的な問題です」と彼は説明した。「ＦＨＴＬは、反応容器のサイズを縮小し、変換に要する時間を短縮するので、資本コストと運用コストの両方を削減できます」

コロラド州ゴールデンの国立再生可能エネルギー研究所の研究者は、別の処理法の可能性を検討している。二〇一六年の論文で、タオ・ドンと同僚たちは、藻類のバイオマスを最初に希酸で処理すると、より簡単にエタノールに発酵するための糖を取り出せること、オイルをより簡単に抽出できること、そして高価値の製品のためのタンパク質が得られることを実証した。藻類処理を組み合わせて行うことで、バイオ燃料のコストをガロンあたり約一ドル削減できると報告している。

池に二酸化炭素を加えることは、藻類の成長を最大化するために不可欠だが、かなり費用がかかる。無料の廃棄二酸化炭素が理想だが、二酸化炭素を排出するセメント工場や発電所のすぐそばに安価で日当たりの良い暖かい土地を見つけることは困難である。もし周囲の空気からガスを取り出し、どこでも濃縮できたら……。

物理学者で、アリゾナ州立大学のネガティブ・カーボン・エミッション・センターのディレクターであるクラウス・ラックナーと同僚たちは、まさにそれを実現するための研究をしている。ラックナーは、市販されている白いプラスチック樹脂を用いて、二酸化炭素を自然に吸収する受動空気フィルターを発明した。空気が乾いたフィルターの上を通過すると、樹脂がガスを吸収する。湿ると、樹脂は周囲の空気の一〇〇倍の濃度の二酸化炭素を連続して放出する。フィルタはほぼ半永久的に再利用できる。ラックナーは、特定のありふれた岩石と反応させることで捕獲した炭素を永久に隔離することを目指して研究しているが、この二酸化炭素を藻類に与えることもできるだろう。現時点では、彼の技術は実証試験レベルで試験されているが、とても興味深い技術である。

それでは、これらの有望な技術をすべて考慮に入れて、藻類燃料の価格が競争力を持つようになるという希望は、どれくらい現実的だろうか？　カリフォルニア大学サンディエゴ校の生物学教授および藻類遺伝学者で、サファイアの創始者でもあるスティーブ・メイフィールドに、実現するために何が必要か尋ねた。彼は即答した。「一〇年と一〇〇億ドル。私の見解？　私はこの分野を十分な時間をかけて調査してきました。少なくとも二倍の期間と数倍の費用がかかると考えています」

落胆した？　答えは、はいといいえ、だ。企業、大学、研究機関は、一五〇年にわたって化石の石油を探し出し、抽出し、使用可能な製品に変える技術を開発してきた。今日、数万人の石油技術者が働いており、二〇一五年には、アメリカだけで一万一〇〇〇人以上の学生が学部の石油工学プログラムに登録した。他方、藻類オイルの本格的な研究は二〇〇八年に始まったばかりで、今日でも、ほんの一握りの学生が藻類オイル工学コースに登録しているにすぎない。

世界中で、化石燃料業界の年間収益は数兆ドルとされている。大手石油会社六社の利益の合計は年間約五〇〇億ドルである。つまり、エクソンモービルのような企業は、年間一〇億ドルの資金を石油の研究開発に容易に投入できる。また、化石燃料会社は、長年にわたって枯渇手当、掘削費用の償却、および国内製造業の税控除という形で、年間五〇億ドル近い高額の政府支援を受けてきた。さらに、これまで私たちは、化石燃料会社または燃料の受益者（私たちのほぼ全員）に対して、大気への二酸化炭素排出に起因する損害の賠償を要求したことはない。現在の経済の成功は化石燃料抜きにはあり得なかったが、人類による二酸化炭素の排出がどれほど急速かつ劇的に気候を変えてきたか、最近まで誰も理解していなかった。しかし今、私たちは化石燃料への依存がもたらす悲惨な結末を認識している。

二酸化炭素の投棄による経済的損失がどの程度になるか誰にもわからないが、相当な金額になることは明らかで、その額は近年さらに上昇している。海洋大気庁（ＮＯＡＡ）は、二〇一七年にアメリカで発生した一〇億ドル以上の被害が出た一六の異なる気象災害からの復旧に要した費用は、過去最高の三〇六〇億ドルに上ったと評価した。二〇一七年のハーバード・ビジネス・レビューに掲載された記事によると、気候変動――ハリケーン、洪水、大気汚染による操業停止、干ばつに起因する内乱や移民の増加、サンゴ礁の死、野生魚の個体数の減少、病原媒介生物による疾病、大気汚染による喘息と肺癌、消防活動、堤防建設、空調の需要の増加、およびその他の影響――によるリスクに対するアメリカの経済支出の分担分は、二〇二五年までに二・二兆ドルに達する恐れがあると言う。この数字は過小な評価である。国連気候変動に関する政府間パネル（ＩＰＣＣ）による二〇一八年七月のレポートは、六〇〇〇件の国際研究に基づいて、二〇四〇年までに産業革命以前と比べて温度が摂氏一・五度上昇し、その日までに経済的コストは五四兆ドルになると予測した。温度が摂氏二度上昇した場合――そうなる可能性の方が高いが――コストは六九兆ドルにもなる。

だから、藻類オイルを手に入れるために一〇〇億ドル、または二〇〇億ドル、あるいは三〇〇億ドルかかったとしても、化石燃料の開発に費やされた費用と比べて安いだけでなく、継続的な地球温暖化で失われる数十兆ドルに比べると、バケツの中の一滴にすぎないのだ。風力発電と太陽光発電が手頃な価格の発電手段になるには、巨額の補助金が必要だった。化石燃料の燃焼で車両が排出する二酸化炭素は、世界の二酸化炭素排出量の一四％である。その排出の一部でも除けるかもしれない燃料に三〇〇億ドルを払えるか？　これは、格安だろう。

電気自動車の弱点

しかし、あなたはこう考えるかもしれない。もうすぐみんなが電気自動車に乗るようになるのではないだろうか？　それならば、なぜ藻類の燃料を気にする必要があるのか？

起業家が最初に藻類燃料に投資した二〇〇八年に、電気自動車はまだ登場していなかった。しかし、多くの電気自動車は、排気管の代わりに発電所で二酸化炭素を排出している。たとえば、アメリカの南部および中西部、中国、そしてインドの電気自動車は、主に石炭を燃やす発電所で生成された電気で動いている。そして、天然ガスで生成された電気は石炭より汚染が五〇％少ないが、それでも大規模に二酸化炭素を排出する。さらに、最近サイエンス誌で発表された分析は、天然ガス田とパイプラインが公式の推定値よりもはるかに多くのメタンを漏出させていることを示唆している。メタンは二酸化炭素よりも（化学反応によって）大気から急速に消失するが、温室効果は短期的には七〇倍も強力である。つまり、わずかなメタンの漏れでさえ、気候変動に大きな直接的な影響を及ぼす。漏れ率が約三％を超えると、天然ガスは石炭と同レベルの温室効果ガスの発生源になる。つまり、再生可能エネルギーか原子力で発電した場合にだけ、電気自動車はガソリンよりも環境にいいということになる。

電気自動車の普及を予想し、それらがすべて太陽光、風力、水力、または原子力で作られた電気で動くというポリアンナ仮説（訳注：世の中は良いところと信じる普遍的な認知傾向）を立てたとしても、以下を考慮してほしい。業界団体の航空運輸アクショングループによると、世界中の輸送によって排出される二酸化炭素の約一二％がジェット機によるものである。サイエンティフィック・アメリカン誌によると、世界の航空業界を国に例えると、毎年三四〇〇億リットルの燃料を燃やす、世界七位の二酸化炭素排出国となる。さらに、世界の航空量は、毎年五％以上増加している。次に、海運部門は世界の二酸化炭素排出量の三～四％を占めている。大型ジェットも貨物船も電池を使って世界中を移動することはないが、藻類オイルはジェット燃料と船舶用燃料の優れた代替品になる。今世紀半ばまでにジェット機と船が藻類で動いていたら、私はそれを偉大な勝利と呼ぶだろう。*

＊アメリカが毎年燃やしている六四五億リットルの化石ジェット燃料を藻類燃料で置き換えるには、どのくらいの土地が必要だろうか？　ヘクタールあたり一万五〇〇〇リットルの燃料を生産できるとすると、六八万ヘクタール、またはデラウエア州より少し広い土地が必要になる。約六六五〇億リットルの化石ガソリンとディーゼル燃料を置き換えるには、ウエストバージニア州の広さの土地が必要である。これが広すぎるように聞こえるなら、エタノールを作るために約八〇〇万ヘクタールのアメリカの耕地でトウモロコシが栽培されていることを考えてほしい。藻類の生産に必要な土地は乾燥地または半乾燥地で、アメリカ南西部には生産に対応できる十分な土地がある。

限られた目標でさえ達成にはほど遠いが、私は以下を心に留めている。企業が藻類オイルを最初に生産したのは、わずか一〇年前のことで、新しいエネルギー源の開発に要する長い行程を考えれば、ほんの昨日のことである。成功は、遺伝学、栽培、バイオマス変換の進歩——技術的に可能な範囲の進歩——とともにやって来る。藻類のミネラル成分を収穫して販売またはリサイクルすることは、価格を引き下げることに役立つ。

これにはすべて資金が必要である。化石オイルが一バレルあたり一〇〇ドル（リットル六二セント）以上であれば（そしてそれが維持されることが確実であれば）、私たちは必要な投資を行うだろう。しかし、現在の石油価格はその水準を大幅に下回っており、藻類燃料の研究に資金を提供している会社——GAIとエクソンは別にして——はない。

政府の学術支援は重要である。ASPとNAABBは、藻類燃料に関する主だった科学的進歩に資金を提供した。一方、起業家は、石油の価格が高くても、収益を生み出すための生産を急ぐあまり、多くの種や生産に関する課題を調査するための時間を割けない。現在、この分野への支援は、エネルギー省（DOE）のバイオエネルギー技術局とそのエネルギー高等研究計画局を通じて行われており、約四〇〇〇万ドルの小規模プロジェクトを助成している（トランプ政権が脅かして大幅にカットするレベルだ）。しかし、もっと助成するべきである。現在、経済的に確立し、ますます重要なエネルギー源になっている太陽光発電と風力発電は、長年にわたる政府の補助金の恩恵を受けていたことを思い起こすべきである。

社会あるいは政治がこうむる被害は言うまでもなく、地球温暖化の経済的コストは日々上昇している。政府が研究支援対策を講じること、同様に、税金（再分配された収益を含む）、キャップ・アンド・トレード、またはその他のアプローチなど炭素排出規制に関する政治的な対策が困難であることに疑問の余地はない。気候変動がもたらす痛みは避けられずにはおれなくなるだろう。しかし、時間は無駄に使われて、二酸化炭素の濃度は上昇している。疑いのない真実は、私たちが藻類から輸送燃料を作ることができるということである。化石燃料の実質的なコストを反映させるために、化石燃料の価格を徐々に上げながら、藻類の生産コストを削減するというのは非常に難しい問題である。

第4部

藻類をとりまく深刻な事態

1章 サンゴの危機

私は、ダイビングボートの船尾の端で、グランド・バハマ島沖のキラキラと輝くアクアマリンの水面に身を乗り出しながら、スキューバ・フィンで立っていた。今朝は暖かく、さわやかな風が吹き、小さな白波がデッキを揺らしていた。そのために、私が感じていたのが、不安なのか、船酔いによる胃のむかつきなのか、はっきりわからなかった。しかし、確かなことが四つあった。一つは、スキューバ認証を受けるために必要な四回の外洋ダイビングの一回目を完了しなければならなかった。二つ目は、私のグループには他に八人のダイバーがいて——明らかにいらいらしながら——私の後で海に入るのを待っていた。三つ目は、熱帯の太陽の下で、ウェットスーツ、フード、浮力ベスト、ブーツ、フィンを装着して、暑さでうだっていた。そして最後に、背中の一四キログラムの圧縮空気タンクと、腰に巻いた六キログラムのウェイトベルトで、まっすぐ立っているのがとても大変だった。

それでも私はグズグズしていた。怖かったのだ。

私以外のダイバーは若いカップルで、バカンスや新婚旅行に行く前にここで認証を取得しようとしていた。私は楽しみのためではなく、調査のためにサンゴ礁にやって来た。サンゴ礁は世界の海底の約一%を占めるだけだが、海産魚類の三分の一が生活の少なくとも一部をそこで過ごす。海の幼い動物は、捕食者から逃れて、安全に——おそらくより安全に——サンゴの隅や亀裂の間で育つ。サンゴは水中の防波堤としても機能しており、波のエネルギーを最大九七％消散させ、海岸線を浸食から守っている。サンゴ礁が消えると、島々も徐々に消える。

サンゴ礁の経済的価値は非常に大きい。世界自然保護基金（ＷＷＦ）によると、世界のサンゴ礁は年間約三〇〇億ドルの商品とサービスを生み出している。国連食糧農業機関（ＦＡＯ）は、世界中で消費されているタンパク質の一七％がサンゴ礁に由来すると報告している。程度はいろいろだが、食料、保護、雇用などで、一〇億人の人々がサンゴ礁に依存している。インドネシアでは、二億五〇〇〇万人の住民が必要なタンパク質の大部分をサンゴ礁の魚に依存している。そして、サンゴ礁の輝かしく鮮やかな色彩の美しさには計り知れない精神的価値がある。そして、そのすべては、藻類抜きには成り立たない。

これが、私がここにいて、自分を怖がらせている理由である。すべての美しさ、あふれる海の生き物、収入、雇用などはすべて、サンゴの中で生息する藻類に依存している。すべての魚、軟体動物、イソギンチャク、ロブスター、および他のサンゴ礁の動物は、直接または間接的に藻類を食べて生きている。藻類はまた、文字通りサンゴ礁を固めている。藻類を取り除くと、サンゴ礁が崩壊し、そこに棲んでいるすべての住民が姿を消す。きれいな白い砂も消失する。砂のほとんどすべてが、美しい緑色の海藻、ハリメダ（アオサ藻類サボテングサ属）の炭酸カルシウムの残骸である。藻類が存在しなければ、熱帯の海は水中の砂漠になる。

「下を見ないで」。キューピッドのようにかわいい、縮れ毛の南アフリカ出身のダイビング・インストラクターのアーロンは私に促した。「水平線に目を向けて、大きく一歩踏み出して」

行くしかなかった。右手でマスクとレギュレーターを顔に当て、ウェイトベルトのバックルを左手で覆って、空中に大きく踏み出した。私は水を叩いて水面下に飛び込み、大きくなっていく泡の音の中で、すぐに水面に浮かび上がった。フローティングベストは私の頭をしっかりと支えてくれていたが、私はレギュレーターを通して呼吸を続けた。私の心臓はドキドキしていたが、冷たい水がウェットスーツに滑り込んできて、ほっとした。私は親指と人差し指でOKサインを作って、ボートを後にした。

他のダイバーたちも次々と飛び込んで、アーロンは合図をして下降することを告げた。私のダイブ仲間たちは次々とインフレーターホースを頭の上に上げてベストから空気を抜いて、足から先に、波の下に沈んでいった。泡が上に向かって流れるのを見ながら、私も同様にゆっくりと沈んだ。

しかし、長くは続かなかった。おそらく水深二メートルまで潜ったとき、私は動けなくなった。体が沈んでいかないだけでなく、足がゆっくりと持ち上がってきた。足を押し下げようとしたが、不可能だった。足が自身の心を持って上に行きたいと思っているようだった。足が上がると上半身が後ろに傾いて、後方宙返りの最初の姿勢をとっているように感じた。私の足は、あたかも天上の磁石に引っ張られるように、海面に向かって傾いていた。私は取り乱して、腕をバタバタ動かして、無駄に苦境から抜け出そうとしていた。

アーロンが泳いで私を助けに来た。彼は私がまっすぐ立つのを助け、私のダイブベストの重りのいくつかをベルトに移動し、追加の重り一個を彼のベルトから私のベルトにつけた。彼はパントマイムで長く息を吐き、私にゆっくり呼吸するよう指示した。彼に足首をつかまれながら、私たちは下に向かった。途中で彼は私を解放し、私は自力で潜り続けた。私はスローモーションで白い砂の海底、水中のビーチに向かって落ちていき、他のダイバーの横にひざをついた。海面は荒れているのに、私たちの周りの海水には動きがなかった。周りのダイバーが、あたかもガラスに包まれているように見えた。

遂行すべき最初の仕事は、フェイス・マスクを脱いで再び着用し、水を除いて、予備のレスピレーターに切り替えるなど、スキューバダイビングの技術を一つずつ実演してみせることだった。その仕事が終了した。アーロンは先を指さし、手を胸の前で平行に動かしてイルカの動きを真似た。そして、私たちはいい加減な列を作って、ゆっくりと泳いで出発した。今日を表す言葉は「のんびり」だった。私たちは観光客で、海中の状況を探り、サンゴ礁を滑るように泳いで一時間ほど散策した。サラダ用の皿とほぼ同じ丸くて薄い魚の群れがすぐに私たちに合流し、好奇心旺盛な旅行者の群れが手の届きそうなところを滑空していた。鮮やかな黄色の頭と尾と驚くほど青い唇を持ったコーヒーカップの受け皿ほどの大きさの真っ黒なエンゼルフィッシュが私たちの行く手を横切った。ありそうもない色と模様の他の魚――ゼブラ模様だと思う――が、私たちのそばや下を通っていった。前方のもっと深いところで、数百匹――いや、きっと数千匹――の小さなナイフのような銀色の魚が群れをなして泳ぎ、進路を変えるたびにキラッと光った。

美しいサンゴ礁の風景

白い砂の海底を離れて、私たちは今、新しい景観の上を飛んでいた。サンゴ礁そのものだ。サンゴが一面に広がっていた。小さな苗木のようなオレンジ色のサンゴが、私の家のキッチン・テーブルほどもある脳の形をした大きなサンゴの隣に生えていた。数十平方メートル内に、黒い扇、緑色のシダ、海底から二メートルほどらせん状に伸びるさびた鉄の針金、燭台、オレンジ色の太い指のようなサンゴの群れが見えた。日焼けしたタンブル・ウィードのようなもつれた枝を持つサンゴや、奇妙な色――一つは赤、いくつかは緑がかった灰色、他の一つは素敵な淡黄色――をしているが、テキサスに生えているサボテンの海中の親戚のような背の高いサンゴもあった。

藻類もたくさん生えていた。ほぼすべての岩と、多くの生きたまたは死んだサンゴの上に生息していた。私の下に岩のようなものが見えた。そこまで沈んでいって近くで観察するために、息をゆっくり吐いて肺を空にした。そばに行くと、岩はピンク、オレンジ、赤色の粗い斑点で覆われたサンゴに変身した。まるで六歳のギャングが、色のついた漆喰が入ったバケツを持ってまき散らしたようだった。

漆喰の斑点は紅藻類の被殻状のサンゴモ類で、多くの場合バラ色をしているが、紫、青、灰色のものもあり、世界のすべての大洋に生息している。彼らはゆっくり成長し、岩、貝殻、およびサンゴの表面で水平に成長して、表面全体を覆う。細胞壁に炭酸カルシウムが沈着しているので、彼らはいわば生きた石灰岩である。時間が経つにつれて、層は層の上に重なってますます厚くなり、こまごましたさまざまな物体を頑強なサンゴ礁に変える。

被殻状のサンゴモ類はサンゴ礁を作るだけでなく、サンゴ礁に動物が生息するのを助けている。カキ、巻き貝、ムール貝などの底生生物の漂流する幼生は、成体に変態するために、付着する固体の表面を見つけなければならない。これらの藻類は、住宅展示会の直前にクッキーを焼く不動産業者のように、幼生を刺激して着床を促す化学物質を生成する。幼生が定着した後、彼らは被殻のでこぼこのこぶや、深い狭間模様の表面で、捕食者から保護される。彼らのすみかは確かに頑強な城である。

私の家の池の底を覆っていたような芝生状藻類（丈の低いすべての藻類を表す一般的な用語）は、被殻状サンゴモ類の上で生息するのを好む。しかし、芝生状藻類はサンゴモから日光を奪うので、サンゴモは定期的に表面から細胞を脱落させて、迷惑な親戚を取り除いている。魚も意図せず助けてくれる。

私が見ていたとき、小さな魚――いくつかは黒と青、他は金魚のように明るい黄色――が、サンゴの岩の上で、歩道でパンくずをつつく空腹の鳥のように、芝生状藻類の綿毛をつっついて食べていた。私は浮遊しながら、うっとりして、時が過ぎるのを忘れた。

私は片方のフィンの端を引っ張られて驚いた。誰がまたは何が引っ張ったか見るために振り向いた。アーロンだった。彼はベストに紐で取り付けられた空気圧ゲージを持ち、それを指さした。彼は私のタンクにどれくらい空気が残っているかを尋ねていた。私は自分のゲージを一〇分ごとにチェックすることになっていたが、すっかり忘れていた。私は腰のあたりを手探りしてゲージを探し、目を細めて見た。一二〇〇ｐｓｉと表示されていた。つまり、空気の半分以上を使っていたが、危険はなかった。私は前腕の上に指を一本置き、続けて指を二本立てた。彼は「ＯＫ」と「待機」を合図して、それからグループの残りのメンバーにも聞くために泳いで行った。五分後、私たちは再びグループを編成し、コースを逆にとり、ボートに向かって、あえてサンゴの上を行くように泳いでいった。はしごを登るとき、フィンが滑り落ちた。それを船に渡して、よじ登った。

私はもう一度潜るつもりになっていた。

サンゴと褐虫藻の共生関係

二日後、私たちは最後のダイビングに臨んだ。これはただのお楽しみで、夜間に行われた。リゾートのダイビング・ドックから暗い空中に大胆に大股で飛び出して、真っ黒な水から浮上して、グループの残りのメンバーが集まるのを待った。手首にダイビング・ライトを着用して、ドックからわずか一〇分泳いだところにある垂直のサンゴ礁に向かった。目的地はそれほど深くなく、わずかに流れがあったがフィンを動かす必要はほとんどなかった。不気味な黒さの中で漂っていると、私の光のビームが異なる海を照らし出した。日中に透き通っているように見えた海水は、私が今見ているように、実際は小さな粒子が密集して、そのすべてが白く輝いていた。それはあたかも、長らく使用していなかった部屋の閉じたドアを急に開けて、一斉にかき混ぜられて舞い上がったほこりの微粒子が作る雲を照らしているようなものだったが、ここでは、ほとんどの粒子が生きていた。白い粒子は、動物プランクトンと、イカ、ウナギ、巻き貝、フジツボ、およびムール貝の幼生だった。彼らは数え切れないほどの数で暮らし、餌となるシアノバクテリアや微細藻類に遭遇することを期待して泳いでいた。

サンゴ礁に近づいて、最初は、暗闇の中でライトの光に浮かび上がった鮮やかな魚の姿に釘付けになった。ライトを向けるとほとんどどこでも、青、黄色、または銀色の閃光が視界に現れて、すぐに消えた。しかし、私が本当に衝撃を受けたのはサンゴだった。なんて不思議なのか。彼らは咲いていた。低木に似たサンゴの茎は、とても可憐なデイジーの花をまとっていた。五セント硬貨（直径二センチ）の大きさの平たい黄色い花が岩を覆っていた。サーモン色の花びらが枝サンゴを飾っていた。注意深く見ると、もっとたくさんの花が見えた。多くは指の爪のサイズだが、一部はBB弾ほども大きくなく、ピンポン玉と同じくらいの大きさのものもあった。私のスポットライトの下で、サンゴ礁は花の庭園で華やかに咲き、揺れ動きながら、深い暗闇を背景にキラキラと輝いていた。

しかし、これらの花は花粉媒介者への誘惑ではない。彼らは捕食性の動物である。柔らかく、透明で、動かないこの動物はポリプで、サンゴの生きている部分である。花びらのように見えたのはポリプの筒状の触手で、サンゴは触手を突き出して獲物を刺し、気絶させるか即死させる。攻撃の後、ポリプは触手を引っ込めて、中央の消化腔に夕食を引き込む。通常夕食は動物プランクトンだが、大きなポリプは

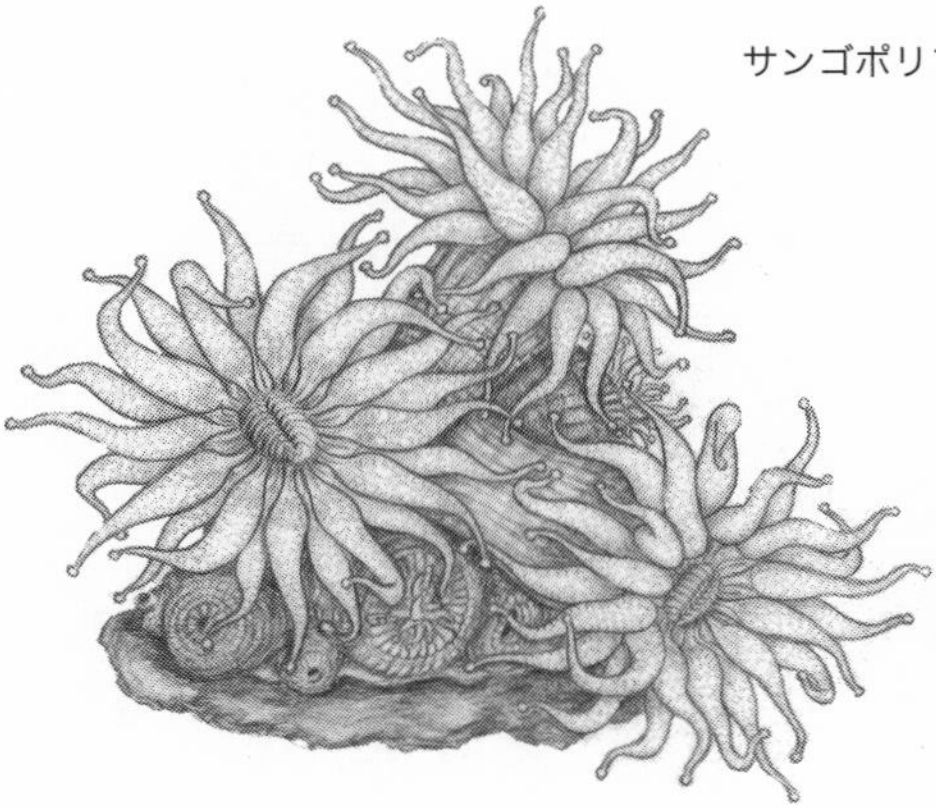

石灰質の外骨格で包まれたサンゴの本体で、中心の口の周りに餌を捕らえる触手がある。胃腔で餌を消化する。またそこに生殖巣がある。

稚魚を捕らえることもできる。夜が明けると、ポリプは、サンゴが炭酸カルシウムの分泌物を絶えず追加している保護構造である石の外骨格の内部に後退する。

必死の努力にもかかわらず、毎晩のダイナミックな狩猟でポリプが獲得できる栄養塩は、必要量の約一〇%にすぎない。残りの九〇%を供給している本当の働き者は、ポリプの触手や胃腔内に生息している目に見えない微細藻類である。渦鞭毛藻類の褐虫藻（zooxanthellae 略して zoox）として知られる何百万もの微細藻類は、通常、単一のポリプに住んでいる。褐虫藻は日光を捕捉し、水から二酸化炭素を吸収して糖を作り、その宝物の大部分を宿主に渡している。最近、生物学者は、日光がほとんど届かない深い海に棲むサンゴにとっても、褐虫藻が不可欠であることを発見した。深海のサンゴは燐光を発するタンパク質を持っており、褐虫藻はそれを使って糖を作っている。

状況が不安定になっても褐虫藻は宿主の外で生きることができるが、居住者である藻類を失ったサンゴは数か月で死ぬ。それでも、褐虫藻とポリプの関係は一方通行ではない。ポリプは、呼吸で生じる二酸化炭素など、褐虫藻が糖を作るために必要な原材料の一部を提供し、また動物プランクトンを捕獲して得た窒素を褐虫藻に渡している。

褐虫藻とサンゴの関係は、地球上で最も緊密で成功した共生の一つで、互いにとって有益な協力のモデルだが、褐虫藻はしばしば他の動物とも協調している。多くの海綿動物、イソギンチャク、およびいくつかの軟体動物、海洋ワーム、クラゲも藻類の居住者に依存している。サンゴやこれらの他の動物の明るい色は、褐虫藻の色素とその宿主の色の組み合わせで生み出されている。

海水温上昇と窒素の流入

健康なサンゴ礁は、さまざまな生物の生活に影響を及ぼしている。甲殻類はサンゴの隙間を出入りする。ヒトデは表面を這い回る。クラゲは泳ぎ回る。魚の群れは完全にシンクロして突進し、回転してきらめく。サンゴの頑丈な表面はすべて動物や藻類で覆われ、彼らはそこで領土を奪い合っている。しかし、サンゴ礁の豊かさはパラドックスである。つまり、サンゴが生息する浅くて暖かい海には、栄養塩、特に窒素が不足している。なぜそれほど栄養塩が少ないのか？　本当の質問は、なぜ冷たい海域にはこれほど多くの栄養塩があるのかということである。答えは場所、場所、場所である。

温帯の気候では、秋に表層水が冷却されて、その結果、密度が高くなって水が沈む。上層の海水が下降していくと、湧昇と呼ばれる現象によって、深層水が海面に向かって押し出されてくる。深層水は、多くの生き物が生息している層を通って沈降してきた、死んだプランクトンの残骸を豊富に含んでいる。これらの栄養塩が秋に上昇してくると、海の食堂が一新されて空腹の微細な生き物に夕食を提供する。その結果、彼らは繁茂し、海が色づく。しかし、水温がほとんど変化しない浅い熱帯の海域では、季節的な湧昇はほとんどまたは全くなく、食物連鎖の底辺にいる生物の食物はほとんどない。サンゴ礁の海水の驚くべき透明度は、微視的な生物が驚くほど少ないという事実を反映している。

では、熱帯のサンゴ礁に動物が豊富に存在している事実はどう説明できるのか？　その答えは効率である。サンゴ礁の住民は、利用可能な栄養素をすべて捕獲して再利用している。藻類は動物プランクトンに食べられ、動物プランクトンは魚やサンゴのポリプに食べられ、魚は死後に分解されて藻類の栄養になる。一部の稚魚は成長してサンゴ礁を去り、時折発生する激しい嵐や鳥の糞、および陸からの流入によって、新しい栄養塩がいくらか入ってくるが、全体としてサンゴ礁は巨大な水槽に似た閉鎖系である。サンゴ礁の生き物はリサイクルに大きく依存している。

サンゴ礁の生態系は脆弱である。小さな変化が引き起こす副作用が劇的なものになる可能性がある。水温に注目してみよう。過去四〇年間で、温室効果ガスが増加して海面温度が摂氏〇・五度上昇した。大した上昇ではないように思えるが、褐虫藻の光合成速度を増加させるには十分である。ポリプが利用できる糖と酸素の生産が増加するので、光合成がさらに活発になるのは良いことのように思えるかもしれない。そうだろうか？　真実は、そうではない。すべての酸素分子が等しく作られるわけではなく、強い紫外線と熱のストレスがあると、褐虫藻は多くのスーパーオキシド、つまり負の電荷を持つ酸素分子を生成する。スーパーオキシドは反応性が高い分子の爆竹である。葉緑体とミトコンドリアを損傷し、脂質とＡＴＰを破壊し、細胞膜を崩壊させる（実際、動物の免疫システムはスーパーオキシドを使用して――安価に――細菌やウイルスといった侵入者を破壊している）。ポリプは、活動が過剰になった褐虫藻に危険を感じると彼らを追い出す。ポリプは透明で、その外骨格は白い炭酸カルシウムでできているために、褐色の褐虫藻が去るとサンゴは白くなる。これがサンゴの白化と呼ばれる現象である。

温暖化が一時的で海水温がすぐに通常の温度に戻るなら、サンゴは褐虫藻の帰還を歓迎して回復する。しかし状況が変わらなければ、ポリプは餓死する。サンゴの白化は、過去には気候現象のエルニーニョが海水を暖めた年に発生していたが、現在では周期的に発生する温度上昇は長期的な地球温暖化と重なっている。サンゴには回復する時間がなく、被害は永続的で広範囲に及んでいる。

サンゴが被っている悲惨さに加えて、褐虫藻もまた沖合の海域に流入する肥料や下水がもたらす窒素によって危険にさらされている。褐虫藻は数百万年にわたって、窒素、リン、およびその他のミネラルが特定の混合比を持った環境で生きるように進化してきた。流入は混合比を変化させ、それまでなじんできた栄養バランスを攪乱して、しばしば有害な影響を及ぼす。イギリスのサウサンプトン大学の研究者たちは、窒素が過剰に加わると、細胞機能に必要なリン酸塩の吸収が妨げられ、褐虫藻が餓死することを発見した。

窒素は、病気の原因となるバクテリアや芝生状藻類を増やし、これらはすぐにもやっとした緑色のカーペットになって、サンゴの表面を覆う。過去には、ブダイ、ハタ、クロハギ、フエダイ、および棘の長いウニが、サンゴから芝生状藻類が成長するのと同じ速さでこれらを効率的に刈り取っていた。しかし、カリブ海での乱獲は、これらの有益で美しい海産動物を枯渇させ、彼らはもはやサンゴを維持する仕事ができなくなった。さらに悪いことに、三〇年前に謎の病気がウニの九〇%を殺した。長い黒い針が密集する針刺しのような動きの遅い生き物はまだ回復していない。その結果、芝生状藻類はサンゴを占領して褐虫藻を覆い、褐虫藻は自身やパートナーにとって十分な糖を生産できなくなる。ダメ押しの最後の強打は、サンゴの幼生は芝生状藻類で覆われたサンゴには定着できないことである。

バハマでのダイビングで、私は死んだサンゴの茂みの白化した遺骸の上を何百メートルも泳いだ。その光景は衝撃的だった。白い砂の砂漠にサンゴの白い壊れた骨が散らばっていた。褐虫藻の消失——高温によってサンゴから追い出され、窒素の流入から損傷を受け、芝生状藻類に日光を奪われた——は、不毛の景観を作り出していた。フロリダのほぼすべてのサンゴ礁が消失した。過去三〇年の間にカリブ海サンゴの六〇%が姿を消し、残りのサンゴはあと二〇年で消滅すると思われる。オーストラリアのグレートバリアリーフの北部と中央部のサンゴも三五%が死んでおり、残っているサンゴの九三%が少なからず影響を受けている。予後は厳しい。多くの専門家は、大部分のサンゴ礁生態系は遅くとも今世紀半ばまでに絶滅すると予想している。

2章　サンゴ礁を守る人々

それにしても、サンゴ礁を救う方法はないだろうか？　期待通りにダイビングの認証を受けた私は、その答えを見つけるために、バハマから南カリブ海のオランダ領の島、ボネール島に飛んだ。着陸して数時間後、私はホテル、バディ・ダイブ・リゾートから数キロメートルの、海面下四メートルの海底の砂の上を滑空していた。ホテルスタッフのブラジル生まれのスキューバインストラクター兼ダイブマスターのナタリア・カストロに同行して、カリブ海で最も不思議な水中の景観の一つに近づいていた。私たちの目の前には、白いＰＶＣパイプで作られた「木」の果樹園があった。木の幹は高さ約二・五メートル、直径約八センチだった。幹から、等間隔で細めのプラスチック・パイプで作られた八本の枝が出ていた。それぞれの木は、短い鎖で海底につながれ、幹の先端から水面近くの浮きに伸びるロープによって水中で直立して浮遊していた。木は水流を受けて自由に揺れ動き、回転することができた。

当たり前のような感じで、枝から数十個の一風変わったサーモン色のクリスマスの飾りのようなものがぶら下がっていた。それは枝分かれしたサンゴのかけらで、熱帯の海中に展示された季節の飾り付けではなかった。ここはサンゴの保育園で、フロリダに拠点を置く非営利のサンゴ復元財団（ＣＲＦ）の、死に瀕しているサンゴ礁を救助する活動の一つである。ここにあるサンゴはすべて、絶滅危惧種の二つ

サンゴの木

の種、スタッグホーン（アクロポラ・ケルビコルニス）とエルクホーン（アクロポラ・パルマータ）の断片だった。

スタッグホーンとエルクホーンは、その名前のとおり鹿の角によく似ている。スタッグホーンは、よく分岐する円筒状の枝を持ち、高さと幅が二メートル以上になることがある。エルクホーンは、より平らで大きな枝を持ち、直径約三・五メートルまで成長する。これら二種は、一九八〇年代までカリブ海のサンゴ礁で優占し、何キロメートルにもわたって密生して水中の茂みを作っていた。茂みはサンゴ礁の物理的かつ生態的な基盤であり、波の力を消し、その背後に魚、軟サンゴ、甲殻類、イソギンチャク、軟体動物、ヒトデ、および他の海の動物が食料と避難所を見つける穏やかな海域を形成していた。

スタッグホーンとエルクホーンは、何千年もの間サンゴ礁と熱帯の島々を支えてきたが、カリブ海ではこれら二種の九五％が壊滅的に失われた。その結果、サンゴ礁の構造と寿命が劇的に変化して、さらに悪化もしている。一九七〇年代には、これらのサンゴはボネール島の周りに隙間なく壁を形成していた。島の最初のダイビング・ショップのオーナーは、ダイバーがビーチから深い海まで泳いで行けるように、サンゴ礁を貫通する水路を掘らなければならなかった。一九九〇年代でも、スタッグホーンとエルクホーンの健全な茂みが残っていた。しかし、少なくとも二二万年にわたってこの地域にサンゴ礁の防波堤を築いた後、これらの重要な二種はわずか二〇年で衰退した。現在、孤立した茂みがわずかに生き残っている。

それでも、ナタリアとＣＲＦの同僚たちは、望みがないとは思っていない。彼らの活動はボネール島の役に立っている。政府の政策と場所の幸運の組み合わせで、島のサンゴ礁はカリブ海で最もよく保存された場所の一つとして保たれている。長年にわたって、政府は銛を使った漁を禁止し、他の漁法も制限し、さらに二〇一二年に島の下水システムを改善した。島自体が、はるか昔にサンゴ礁を造った生き物であるサンゴでできているので、陸から滑り落ちて海底に沈殿するほどの土壌はない。島に農業はほとんどなく、経済はダイビング・ツーリズムに依存している。つまり、肥料の流出が最小限に抑えられており、人々の海洋環境への関心が大変高い。また、ボネール島はハリケーンベルトの南に位置しており、他の海域ではサンゴを破壊しサンゴ礁を砂や泥で覆う、巨大な嵐からもほぼ免れている。

しかし、ボネール島でも、スタッグホーンとエルクホーンは絶滅の瀬戸際に追い詰められている。そのため、ナタリアと私はサンゴの保育園で、赤ちゃんサンゴを枝に追加しようと木の前に浮かんでいた。「赤ちゃんサンゴ」は、それぞれ約一二センチの長さと指ほどの太さを持つサンゴの破片のことである。先端が分枝しているか、こぶ状か、または二本の枝ができはじめている。保育園の大きくて健康なサンゴから、ナタリアが切り取ってきたものである。元のサンゴもボネール島のサンゴ礁のさまざまな場所から集められたサンゴの子孫である。木につるすことで、小さ

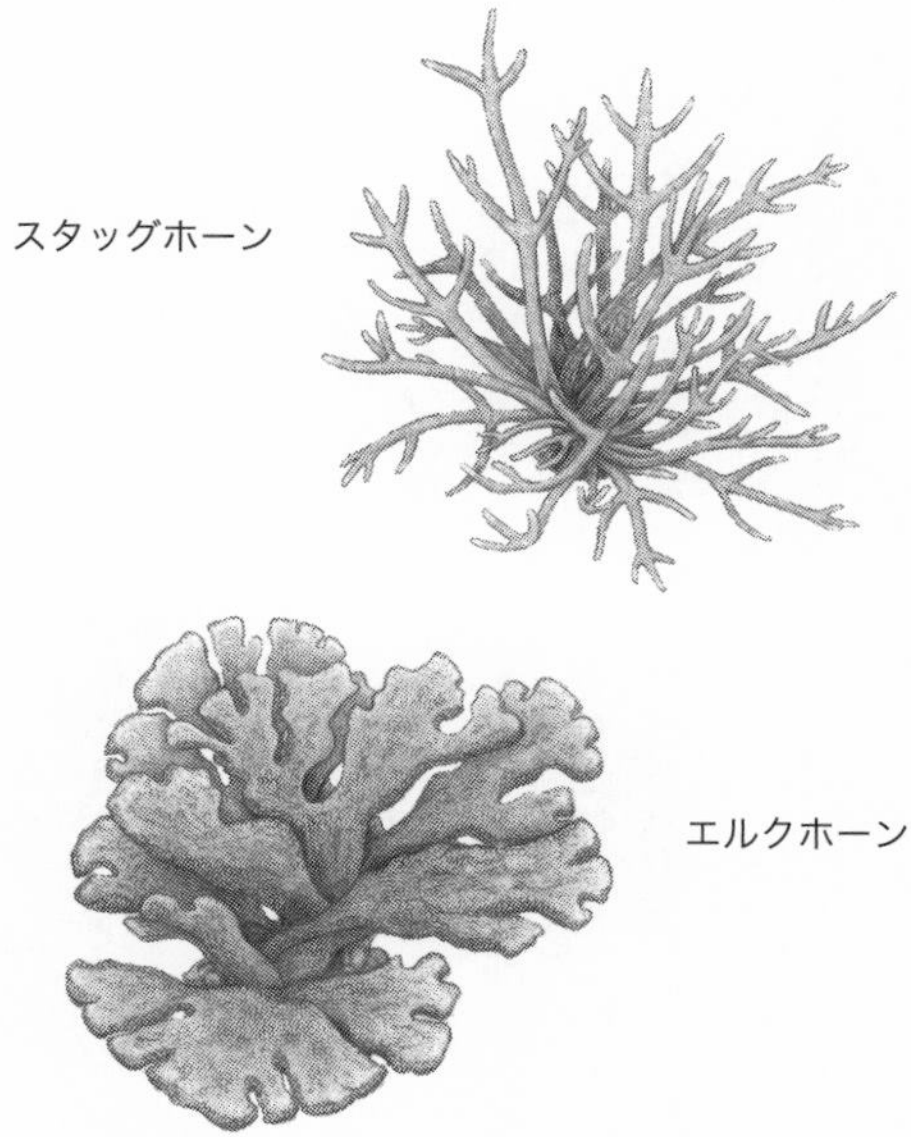

スタッグホーン：イシサンゴ目ミドリイシ科ミドリイシ属のサンゴ。シカツノサンゴとも呼ばれる。大西洋のサンゴで最も早い成長速度を持っている。
エルグホーン：イシサンゴ目ミドリイシ科ミドリイシ属のサンゴ。絶滅に瀕しているが、海産動物を活用した回復策などが検討されている。

なサンゴは砂や付着しようとする生物から保護され、動物プランクトンの争奪戦も減る。成長するための空間もある。これらすべての利点が、保育サンゴが野生のサンゴより著しく速く成長することにつながっている。

サンゴの移植作業体験

私の今日の最初の仕事は、これらの琥珀色のサンゴの破片の一つを取り上げ、二〇センチほどの釣り糸と小さな金属の輪を用いて、サンゴの中央部に糸を巻きつけることだった。次に、私が糸を持っている間に、ナタリアがペンチで輪を閉じて、しっかり固定できたか確認する。それから、輪縄の長い方をプラスチックの枝の上下に開いた二つの小さな穴に通し、糸の端に金属の輪をつけて圧着して、穴から滑り落ちないように固定した。サンゴの破片がなくなるまでこの作業を繰り返した。

これは単純な作業に思える。陸上ならそうだろう。しかし、初心者のダイバーにとっては、とてつもなく難しかった。圧縮空気を吸うたびに少しだけ上昇し、吐き出すたびに少し沈む。また、今朝のかすかな海流は、私を木から引き離そうとしていた。もう一つの問題は、私が六〇センチのフィンを着用して海底近くで作業していたことだった。フィンの一つが偶然海底に触れると砂が舞い上がって視界を曇らせるので、水流が砂を洗い流すまで待たなければならなかった。それでも、私はなんとかすべての断片を木に取りつけて、ナタリアが毎週行っている保育園の管理を手伝った。青いたわしパッドのかけらで、木や釣り糸から芝生状藻類をこすり落とし、巻き貝を取り除いた。芝生状藻類はしつこく、勢いがあるので、最後に掃除してから一週間で枝全体を綿毛で覆う。これは、ブダイやその他の藻類を食べる動物が減少したことで、サンゴがどんなに早く藻類で覆われるかを如実に示している。

ナタリアは、釣り糸を少しずつ這い降りている、毛羽立った明るいオレンジ色の虫を指さした。それは八センチほどのウミケムシで、特にサンゴのポリプが好きな生き物である。彼女はこの虫についてあらかじめ私に警告していた。無害に見えるが、彼らの毛に触れると神経毒が注入されて、数時間続く痛みを引き起こし、病院へ行くはめになるかもしれない。ウミケムシは生態系の中で相応の居場所があるが、それはこの保育園にはない。彼女は虫を半分に切ると、その後ヒドラのように二つの個体に変わることを発見した。今回、彼女は糸の切断と圧着に使用するラジオペンチで虫をつかみ、蓋付きの廃棄物バケツに入れた。虫は、陸地で空気にさらされると死ぬ。

次の作業は、移植の準備ができたサンゴを集めることだった。私はナタリアの後ろを泳いで、一年で前腕の長さまで成長して三次元の複雑な形に枝分かれした、とがったサンゴがぶら下がっている一群の木のところに行った。サンゴはとても密生して、ぶら下がっている枝を隠しているので、木は奇妙なオレンジ色の針葉樹のように見えた。ナタリアが、道具、バッグ、ボトルのキットに手を伸ばしてハサミを取り出し、一二個の大きなサンゴを切り取り、釣り糸をゴミとして回収した。両手にいっぱいのサンゴを抱えて、私たちはバタ足で彼らの新しい恒久的なすみかに向かった。

サンゴを移植するには二つの方法がある。一つは、マリンエポキシ樹脂で岩に接着することである。これはうまく機能するが、適切な場所を見つけて岩を平らに削るのは時間がかかる。今日ナタリアと私は、鉄筋の枠にサンゴを縛りつけるというもう一つの方法を採用した。枠は長さ三メートル、高さ三〇センチの錆びたホチキスの針のようなもので、両端が海底に深く埋められていた。この朝の私の仕事は、サンゴと枠の間の接触面積が最大になるように、サンゴを鉄筋に配置することだった。初心者にとってはより簡単な作業だった。私はサンゴを枠にくっつけながら自身を海底に固定し、ナタリアが私の隣に浮いて、頑丈なプラスチックの紐でサンゴを安定に固定した。すべてがうまくいけば、この新しい鉄筋の枠はサンゴによって隠されて、消失したサンゴの茂みに似たものになるだろう。

水面に戻る前に、ボネール島で進行中の七つの内の一つにあたるこの区画で、何十ものサンゴの生け垣を見て回った。いくつかの生け垣は、絡み合ってとがったオレンジ色のスタッグホーンで覆われており、鉄筋は完全に隠れていた。この美しい世界を回復するための、私の小さな貢献に大きな誇りを感じた。

しかし、この移植の試みは実際に長期的にうまくいくのだろうか？

なぜうまく機能させなければならないのか？　つまるところ、私たちはまだ化石燃料を燃やしており、温室効果ガスを大気中に放出している。そして大気に追加されたガスが捕捉する熱の九〇％が海洋に吸収されている。エルニーニョはこれからも二〜七年ごとに発生するだろう。二〇一五年に発生したエルニーニョのときには、海表面の温度が過去最大の上昇——摂氏二・八度——を記録し、かつてないほど長く続いた（二〇一四年のネイチャー・クライメート・チェンジ誌に発表された研究によれば、エルニーニョの発生頻度は、海水温の上昇によって将来二倍になる）。温暖化する海域では、細菌性の疾患がより悪性になるだろう。雨が降り続け、堆積物や肥料を海に流出させるだろう。島の政府は下水の排出を抑制する施策を進めているが、この先何年も問題が解決されることはないだろう。では、さらに悪化する条件の下でサンゴの移植は成功するだろうか？

翌日、私はＣＲＦのボネール島のコーディネーター、フランチェスカ・ヴィルディスと一緒に座って、未来について語り会った。ＣＲＦは、シンプルで、安価で、簡単に複製できるサンゴの修復技術の開発に熱心に取り組んでいる。現在、フロリダ・キーズには五つの大きな修復拠点があり、ボネールに七つの拠点がある。

ヴィルディスは三九歳、細身で、髪が黒く、軽やかなイタリアのアクセントで話し、洗練されたルネッサンス期の聖母の特徴を備えていた。彼女は地中海のサルディーニャ島で育った。家族はとても海に入れ込んでいたが、特にスキューバ・ダイビングに熱中していた。一〇歳のとき、彼女もダイビングを始めた。サルディーニャにサンゴ礁はないが、と彼女は説明した。しかし、彼女は幼少期にトンネル、洞窟、難破船を探検し、銀色のオニカマスや他の大きな魚の群れを見て過ごした。海洋科学の修士号を取得した後、彼女はイタリアの石油業界で働き、海洋掘削の環境安全性に特化した仕事をしていた。

彼女は、研究職についた学部卒の仲間と比較して、安定した、そして給料がいい素晴らしい仕事に就いていた、と言った。「イタリアでは、海洋科学者のキャリアは、最初の一〇年間は基本的に無給で働くようなものでした」。しかし、石油業界で働くことには、「非常に男性的な環境」に対処しなければならないなどマイナス面があった。彼女は研究職には就かなかったが、いつも教えることを楽しんでいた。後者の趣味を満たすために、彼女はダイビング・インストラクターの資格を取り、週末にスキューバ・クラスで教えた。しかし、五年後、彼女は仕事が嫌になったので一休みすることに決めて、バディ・ダイブで一年間インストラクターとして働きながら、英語力を磨くことにした。彼女は、英語が上手になれば、新しいキャリアの機会が得られると期待していた。

ボネールでの一年は二年、そして三年になった。二〇一〇年初頭に、バディ・ダイブはCRFのスポンサーになることを決定して、サンゴの修復拠点を設立するために、政府に承認を申請した。ヴィルディスはプロジェクトに最初から関与していたが、八年後の今も、特に経済的に潤っているわけではないが積極的に関わっている。彼女は現在、半分は保養地のダイブ・インストラクターとして、もう半分はボネールのＣＲＦプロジェクトのコーディネーターとして働いている。

財団の仕事は、実証されてはいないが説得力のあるいくつかの主張に基づいている。一つは、過去二〇年間に白化と病気が大規模に蔓延した後でも生き残っていたエルクホーンとスタッグホーンは、生存に有利な一連の遺伝子を持っているはずだという推測である。これらの頑強な生存者の断片を採取し、育てて移植することで、ヴィルディスと彼女の同僚たちはサンゴ礁自体が持っている再生力を支援できると信じている。

また、ＣＲＦは、出会い系サービスを提供することで、修復が実質的に機能することを確信している。ほとんどの場合、スタッグホーンとエルクホーンは断片化することで無性的に増える。折れた枝はクローンとして成長するために、サンゴはすぐに周囲の環境に効率的かつ継続的に定着することができる。しかし、変化の多い環境では、無性生殖はリスクを伴う。クローンのサンゴはすべて同一のゲノムを持っているために、遺伝子が新しい条件――汚染された暖かい水のような――に対応できない場合、すべてが死ぬことになる。

幸いなことに、サンゴはクローンの形成だけで複製するわけではない。毎年行われる乱交パーティーもある。年に一回、二四時間から四八時間だけ、サンゴは同調して大規模な産卵を行う。カリブ海では、産卵は必ず八月または九月（水温に左右される）の満月から四〜六日後の夜に起こる。時が来たら、個々のスタッグホーン、エルクホーン、および他の数十種のアクロポリド（訳注：ミドリイシ科に属する種の総称）がすべて卵と精子の両方を作り、それらを同時に放出する。配偶子は小さな半透明のピンクの風船のように見える。何百万もの卵が、潮や海流に乗って海面に向かって斜めにゆっくりと上昇する。サンゴの産卵は、海洋世界の驚異の一つである。光を当てると、逆さまに流れるピンク色の流星群が見える。海面では、風と波が風船をばらばらにして、さまざまなサンゴの卵と精子が混ざり合う。数日後、結果として生じた胚は、プラヌラと呼ばれる遊泳する幼生に成長する。次に、プラヌラ幼生は基質に付着するために、海底に向かって泳ぐ。着床率は低い。ほとんどの卵子と精子はそもそも出会うチャンスがなく、ほとんどの幼生は適切な場所に着地することに失敗する。首尾よく錨を下ろせたものでさえ、炭酸カルシウムを十分に分泌して自らを保護する家を作るまでは、捕食者に対して非常に脆弱である。それでも、この美しいが危険をはらんだ性的な現象は、何百万年にわたって、遺伝子型がわずかに異なるポリプを生成してきた。

サンゴが生き残る条件

一九八〇年代半ば以前は、ボネール島のサンゴ礁は、スタッグホーンとエルクホーンで埋め尽くされていた。注意深く観察すると、サンゴの集団の間でわずかな違い——たとえば、より鮮やかな色または太い枝——を見ることができた。それらの多様な外観（または表現型）は、それらの遺伝子構造（または遺伝子型）のわずかな違いを反映していた。相違は純粋に偶然である場合もあるが、場合によっては、ある海域における条件——たとえば水の透明度——が、水路沿いの条件と少し異なるという事実を反映しており、しかもその特定の場所で繁栄するように進化した可能性がある。スタッグホーンとエルクホーンは個体数が非常に多く、また他の多くの集団の産卵距離内に生息していたために、配偶子が絶えず混ざり合って生存に役立つ多様性を生み出していた。

しかし、今日、ボネール島の周辺と世界中で、これらのサンゴは小さな集団だけが残っており、集団間の距離が非常に大きくなったために、性的混合が起こる可能性ははるかに小さくなった。人間の助けがなければ、スタッグホーンとエルクホーンは、急速に変化する環境に適応するために必要な遺伝的多様性を生成できない。

CRFのスタッフとボランティアたちがこの課題に挑戦した。彼らは、表現型がわずかに異なり（または単に離れた場所で生息している）、したがって異なる遺伝子型を持っていることを示しているサンゴの断片を収集してタグをつけた。保育園で多様な断片を育てた後、配偶子が他家受精する可能性が高い岩または鉄筋の枠に移植した。希望は、ボネール島の現在の状況によりよく適応した新しい遺伝子型が出現することである。彼らの思考はこうである。おそらく新しいプラヌラは、島で最も強い生存者たちの遺伝子を併せ持っているから、きっと生き残るだろう。

ヴィルディスと彼女の同僚たちは、人工の茂みのさまざまな遺伝子型を追跡することで、五つの場所でどの遺伝子型が最も生存率が高いかを特定できる。残念ながら、研究室で繁栄する遺伝子型と海洋の特定の場所で繁栄する遺伝子型の間に相関関係はなかった。野生では、温度、海流、捕食圧、海水の濁度など、生存に影響を与える変数が多すぎる。生息地のサンゴを観察することでのみ、選抜をさらに進めて最終的に進化の勝者を移植するのに役立つ傾向を見出すことができる。

それで、彼らの取り組みはうまくいっているのか？　自信を持って答えるには早すぎる。ヴィルディスによれば、生存率は五〇～八〇％の範囲だが、成功の度合いは場所で異なるという。

「サンゴ礁がすでに損傷を受けている場合」と彼女は説明した。「移植されたサンゴが生き残るのは困難です。生態系のバランスが崩れ、ウミケムシや巻き貝、藻類が多すぎるのです。何千匹ものウミケムシで損傷を受けたサンゴ礁を見たことがあります。ウミケムシが多いのはそれを食べるカニがいないためで、カニがいないのは隠れるためのサンゴ礁がないからです」。最初に移植されたサンゴは、多くの場合、大きな損傷を被って成長が鈍いのだが、先駆者は次世代の移植サンゴのためにより良い生態系を作る。

数年間、バディ・ダイブはボネール島で唯一のCRFのスポンサーだったが、最近三つのダイブ・リゾートがこの取り組みに参加した。これまでのところ、財団は一万一〇〇〇のサンゴを栽培して移植し、苗床でさらに一万個のサンゴを栽培している。四つのリゾートすべてでサンゴの修復プロジェクトを実施し、研修を行い、五〇〇人を超えるダイバー——観光客と居住者——が参加している。シュノーケラーは二つの新しい拠点にアクセスできるようになった。

しかし、目標は、フロリダやボネール島沖のサンゴ礁で手作業でサンゴを再移植することではない。数千平方キロメートルのアクロポリドが失われ、失われたものを復元できるボランティアダイバーはいない。自然保護論者は、代わりに自然による回復を促進し、消滅する前にできるだけ多くの遺伝的品種を保存することを希望している。フロリダのCRFの保育園では、現在野生では絶滅した数十品種を含む、一四〇種のスタッグホーンの系統が保存されている。

遺伝子型の多様なライブラリを作成することは、科学者にとって「進化の支援」の可能性を探る上で非常に重要である。世界中の海洋科学者が緊急の課題として研究しているのは、具体的に何が、温暖化している海で一部のサンゴだけが生き残ることを可能にしているのかということである。彼らが発見したのは、ポリプの遺伝的特性は物語の一部にすぎないということである。重要なのは、中にいる褐虫藻の遺伝的性質である。

褐虫藻について語るには、初めにシンビオディニウム属の種の問題に触れる必要がある。一九九〇年まで、科学者たちは、すべてのサンゴに生息しているシンビオディニウムはすべて同じで一種類しかないと考えていた。しかし、一九九〇年代に、遺伝子の塩基配列が決定されて、それまで知られていなかった何百もの異なる種が存在することが明らかになった。現在シンビオディニウム属は、A～Iの文字が付された九つのクレード（遺伝的に類似したグループ）に再編されている。また、各クレードは、さらに番号付きのタイプに細分化されている。しかし、最近のアクロポリドを用いた研究が行われるまで、クレード間の区別が重要かどうか誰にもわからなかった。

一般にアクロポリドは狭い範囲の外の水温に耐えることができず、温度が上限を超えると褐虫藻を放出する。二〇〇六年、オーストラリア海洋科学研究所のレイ・バーケルマンスとマデリン・J・H・ファン・オッペンは、緑色、ピンク、オレンジ、または紫色の、体中に穴があいた密集した指の集団のような姿を持つ、一般的なサンゴ、アクロポラ・ミレポーラに関する研究結果を発表した。ミレポーラ（「数千の穴」を意味する）は温度に特に敏感で、多くは二〇〇五年のエルニーニョのときに白化して死滅した。しかし、一部は生き残り、科学者がこれらの特別丈夫な個体を分析したとき、生き残った個体には、通常共生しているクレードCではなく、クレードDのシンビオディニウムが共生していることを発見した。

バーケルマンスとファン・オッペンは、サンゴの生存が共生する特定の褐虫藻の系統に依存していることを初めて示した。この発見で、科学者たちは疑問を持った。すべてのサンゴがクレードDの褐虫藻を利用することができたら、より暖かい海水中でより生き残りやすくなるだろうか？　クレードDの褐虫藻を温暖化する海水の課題に導入することで、サンゴ礁を救うことができるかもしれない。少なくとも、より確かな解決策が見つかるまで、時間を稼げる。

サンゴ礁は待ってくれない

私は、ハワイ大学の海洋生物学研究所の研究室長で、この疑問にも興味を持っているルース・ゲイツ博士に電話した。彼女は、サンゴが環境の変化にどのように対処するかに焦点を当てている生物学者で、ファン・オッペン博士とも何度も共同研究している。彼女は「私は誰と誰がペアになっているかを研究することだけに関心があるわけではありません」と私に言った。「共生者が一緒に働いているとき、何が起こっているのか。すべての相互作用とパートナーシップは同じなのか、それとも、あるものは他のものよりも高品質なのでしょうか？　クレードDの配布に取り掛かろうと多くの人が言っていましたが、私は、今しばらくやめておこう、と言いました」

二〇〇八年と二〇〇九年に公開された研究は、クレードDシンビオディニウムは耐熱性だが、生成する糖の量が少ないために、それを宿しているサンゴもあまり成長しないと結論づけた。驚くことではない。研究者は、水が通常の温度まで下がると、サンゴはクレードDの住民を追い出し、再びクレードCのパートナーを取り込むことを発見した。サンゴは、クレードCがより多くの糖を生産し、したがってパートナーのためにより多くのエネルギーを作り出してくれることを当てにしている。明らかになったように、クレードDの共生者は、悪天候時の友人であり、緊急時にのみ受け入れられる。

ポリプと褐虫藻の関係は複雑で、深くかつ親密である。共生の研究は、一方から他方への物質の流れに注目して行われている。「私は、共生がどのように進化するかについて、いろいろ考えています」とゲイツは言った。「成功した共生体のほぼすべては寄生的な関係から進化してきました。時間が経つにつれて、だんだんと相互に作用するようになり、数百万年にわたって進化した結果、最初はある種の平和的な共存から最終的に二種の生物がその連携から恩恵を受ける相互主義へと発展します」。クレード間の遺伝的差異は取るに足らないように見えるかもしれないが、実は重要であることが判明した。「危機に瀕しているサンゴの共生を調整できるかもしれませんが、私の立場は、非常に微妙な方法で元々持っていたものに非常に近縁の共生生物を利用するものです。DとCを入れ替えるのは、やりすぎです」

ゲイツと彼女の同僚たちは、ポライトと呼ばれる種類のサンゴを研究している。これは、世界中の海で最も丈夫なサンゴの一つで、温暖化する海水にさらされたときの回復力が最も強い。ポライトは、形状と色相の範囲の広さから宝石の指サンゴと呼ばれることもある。アクロポリドよりもゆっくりと成長するが、巨石のサイズになり何百年も生きる。ゲイツは現在、ポライトに生息しているシンビオディニウム（クレードC、バラエティー15）を他のサンゴに移植することを試みている。彼女は幼いサンゴで試している。なぜなら、「赤ちゃんは、彼らが付き合っていく相手に対して、より起業家精神があるからです」。他のサンゴがC15を取り込んで、より高い温度にうまく対処できることが証明できれば、実験室で育てた幼いサンゴをサンゴ礁にまくか、またはそれらを育てて移植することで、気候変動に適した新しいサンゴ礁を作り出すことができるかもしれない。

しかし、サンゴ礁を救う別の方法がまだあるかもしれない。ゲイツと仲間たちは、一度高温の海水域で生き延びた野生のサンゴは、次に高温にさらされたときに立ち直りが早いことを発見した。彼らは、これらのサンゴの特定の遺伝子の発現が変化したと仮定している。遺伝子発現――つまり、いつ、どのくらいの期間遺伝子が活性化されるか――は、個体がその環境をどのように感知するか、またはどのように環境と相互作用して、外部環境からどんな影響を受けるかによって変わる。科学者はこれらの後成的要因に注目している。時には、エピジェネティクス（訳注：遺伝子の発現が後天的に制御されること）を通じて個体で発達した特性が次の世代に引き継がれることもある。

ゲイツとファン・オッペンはそれぞれの研究室で実験を行っており、気候変動の時代にサンゴが直面する二つのストレス要因である、高水温とpHレベルにサンゴを徐々に暴露して、これらの条件に対する耐性を強化することを試みている。すべてのサンゴが条件を生き延びるわけではないが、いくつかは生き残る。問題はどのようにそれを行っているかである。可能性の一つは、耐熱性に関連する遺伝子が高度に発現していることである。そのために、二人の科学者は、この耐性を子孫に残すことができるか調査している。もし成功したら、サンゴ礁にそのサンゴの配偶子や幼生をまくことができるかもしれない。理論的には、それらは将来の環境により適応したサンゴになるだろう。

ゲイツとファン・オッペンの研究室の科学者は、ＣＲＦのような組織に正確な科学情報を提供している。彼らは、若いサンゴや小さなサンゴを育てる方法とそれらを移植する方法の知識を持った修復の専門家が必要だと信じている。遺伝子型を保存することも理にかなっている。しかし、サンゴの生物学をよりよく理解することも非常に重要である。「私たちの目標は、」と、ゲイツは言った。「急速に進行する海洋の温度変化と酸性化と、サンゴの進化速度の間のギャップを埋めることです」。共生者間の関係はとても複雑である。ポリプのＤＮＡ、シンビオディニウムのクレードとタイプ、およびエピジェネティックな要因だけでなく、サンゴの微生物叢も関係している。私たち自身の健康は、腸、皮膚、その他の器官に生息する微生物と密接に関連している。サンゴの微生物叢もサンゴの健康にとって重要であることは間違いない。「時間があまり残されていないので、これらすべての変数をできるだけ早く理解し、可能であれば操作しようとしています」

ゲイツは、自身の仕事が一時しのぎの措置であることを認識している。「二酸化炭素の排出にうまく対処できなければ、」と彼女は付け加えた。「サンゴのためにやっていることは何の意味もありません。海洋が致命的な状態になる前に、温度上昇が何度も起こるだけです」

ゲイツとの会話の後、サンゴの生物学者の仕事がサンゴ礁の回復にどのように影響するかわかってもらうために、ヴィルディスに電話をかけた。彼女は科学がサンゴ礁救済の一助になることを望んでいるが、当てにはしていない。「大学に在籍していた頃から、将来、新世代になった時にはサンゴ礁が消滅する可能性について話してきました。しかし、今はもう未来について話していません。おそらく二〇年後にはサンゴ礁は見られないでしょう。私は息子のためだけでなく、私自身のためにもこの仕事をしています。科学者のサポートがあればいいのですが、もうただ座って話をしている時間はありません。どの細菌がホワイトバンド病を引き起こすのか、なぜいくつかのサンゴが他のサンゴよりも強いのかまだわかりませんが、すべてが解明されるのを待っている時間はありません。今すぐ飛び込んで、できることをする必要があります」

私は彼女が持つ切迫感を理解している。以前、ダイビングをした後、私はボートの年長の乗組員の一人に、自分が見た水面下の驚異について興奮して話した。「ああ、」彼は悲しげに言った、「あなたはそれが美しいと思っているが、実際は、もう何もないに等しい。あなたが見ているのは、かつてそこにあったものの一〇%にすぎないかもしれません」。これには真剣に考えさせられた。

私はCRFの仕事と、ファン・オッペン、ゲイツ、および他の科学者の努力を称賛する。* しかし、私は将来について悲観的である。世界が、サンゴ礁のために、十分な速さで二酸化炭素排出の問題に対処する保証はない。ここで触れた水中の驚異をご覧になりたいなら、すぐにスキューバ旅行を予約することをお勧めする。

*残念ながら、ゲイツ博士は二〇一八年に亡くなった。研究室の同僚たちは、彼女の先駆的な仕事を継承している。

3章　有毒化する藻類

一二歳の頃にお泊まり会をしたとき、アルフレッド・ヒッチコックの「鳥」がテレビで放映され、カーペットの上にあぐらをかいて、ネルのパジャマを着た他の女の子たちと肩を寄せ合って見始めた。私はあるシーンまでしか見ることができなかった。映画の初めあたりの、カモメが金切り声をあげて誕生日パーティーの人々を襲っているシーンを、今も思い出す。私は恐怖にかられて、読書するためにこそこそと二階に上がった。以来、私は映画の続きを見たことがない。

ヒッチコックの物語は、一九六一年八月一八日にカリフォルニア州モントレー湾周辺の沿岸の町々で発生した事件に一部影響を受けている。サンタ・クルーズ・センチネルが同日付でこの事件を報じている。ガタガタ、ドシンという音を立てて巨大な海鳥の大量の群れ、正確には一メートルの翼を持つ黒いミズナギドリが家々の屋根に飛び込んできて、プレジャー・ポイントとキャピトラの住民を午前三時に叩き起こした。何が起こったか調べるために懐中電灯を持って恐る恐る庭に出た何人かの人々は、大きな鳥が通りに散らばっているのを見た。多くは死んでいたが、一部は気絶しただけで、懐中電灯の光に引きつけられて町の人々に飛びかかった。翌朝、住民は死んだミズナギドリで覆われた通りと「通りや芝生そして家屋の上に、強烈な悪臭を放つ散乱した魚や魚の骨」を見つけた。三〇年後、同様の事件が起こった。このときは、腹を魚でいっぱいにしたペリカンの群れで、同じ沿岸の町の家々に飛び込んできた。

どちらの場合も、そして間違いなく記録されなかった他の複数の事案でも、鳥は体内に蓄積した毒素によっておかしくなったのだ。彼らが食べた魚は、動物プランクトンを食べ、その動物プランクトンは、特定の微細藻類の種、プセウドニッチア・オーストラリスと呼ばれる珪藻を食べた。この珪藻は、魚、アシカ、およびそれを摂取する鳥にとって致命的で強力な神経毒であるドウモイ酸を生成する。どちらの夏も暖かくて、風が弱く、珪藻が大増殖する最適な条件だった。毒素が食物連鎖を上っていくのは時間の問題だった。

海水が暖まり肥料の流入が増加するにつれて、ドウモイ酸を生成する藻類のブルームが発生する頻度とその規模が世界中で増加している。最近の欧州委員会の調査によると、ドウモイ酸中毒は海洋哺乳類と人間に深刻な脅威をもたらしている。アシカは、定期的にドウモイ酸中毒で死んでいる。人間が誤ってドウモイ酸を摂取すると、嘔吐、頭痛、方向感覚の喪失、脳卒中などの症状を発し、時に死亡する。一九八七年、プリンス・エドワード島の四人がこの中毒で死亡し、汚染された魚介類を食べて一〇〇人以上が病気になった。沿岸地域のアサリ漁師は特に危険にさらされていると、研究では警告している。毒に慢性的にあるいは強く曝された場合、このすべての症状と記憶障害を発症するリスクがある。貝類は有毒な藻類を摂取した後ドウモイ酸を一年ほど蓄積しているので、ワシントン州は消費者にマテ貝の消費を一か月あたり一二個に制限するよう助言している。

プセウドニッチアのブルームは経済的損害を引き起こした。二〇一五年の夏、中部カリフォルニアの北部海岸からカナダのブリティッシュ・コロンビア州まで北に約二四〇〇キロにわたって珪藻のブルームが広がり、それまでにない高レベルのドウモイ酸が生成された。州当局はこの地域の貝類漁業を四か月半にわたって禁止し、消費者は海岸線で採集されたムール貝やハマグリを食べないように警告を受けた。貝類に依存していた漁師と陸上の事業者は数千万ドルの収入を失った。

藻類ブルームの大規模発生

シアノバクテリアが毒素を生成するように進化した理由は明らかになっていない。シアノバクテリアの初期の歴史に捕食者は存在しなかったので、毒は元々防衛用ではなかった。近頃微生物学者が、最も一般的なシアノバクテリアの毒素であるミクロシスチンが強い紫外線から身を守る働きを持つことを実証したので、おそらくこれらの化合物は日焼け止めだったと思われる。いずれにしても、この毒素を大量摂取すると致命的になる可能性があり、仮に摂取量が少なくても動物の肝臓に入ると長期的なダメージを与える可能性がある。シアノバクテリアの毒素は他にもある。ノジュラリンを生成するシアノバクテリアは汽水に生息し、シリンドロスパーモプシンは淡水を毒で汚染している。すべてのシアノバクテリアのブルームが有毒というわけではないが、私はそんな場所で決して泳がないし、膜が張り緑色に混濁した池の水は犬に飲ませない。

そして、残念ながら注意すべき色は緑だけではない。茶色の色素を持つ微細藻類カレニア・ブレビスは、メキシコ湾の海岸に沿って毎年大西洋を北上してノースカロライナ州まで暴走し、海水を栗色に染めて、沿岸住民に健康上および経済的な苦難をもたらしている。その色合いのためにカレニアのブルームは赤潮と呼ばれ、人間の神経系を攻撃し、海洋哺乳類を毒するブレベトキシンを大量に生成する。数年前に週末の休暇で行ったフロリダ西海岸沖のアンナマリア島で、私は身をもって赤潮を体験した。到着後ビーチ沿いを散歩していると、息切れがして、目が焼けるように痛んだ。私は病気かと疑ったが、ホテルの従業員が説明してくれた。自分で原因を思いあたることができなかったのが少し悔しかった。原因は地元の赤潮だった。私は海水の赤みがかった色に気づかなかったが、カレニアは確かにそこにいて威力を持ち、波と風の動きによって気化して空気中に放出され、私のような無防備な海水浴客がそれを吸い込んだのだ。カレニアに悩まされる地域の人々には残念なことだが、赤潮は数か月続くことがあり、二〇〇六年のフロリダのブルームは一七か月も続いて、観光産業が一時休業となった。二〇一七年の秋に発生したフロリダの赤潮は、二〇一八年の秋になってもまだ被害を生み続けていて、一二〇〇トンの魚や他の動物を殺し、呼吸器疾患のために記録的な数の人々を病院送りにした。大気中の二酸化炭素濃度が増加した結果、海中の二酸化炭素濃度が上がり、それがカレニアの成長を促進して赤潮の発生を増加させている。

最近夏になると、オハイオ州トレド近くのエリー湖では、ミクロシスティス・エルギノーサと他のいくつかの有毒シアノバクテリアが広大なブルームを形成する。藻類は湖水を吐き気がする緑色に変え、湖面を、人々がエンドウ豆のスープ、緑色の塗料、またはシャムロック・シェイク（訳注：聖パトリックの日にちなみ三月に限定販売されるグリーンミント風味のミルクセーキ）とさまざまに表現するものに変える。肥料の流出と暖かくなった水が主な原因だが、ブルームは外来の侵入貝類によっても促進されている。

ゼブラ貝とクアッガ貝は、一九八〇年代に船のバラスト水（訳注：船の重しとして使われる水）で運ばれて五大湖に侵入し、それ以来増え続けている。彼らは藻類を巡って魚と競合するが、気むずかしい貝はミクロシスティスを避けてその競合相手の藻類を食べる。そのため、ミクロシスティスは水中の主導権を握って増殖し、毒素を長期間放出し続けている。

ブルームは見た目が悪いだけではない。湖から原水を取水しているトレドの四〇万人の住民の健康にとって大きな問題である。二〇一四年にエリー湖で発生した史上最大のブルームは、ニューヨーク市とほぼ同じ広さの七七〇平方キロを汚染した。沖合数キロに設置されている取水管はブルームで覆われ、市は飲料水だけでなく、皿洗いや幼児の入浴に使用しないように、公共の水道を二日間閉鎖しなければならなかった。市はその後、事前警告システムを設置し、追加した高額な活性炭ろ過システムを稼働することができるようになったが、給水システムが藻類で完全に覆われている衛星写真を見て、トレドの人々が不安を感じたことは想像に難くない。

問題はトレドだけではない。スペリオル湖とニューヨークのフィンガー湖は、夏のブルームに侵略されている。ユタ湖は、プロボ近くにある人気の保養地で、畜産用水の水源でもあるが、二〇一六年の七月に緑色に変色して、世界保健機関によって「緊急の健康リスク」と考えられる量の三倍以上の濃度の有毒シアノバクテリアが検出されたために、市は湖を閉鎖せざるを得なかった。同じ夏、ロサンゼルス郊外のピラミッド湖で泳いだ数人が病気になったが、このとき保健当局は湖水から警告を発する閾値濃度の六倍にあたるミクロシスチンを検出した。オレゴン州のアッパークラマス湖は、有毒シアノバクテリアのブルームのモデルのような場所である。湖は浅く穏やかで、麻痺を引き起こす可能性がある毒素を持つ、アファニゾメノン・フロスアクアエにとって理想的な繁殖地である。オレゴン州のクラマス川の貯水池もまた、ミクロシスティスのブルームが頻繁に発生する場所である（ミクロシスチンは沸騰しても分解されないので、飲料水は特に危険である）。危険はブルームの発生地域にとどまらない。藻類はダムの水力発電タービンを通過して、二九〇キロも下流で検出されることがある。

有害藻類ブルーム（またはＨＡＢ）の一部は、水を緑色の蛍光で染め、またはどぎついピンク色に変えるので、容易に発見できる。しかし、毎年何千ものアメリカの小さな湖、池、貯水池に、目に見えないブルームがひそかに発生している。最近、地質調査所は、アメリカ南東部の三九％の河川でミクロシスチンを検出し、一九の州が二〇一六年の夏に公式にＨＡＢによる健康被害の警告を発令した。北半球の状況は悪化している。ブルームは夏の早い時期に発生し、長く続く。淡水ＨＡＢの経済的影響に関する包括的なデータを入手するのは困難だが、二〇〇九年のカンザス州立大学の調査は、レジャー目的の湖の使用制限、湖畔の不動産価格の低下、絶滅危惧種の保護にかかる経費の増加、さらに飲料水を改善するための支出の増加によって、年間の損失は二二億ドルに上ったと推定している。

「死の海域」の出現

藻類は毒素だけで殺すわけではない。毎年春になると、世界中の農家は急速に成長する作物に化学肥料を施している。同時に、家畜が生まれて、膨大な量の肥やしを生産しながら成長する。春と夏の降水は、肥料と肥やしから窒素とリンを洗い出して川に流し、続いて海に運び、そこで藻類の餌になる。アメリカでは、ミシシッピ川がアメリカ全土の四〇％に当たる二六〇万平方キロメートル以上の農地からの排水を運んでいる。つまり、毎年、概ね三月から六月にかけて、約一七〇万トンの窒素とリンがアメリカの農場からメキシコ湾に流れ込んでいる。これらの栄養塩は、河口からテキサスの海岸に沿って西に四八〇キロ以上、沖合三〇キロに及ぶおおよそ長方形の長い海域に広がって「スーパーブルーム」を作り出している。

しかし、スーパーブルームは最悪の問題ではない。最悪の事態は、ブルーム発生の後に起こる、死んだ藻類を餌にして好気性の細菌が思うがままに増殖することである。最悪の環境破壊は、細菌が海中の溶存酸素を消費するために起こる。魚、貝、動物プランクトン、その他の呼吸に酸素を使用するすべての生物はその海域から泳ぎ去るか窒息死する。たとえば、エビは酸素濃度が低い水に遭遇すると数秒以内に死ぬ。藻類のブルームは間接的に、海洋生物を維持できない海の領域、デッドゾーンを作り出しているのだ。

二〇一七年の湾岸のデッドゾーンはコネチカット州の大きさだった。州の上の大気から酸素がすべて消えた状態を想像してみてほしい。それは、すべての鳥だけでなく、すべての動物、昆虫、そして地面の下で空気を吸って生きている生物さえ存在しない空虚な世界である。このような包括的な破壊が、毎年夏に湾の沖で発生している。そして、荒廃は気を滅入らせるだけでなく、経済にも影響を及ぼしている。漁師は海岸から遠ざかる必要があり、漁場に着くまでに時間と燃料を無駄に費やす。また、漁獲量も変わる。デューク大学の研究は、夏にデッドゾーンが発生すると、価値の低い小ぶりなエビが増え、価値の高い大きなエビは減少して、漁師の収入が減少することを示している。

同じ力、すなわちブルームとそれに伴う破壊は、フロリダの東海岸で進行中である。半島の大西洋側の中ほどには、インディアン川ラグーンがあり、これは貴重で壊れやすい国の宝である。ラグーンはフロリダ沿岸に平行に広がる三五〇キロメートルの浅い水域で、本土と一連の防壁となる島々の間をゆっくりと流れている。州のマナティーの三分の一と三四種の絶滅危惧種を含む、少なくとも四〇〇〇種の動植物が生息しているラグーンは、昔からの産卵場所で、幼魚や軟体動物が育つ場所でもある。その経済的価値は、環境保護庁の全国河口プログラムによって三七億ドルと推定されている。

生態系は深刻な危機にある。二〇一一年に二つの大きな藻類のスーパーブルームが発生した。藻類は水を濃い緑色のどろどろしたものに変え、水底への日光を遮断し、一九〇平方キロメートルに生息しているラグーンの海草の六〇%を殺した。海草は幼魚やエビを保護し、他の野生生物に不可欠な食料を提供している。その年の海草の消失で商業漁業や釣り船業が被った損失は、三億二〇〇〇万ドルに達した可能性がある。同様のブルームが二〇一二年と二〇一三年にも発生して、何百ものマナティー、ペリカン、イルカが死んだ。そして、二〇一六年にはこれまでで最大規模のブルームが発生し、多くの魚を殺し、腐った遺骸が何キロもの海岸線を埋め尽くした。二〇一八年七月、フロリダ州知事のリック・スコットは、藻類の繁殖に苦しむ七つの郡で緊急事態宣言を発令した。

南フロリダの地質がラグーンの問題を悪化させている。州の南半分では毎年およそ一三〇〇～一五〇〇ミリの雨が降り、地下水面が地表より六、七センチより低いことはほとんどない。つまり、この地域は降水を吸収する能力がほとんどない。さらに悪いことに、多くの場所で、地下の石灰岩が粘土層に覆われていて、それが表土と岩の間でプラスチックのシートのように作用する。その結果、南フロリダの降雨の大部分が地面を水平に流れて、支流と雨水運河に流れ込む。水とともに農場から肥料が、また六〇万箇所の汚水浄化システムから下水が流れ込む。フロリダの地質を考えると、このシステムでは漏水が起こることは免れず、むしろ漏水することが確実となっている。

オキーチョビー湖もラグーンの劣化に寄与している。「レイク・オー」（訳注：オキーチョビー湖の俗称）は、州の中心部、ラグーンの西八〇キロにあり、その広さはロードアイランド州とほぼ等しい。二〇世紀初頭まで、湖は北で怠惰に蛇行するキシミー川とその小さな支流からゆっくりと水が供給されていた。湖の氾濫と漏出は必然的に南の湿地エバーグレーズに向かった。

一〇〇年の間に、土地開発業者とフロリダ州は湖のすべての岸の景観を劇的に変えた。湖の北の沼地は排水され、キシミー川から怠惰な蛇行が切り離されて、酪農のための牧草地が作られた。湖の南のエバーグレーズは、サトウキビ農園を作るために排水された。かつてキシミー川を蛇行して流れ、周囲の沼地に分散して流れていた雨水は、今や急流になって湖に流れ込むようになった。頻繁に発生する洪水から南の農園を保護するために湖は堤防で囲われ、湖とカルーサハチ川とセントルーシー川が運河で結ばれた。現在、湖の過剰な水は、西はカルーサハチ川からメキシコ湾に流れ、東はセントルーシー川からラグーンと大西洋に流れ込んでいる。

レイク・オーに入る水は、何百万トンもの肥料、家畜糞尿、堆積物、下水で汚染されている。かつての砂の湖底は、今では最大三メートルもの泥とヘドロで覆われており、大規模な藻類のブルームは毎年の行事になった。何十億リットルもの藻類を含む湖の水が、特に雨の多い夏の季節にセントルーシー川に流れ込む。今や川底も泥で覆われて、デッドゾーンになっている。川のほとりに立つ標識は、人々に魚を釣ったり泳いだりしないよう警告しているが、誰も誘惑などされない。

川が殺された。宝とも言うべき生態系が絶滅の危機に瀕している。人々は不愉快なブルームに目をやり藻類をとがめるが、原因は完全に人間にある。それでは、私たちはそれについて何ができるだろうか？

4章 藻類による浄化

オキーチョビー湖、エリー湖、メキシコ湾、または他のどの水域でも、藻類のブルームを防ぐ最良の方法は、そもそもそこに下水や肥料が入らないようにすることである。しかし、規制を成立させて施行する政治的意思が不足しており、目先のコストや不便を強いられることが、長期的な利益を見えにくくしている。たとえば、フロリダ州の政治家たちは、三〇年以上も前からオキーチョビー湖へのリンの流入を減らすことを約束してきた。議会は二〇〇五年に、ミネラルの負荷を二〇一五年までに年間平均五〇〇トンから一四〇トンに削減することを義務づける法律を可決した。しかし、その期限が来ても施行されなかった。議員の反応はどうだったのか？　農場のロビイストの支援を受けて、彼らは単に承認の日付を一〇年先に伸ばしただけだった。[*]

＊州がUSシュガー、フロリダ・クリスタル、および他の砂糖会社から購入する、オキーチョビー湖の南の四二平方キロメートルの土地に建設予定の貯水池は、資金提供を待っている。貯水池の役割は、現在東はインディアン・リバー・ラグーンに流れ、そして西はメキシコ湾に流れている湖の氾濫水を捕捉し、それを処理して、きれいな水を南のエバーグレーズへ送ることである。南へ流れる水をレイク・オーの堤防で止められているエバーグレーズにとって、貯水池はどうしても

必要である。もちろん、湖の北の住民や自治体が汚染物質の排出を抑制してくれるのが一番助かる。いずれにせよ、レイク・オーの底に蓄積されたリンは何十年も浸出し続けるだろう。

代替案として、環境に配慮する何人かの起業家たちが新しい手段を試みている。過剰な栄養塩が小川、川、そして運河に流入した後、ラグーンに到達する前にそれを遮断する方法である。彼らがその仕事をするために藻類に助けを求めていることを知って、私は調査に乗り出した。七月のある朝、フロリダの大西洋岸を約半分下った所にあるインディアン・リバー・ラグーンにまたがっている都市ベロビーチに向かって車を走らせていた。革新的な水質汚濁対策会社ハイドロ・メンティアの創設者の一人、アレン・スチュワートに会うことになっていた。

ハイドロ・メンティアは、ワシントンDCにあるスミソニアン研究所の海洋システム研究所の所長、ウォルター・アディー博士の研究から始まった。一九七〇年代に、アディーは栄養塩のリサイクルに興味を持って、サンゴ礁の生態学を研究していた。リサイクルのプロセスを分析して理解するために、彼は卓上の水槽から始めて、最終的にボルチモアの国立水族館に七五〇〇立法メートルの大がかりで先駆的な人工サンゴ礁を建設して、閉鎖系のサンゴ礁マイクロコズム（訳注：制御実験生態系）を作り出した。

金魚鉢であろうと三階建てのサンゴ礁のレプリカであろうと、すべての水生生物研究者は、動物の排泄物から出るアンモニア、硝酸塩、そしてリン酸塩の増加に対処しなければならない。以前からマニアや専門家は、タンク内の水を頻繁に交換するか、化学薬品を使って排泄物を処理していた。アディーは、自然界では芝生状藻類がこれらの栄養塩を捕獲して海水の化学的バランスを維持しているとわかっていた。その後、海洋動物が藻類を食べて、ミネラルをゆっくりリサイクルしている。

アディーは、小さな水槽で自然を再現する方法を思いつき、芝生状藻類式洗浄機（ＡＴＳ）と呼ばれる装置を発明して特許を取った。彼が初めて作ったＡＴＳは、小さな芝生状藻類をプラスチックの箱に入れて、水槽の外側に取りつけたものだった。水はプラスチックのチューブで水槽とＡＴＳを循環する。藻類は連続して窒素とリンを吸収して成長し、きれいな水を水槽に戻す。箱が藻類でいっぱいになったら、こすり落として同じことを繰り返す。

一九九〇年代の初頭、アディーは、ＡＴＳの原理がより広い用途を持っており、過剰な栄養塩によって損傷を受けたより大きな閉鎖水系を浄化できる可能性があることに気がついた。彼は特にチェサピーク湾に関心を抱いた。湾は彼の家と職場に近く、排水でひどく汚染されていた。一九九六年に、彼とエンジニアで生物学者のアレン・スチュワート、そして何人かの投資家が、アディーの技術をはるかに大規模に適応・応用することを目指して、ハイドロ・メンティアを設立した。

芝生状藻類の活用

アレン・スチュワートは、私をハイドロ・メンティアのＡＴＳの視察に連れて行くために、プンタ・ゴルダにある自宅から車でフロリダを横断していた。クラッカー・バレル（訳注：アメリカで有名なカントリースタイルのレストラン）の駐車場で落ち合って一緒に現場に行くことになっていた。前もってメールで写真を送ってくれたので、彼を見つけることができた。「おわかりのように、私は年老いて醜い」と書かれていたが、カヤックに座った男の画像を見ると、彼の姿より目を引いたのは、広げた腕に抱えている斑点のある魚で、あまりに大きいので尾をつかんだ右手と頭を持つ左手の間でたわんでいた。

写真は語っていた。アレン・スチュワートが水の浄化の仕事に携わってきたのは、常に情熱的なアウトドア志向の人で、長年フロリダの大自然を愛してきたからだと。

私たちは約束した時刻にお互いを見つけて、ATSが設置されているラグーンの内陸側にあるオスプレイ・マーシュまで数分間のドライブをした。私はアディーの水槽模型を巨大にした機械を想像していたが、現場に着いてそこで見たのは湿ったコンクリートの駐車場のようなものだった。一・六ヘクタールの区画を端まで歩いた。その表面は、真っ青な空とポップコーンのような雲の群れを映す輝く水で覆われていた。このコンクリートの広がりを表す専門用語はフローウェイである。一端からもう一端にわずかに傾斜していて、水は上端からその長さを非常にゆっくり均一に移動する。上端で供給された水が下端に届くまで一五分かかると、スチュワートが言った。

フローウェイは、わかりやすく言えば、非常に浅いラグーンである。この瞬間も数十羽のシラサギがフローウェイの表面を注意深く歩き、黄色いくちばしを水に入れて小さな魚や甲殻類を突っついていた。小さな灰色のミユビシギの群れは空で旋回していたが、その後一斉に舞い降りた。スチュワートは、二羽の青いアオサギ、黒い脚とオレンジのくちばしを持つ二羽の大きなシラサギ、艶やかなトキ、および黒いアヒルのような、額からくちばしまで白い縦縞の入ったアメリカオオバンの一群を指さした。冬には、ピンクの羽を持つベニヘラサギの群れが見られるかもしれない、とスチュワートが言った。

しかし、私たちは鳥やアヒル、小さな魚のためにここにいるわけではない。藻類のためにいる。フローウェイの端でかがみ込んで水面の下を覗き込むと、緑色、茶色、および金色の綿毛が密なカーペットになってコンクリートを覆っていることがわかった。スチュワートは、ほとんどの芝生状藻類は緑色だが、茶色の珪藻が付着して色を汚くすると説明した。スチュワートの提案で、私は観察するために手を伸ばして綿毛の集団をつまみ上げた。冷たくてどろどろしていたが、爪先より小さい二枚貝と爪ぐらいの大きさでエビのような形をした端脚類など、空腹の鳥のための隠れた宝物でいっぱいだった。虫眼鏡や顕微鏡で芝生状藻類の束を見ると、表面の粘液によって藻類の繊維がくっついて、マットのようになっているとスチュワートが言った。フローウェイはこれらの藻類にとって理想的な生息地である。日差しは明るく、湿地植物が成長して日陰を作るには浅すぎる。そして、太陽を遮る可能性のある微細藻類のブルームを防ぐのに適した速さで下降する水の流れがある。何よりも、陸から有り余るほど供給された窒素とリンを含む水は藻類にとって魔法の液体である。

私たちは、水の入り口であるフローウェイの高い方の端まで歩いた。何ダースもの白いパイプの口が、コンクリートの上端に沿って大きく開いていた。小型ポンプで、ほぼ毎分、水がすべての口から同時に流れ出して、新たな水のシートが下端に向かってゆっくりと滑っていった。

二つの水源がフローウェイに水を供給している。お隣のサウス・カウンティ水処理施設は、一日あたり五六〇万リットルの「棄却水」をフローウェイに送っている。棄却水は有機化合物が除去され問題なく飲用できるが、高レベルの窒素とリンを含んでいる。もう一つの供給源は、一日あたり三七〇〇万リットル以上の水をラグーンに送っているサウス・リリーフ運河である。運河は、数千キロメートルにわたる淡水運河、堤防、運河沿いの細道、およびポンプ場からなる、州の南半分に張り巡らされた巨大なシステムの一部で、大量の雨水を集めて海岸に送り、農場や近隣から遠ざけている。

私が訪問したのはＡＴＳの収穫日だった。スチュワートと私が見ていると、刃を前部に取りつけた小さな緑色のトラクターが、フローウェイの東半分を「刈り取った」。それは端から中央に向かって騒々しく動き、水と藻類を一緒に押してから、再び端に戻って来た。それは、草を刈るというよりも、解けかけた雪をかくような作業だった。

フローウェイの下端まで約一五〇メートルを歩いた。そこでは、どろどろの藻類は水路から落ちて、孔のあいた幅の広いベルトコンベヤーに滑り込んだ。ベルトは上向きに傾斜しており、そこで抜かれた水がベルトの下から滴り落ちていた。ベルトの上端で、藻類はコンクリートの台まで約六メートルを落下し、そこで、熊手を手にした作業員の一人がバイオマスを広げて乾かしていた。

ATSシステムにあるのはこれがすべてだが、これがローテクであるはずはない。このようにシンプルだが、とスチュワートは私に言った。「二〇一六年の一年で、フローウェイはほぼ三二〇〇トンの湿った藻類を生産する予定です。これはオスプレイ・マーシュでの最初の一年ですが、これまでのデータに基づくと、約二・三トンのリンと六・八トンの窒素を水から回収することになります。ラグーンに流入せずに除去された栄養塩は九トンになります」

全体として、オスプレイATSとその近くのエグレット・マーシュにある姉妹ATSは芝生状藻類の洗浄技術の可能性を示しており、私はいたく感銘を受けた。成果に基づいて見通しを立てれば、洗浄機は年間二六〇億リットルの水を浄化できる。しかし、レイク・オーからセントルーシー川を通ってラグーンに至る総流量は約九五〇〇億リットルもある。ラグーンで問題になっている栄養塩を有意に減少させるには、数多くのATSが必要になる。

人工湿地の限界

外海に流れ出る前に汚染物質を封じ込めるのは新しい考えではない。自然は、湿地帯、すなわち湿地、沼地、沼と豊かな水生植物を発明し、流出した窒素、リン、その他の栄養塩を何百万年にもわたって吸収してきた。しかし、フロリダではほぼ五〇%にあたる三六〇万ヘクタール以上の自然の湿地帯が失われたために、窒素とリンを捕捉してリサイクルする能力の半分が失われている。そして、もちろん現在の湿地帯には、人口が増加して大規模な耕作が行われる前よりもはるかに多くの吸収すべき栄養塩がある。この人為的な惨事を認めて、一九九〇年代に州議会は、栄養塩の過負荷を部分的に改善するために「人工湿地」の建設を求めた。人工湿地は、堤防で囲まれ、時々水没する、砂利と砂で覆われた区域で、自然に生えてきた湿地植物が繁茂して栄養分を吸収している。現在、南フロリダの入江と湾に沿って二万三〇〇〇ヘクタールの人工湿地がある。

人工湿地は栄養素の隔離に有用で、野生生物も引き寄せるので評価されているのだが、スチュワートは、人工湿地は理想からほど遠いと指摘した。「私たちがやっているのは、リンの場所を変えているだけです。リンは農場から水に溶けて人工湿地のさまざまな種類の水生植物に移動します。植物は成長、死滅、腐敗して、その遺骸が湿地の底に沈殿します。だから、リンはただ移動しているだけなのです」(ここではリンは最悪の問題である。窒素については、泥状の嫌気性湿地では植物や藻類に吸収されなくても、脱窒菌がそれを無害な窒素ガスに変換して大気に戻してくれる)。熱帯性の暴風雨が来ると、蓄積された堆積物が攪拌されて、リンが放出される。嵐がなくても、隔離された金属の約二五%が水中にゆっくり浸出している。人工湿地の多くにはすでに大量のリンが蓄積しており、厚くなる一方の泥にガマが繁茂して湿地を引き継いでいる。今では除草剤を散布する必要がある。そうしないと、密集したガマの茂みが自然のスゲ類を締め出し、光が水面に届かなくなって、野生生物にとって重要な自然の生息地を変えてしまう。

人工湿地はやがて——おそらく数十年間で——堆積物でいっぱいになるだろう。スチュワートによると、人々は時が来たら浚渫すればよいと、漫然と話しているが、その作業量は膨大になるだろう。そして、さらった泥をどこに置くのか？　人工湿地に関して、スチュワートは、次のような例え話をした。「まるで建物の屋上から落ちていく男のようです。落ちていきながら、各階のバルコニーにいる人々から物事がどのように進んでいるのかと尋ねられる。これまではとてもいいです、と彼は答え続けます。問題は、ここでは誰も長期的な視野を持っていないことです」。スチュワートは、ＡＴＳは、少なくとも人工湿地を補完する技術であると主張する。ＡＴＳは、人工湿地よりも面積あたりで一〇～四〇倍も多く汚染物質を吸収し、しかも永久に除去し続ける。

稼働中の実用規模のＡＴＳシステムは、オスプレイとエグレット湿地に設置された二基だけである。スチュワートと彼の同僚たちは、海岸沿いの運河の流出口と水処理施設の隣にさらに多くのＡＴＳ施設が建設されることを期待して、技術を無料で提供している。しかし、スチュワートにはもっと大きな夢がある。オキーチョビー湖をＡＴＳでぐるっと取り囲みたいと思っている。キシミー川やその支流を経由して北から入ってくる水を途中で捕らえるだけでなく、小型ポンプで、湖から水を汲み上げ、浄化して送り返すことができる。「それらは腎臓のように働いて、連続して汚染物質を除去します」。しかし、彼はそのような壮大な計画がすぐには進まないことを知っている。彼は、湖畔の土地の購入と同様に、土木工事と建設にかかる初期費用が問題になることを認めている。そして、政治的意思の欠如がさらに大きな障害であると彼は言っている。

しかし、もう一つの事例を考えてみよう。二〇一六年の二月、例年になく雨が多かった冬の終わり、オキーチョビー湖が南に向かって氾濫して、地域のサトウキビ農園が浸水の危険にさらされた。陸軍工兵隊は、湖からセントルーシー川につながる水門を開ける決断を下した。排出量は、一日一五億リットルから三八億リットル以上に増加した。水と一緒に、湖の五二ヘクタールのブルームから栄養塩と藻類が放出された。真夏までに、川の大部分、ラグーン、そしてラグーンの東海岸でさえ、アボカドのペーストのようにぶ厚くて、有毒の腐った藻類であふれかえった。魚とマナティーが死に、悪臭は吐き気を催し、観光客は家にとどまった。推定損失は四億七〇〇〇万ドルに上った。ATSの構築にはコストがかかる。しかし、私たちは何もしなくても高い費用を支払っている。支払い額は上がる一方である。

浄化までの長く険しい道のり

メリーランド大学環境科学部准教授のパトリック・カンガス博士は、一〇年にわたってチェサピーク湾全域でATSシステムを試験的に運用している。湾は、一六万五〇〇〇平方キロメートルの流域の農業、養鶏場、および郊外の芝生から流出する栄養塩で汚染されている。夏の半ばには、湾のデッドゾーンは全容積の約一〇%に達する。湾の水質を改善する三〇年間の努力にもかかわらず、これまで進歩はほとんどなかった。

年取った熊のような男カンガスは、工学技術を使った環境保護の問題解決に力を入れている。私が彼のオフィスに立ち寄った日、彼は楽観的だった。「環境保護庁（EPA）は、湾の汚染を制御するための最良の管理方法としてATSを認証したばかりです。私は、湾周辺の試験的なプロジェクトで一〇年間、毎週成長期の藻類を収穫してきました。私は、」と彼は強調した。「私は個人的に収穫を続けてきましたが、もう若くはありません。だから、EPAが認証したという事実は本当に重大です」

認証されたということは、メリーランド州では、湾に排出される固定窒素、リン、および沈殿物の量に関して、市または町が、EPAの規制に従うためにATSシステムを使用することを意味する。カンガスと仲間たちは、ボルチモア港と協力して、船から降ろされた車が販売店に運ばれるまで待機している二〇〇ヘクタールの舗装されたエリアに、実用規模のATSを設置した。このエリアは、雨水流出の主要な経路でもある。カンガスの予備研究の成果の一つは、ATSは非常に効率が良く、雨水を浄化するのにわずか〇・二ヘクタールのATSで十分であると明らかにしたことである。

「ATSシステムの美しさの一つは、」とカンガスは言う。「基本的にシンプルで、太陽からのエネルギーと、浄化された水そのものに由来する藻類を用いることです。自然のシステムにほんの少しエネルギーを注ぐだけで、浄化サービスを実行してくれるのだから、素晴らしいことです。これが、ATSが従来の排水洗浄システムよりもはるかに低コストである理由です。また、藻類バイオマスを嫌気性消化装置（バクテリアが有機化合物を分解する単純な装置）に入れて、メタンガスを生成し、それでポンプを作動させることも研究しています」

これは、朝飯前の工学技術だと言っているわけではない。「それぞれの場面で重要となる技術的な決定があり、まだ基本システムを最適化できていません。最適化するには、資金が足りません。しかし今、規制によって、栄養塩の海への流出を阻止するための市場ができています。最後に、ATSを改良して、その活用を促進する金銭的な動機があります」。それでは、結局のところ、ATSをどう評価すればいいのか？

一つには、それは実際に稼働している。農務省（USDA）の科学者は、流出する窒素の六〇～九〇％とリンの七〇～一〇〇％をATSで捕捉できることを発見した。ATSはほとんどエネルギーを必要とせず、頑丈な部品で作られており、野生生物に生息地を提供もする。フローウェイでは、すべての藻類が歓迎されるので、ATSの管理者は藻類の農家が抱えている問題に悩まされることはない。季節が変わっても、藻類は自然に適応する。藻類は糸状で、互いに接着しているので収穫が容易で、太陽熱で乾燥できる。単一源（工場などの）から汚染物質を除去することは、多くの拡散源（農場からの流出や浄化システムからの漏出など）からの水を浄化するのに比べて作業は簡単である。ATSは、独特の方法で、複数の汚染源から窒素とリンを外海に流出する前に捕獲することができる。

しかし、収穫された藻類をどうするのか？　USDAによれば、藻類のバイオマスには市販の肥料と同様の効果があり、現在、エグレット湿地から採取された少量のバイオマスが土壌改良剤および鉢植え用の土として販売されている。二〇年前（数字が確認できる最後の日付）の調査によると、フロリダの企業と農場は、年間約三二〇〇万立方メートルの堆肥を、造園、梱包土壌、苗床、芝と樹園、および農業に使用していた。当時、フロリダで生産されていた堆肥は、需要の二〇％未満だった。このことから、フロリダのATSで生成された地元産の堆肥の需要が増えると言って差し支えないだろう。

バイオ燃料およびプラスチック製造業者がATSのバイオマスを使用できるかもしれない。ただし、さらなる処理が必要である。芝生状藻類は通常、これらの買い手にとって不都合な堆積物を多く含んでいる。しかし、ATSを、より良い、より市場性のあるバイオマスを生産するように改良できるかもしれない。オーバーン大学のバイオシステム工学の専門家であるデイビッド・ブラーシュ教授は、自身とスミソニアンのディーン・カラハン博士、その他の人々がその可能性に取り組んでいると私に説明した。彼らは、フローウェイの表面――現在はコンクリートが流し込まれている――を改良して、その上で成長する芝生状藻類の量と品質を改善することを目指している。彼らは、藻類をより密に成長させる三次元のプラスチックの網をテストして、フローウェイの設置面積を減少させることに成功した。ブラーシュは、3Dプリンターを使用して、藻類種——たとえば自然でオイルが豊富な珪藻など——を選択的に引き付ける隆起したパターン（わずか数ミクロン高い）を作成できるかどうかも研究している。「私の希望は、」と、ブラーシュは言う。「この材料を使って、特定の種が八〇％になるように栽培し、その特性に応じて、プラスチックまたはバイオ燃料を製造する企業に提供することです」

私はエンジニアたちが成功して、ATSバイオマスに市場価値が生まれることを願っているが、ATSがすぐに利益を上げることはないと思っている。一つには、ATSは設置に広大な土地が必要で、チェサピーク湾の海岸のように、多くの場合地価が高い。そのために、ATSを設置して運用する意欲を引き出すには、規制と税金が必要になる。吐き気を催す藻類のブルームや死んだ魚の悪臭、資産価値の低下、そして観光収入の損失にショックを受けている市民が、地方政府がその気になるように要望を出すことが必要である。

5章　暴走を始めた藻類

藻類は、彼ら自身で地球上の生命を変えるほどの力があった。何十億年も前に、海洋と大気を酸化し、惑星全体を凍結した。藻類は、海洋の嫌気性生物を死滅させるか追放し、陸地を植物で覆った。これまで、計り知れない長い年月をかけて、ゆっくりと仕事をしてきた。しかし今日、人類が参入したことで、藻類は異常なスピードで働くようになった。

真夏のバルト海上空を飛行すると、約三七万五五〇〇平方キロメートルまたはモンタナ州の広さを覆う、世界最大の藻類のブルームが見える。もっと上から見ると、その表面は、アンティーク本のマーブル模様で装飾された見返しのような美しい緑色の渦巻きとスウッシュ（訳注：躍動感を表すナイキのロゴ）に見える。地表で見る現実は、バルト海には多くのデッドゾーンがあって、漁業が崩壊しているということである。研究者はバルト海を含む世界中の四〇〇の重要なデッドゾーンを追跡調査している。そして一〇〇%の確率で、今後さらに多くの大規模なブルームが発生すると予測している。すべては私たちのせいである。

最近、従属栄養性渦鞭毛藻類のノクチルカ・シンチランス（夜光虫）の爆発的増殖に隠れて、藻類が知らぬ間に暴走を始めた。ノクチルカは、透明で球形の、直径わずか一ミリの生物である。自身は光合成をしないが、微細藻類を飲み込んで細胞質に取り込み、そこで藻類は共生生物として生活する。藻類は、ノクチルカの食物から作られた窒素化合物や二酸化炭素と引き換えに、太陽由来の糖を動物プランクトンの宿主に渡す。これまで、時々夜に幽霊のような青みを帯びた生物発光を見た船乗り以外は、ノクチルカが世間から注目されることなどほとんどなかった。しかし、今日、これらの動物プランクトンはアラビア海海上何キロにもわたって緑色の浮きかすとして広がっている。

なぜ今なのか？　コロンビア大学の気候と生命センターの報告によると、大気中の二酸化炭素濃度の上昇が生態系に変化の連鎖を引き起こし、結果としてノクチルカの個体数の急増を招いた。この問題は、インド亜大陸の気温が上昇して、陸地と海面の温度差が大きくなったことから始まった。温度差が広がって陸に向かって吹くモンスーンが強くなり、強風による湧昇が増加して表層の栄養塩が増えて、藻類はフル回転の活動に入った。そして、藻類の死骸を分解するバクテリアや他の従属栄養生物も繁茂した。

ノクチルカは、この新しい条件に最もうまく適応した。まず、他の従属栄養生物が藻類を食べ尽くしてしまったときに、太陽光発電に転換できた。さらに、繁茂するにつれて、ブルームは珪藻や他の植物プランクトンを覆い隠し、結果として藻類を食べる動物プランクトンが飢えた。さらに良いことに（ノクチルカにとってのみ）、彼らは秘密の防御兵器を持っている。彼らは魚の消化管を刺激する高レベルのアンモニアを生成する。その結果、魚も馬鹿ではないので、ブルームを回避するようになった。

ノクチルカは、人類にとって三重に危険である。海の食物連鎖の底辺が破壊され、大きな魚が食物を求めて逃げ去るので、漁師は空の網を引き上げることになる。観光客もブルームのないビーチに逃げる。そして、アラビア海では、ブルームが重要な脱塩施設の取水管を詰まらせている。二〇一八年の一月、アラビア海のノクチルカのブルームはテキサス州の三倍の広さに広がった。同様のブルームは、インド、東南アジア、アフリカ、オーストラリア沖の温水域でも問題になっている。

地球温暖化が化石燃料の燃焼の結果であることに、議論の余地はない。しかし、私たちは気候変動が世界の特定の地域にどのように影響するか、まだ理解できていないことも多い。グリーンランドの氷床は一〇〇年にわたって縮小し続け、過去一五年間で年間の氷床の損失が二倍になったが、地球科学者は、北極が温帯や熱帯地帯よりも温暖化が進行している理由を正確に説明できないでいる。北極の気候変動モデルには、もちろん、氷と雪原が後退するにつれて色の濃い陸地と海洋が太陽にさらされることが含まれている。どちらも手付かずの雪よりはるかに多くの光を吸収し、したがってより多くの熱を取り込む。しかし、気候変動モデルの研究者が、関連するすべての要因を組み込んでいるとしても、別の要因が高緯度の温度変化に影響していることは明らかである。

最近、ドイツポツダム地学研究ヘルムホルツセンターに属する科学者たちが、方程式に欠けている変数の一つが、あなたが想像したように、藻類であることを報告した。

一部の微細藻類は凍結に耐えることができる。そもそも、すべての藻類は惑星全体に及んだ氷河期の生存者の子孫である。寒冷に適応した種の一つ、クラミドモナス・ニバリスまたは雪上藻は、冬季には休眠しているが、日光が地表の雪を暖めて少しでも雪解け水ができると、そこですぐに増殖して、ピンク色のブルームを作る。

なぜピンクなのか？　それはアスタキサンチンの色で、夏の高緯度地域の強烈な紫外線からニバリスを守るカロテノイド色素である。バラ色の雪に出くわすと、あなたはそこが目立って窪んでいることに気がつくだろう。藻類は太陽のエネルギーを吸収し、自分自身と周りの雪を暖める。「スイカの雪」は世界中の山岳ハイカーを楽しませるが、雪の反射率を一三%低下させる。

科学者たちは、スイカの雪が気候変動に及ぼす影響を理解し始めたばかりである。最近、ある研究チームが、アラスカの一九四〇平方キロメートルのハーディング氷原の年間溶融量の約一七%をニバリスが担っていることを、ネイチャー・ジオサイエンス誌で報告した。藻類は、グリーンランドの氷床の溶解の五~一〇%を担っている。気候が緩んで春の雪解けが早くなり、秋の終わりまで続くと、藻類が成長する期間が長くなる。これが、氷の融解をさらに進めて、氷原と雪の消失を加速するフィードバックループ（訳注：フィードバックを繰り返して結果が増幅していくこと）に拍車をかける。

大発生が止まらない

ニバリスが北極圏を変えている間、一般にディディモとして知られる珪藻、ディディモスフェニア・ゲミナータが、地球上で最も自然のまま残されている温帯の河川や小川に侵入している。破壊的なスイカ雪は少なくとも見かけは魅力的である。しかし、それはディディモには当てはまらない。その名前の由来は「岩の鼻汁」である。一九八〇年代後半にカナダ、ブリティッシュ・コロンビア州バンクーバー島の川で初めて発見されたが、今や、黄色がかった茶色のマットは世界中の小川と川の水底を覆っている。過去二〇年にわたって、ホラー映画に出てくる生き物のように、岩の鼻汁は、チリ、アメリカ、カナダ、アイスランド、ポーランド、ニュージーランドなど広範囲の国々に広がっている。

通常、個々の珪藻は、岩や植物に付着するために、粘着質の糸状の柄を一本作る。しかし、着床した後、珪藻は隣人と絡み合う大量の柄を生成することがある。岩の鼻汁のグロテスクな侵略は続いている。ディディモの大発生が二一世紀の変わり目に瀕発したとき、科学者たちは、漁師が小川から別の小川に移動するときにディディモを広めているのではと疑った。多くの人が履いているフェルトのブーツが特に危険に思われた。そのため、二〇一〇年頃のアメリカでは、州のレクリエーション部門は、被害を受けた水路に沿って看板を掲示し、ディディモの流行を抑えるためにカヌーや道具を洗って乾燥し、フエルトのブーツを破棄するよう漁師に指導した。メリーランド州、バーモント州、その他の州が、ブーツを完全に禁止した。それにもかかわらず、岩の鼻汁は領土を拡大し続けた。

これは驚くことではない。新たに実施された研究は、ディディモの厄災が漁師のせいではないことを示していた（バーモント州は二〇一六年にフェルト・ブーツの禁止を解除した）。最近発見された化石は、数百年から数千年の間、この珪藻が生息していたことを証明した。地域の環境の変化がディディモの個体数の爆発を引き起こしたのだ。科学者たちは現在、これらの清浄な河川におけるリン濃度の低下が大発生を誘発したと考えている。

これらの水域でリンが少なくなったのはなぜか？　もう一度、化石燃料を燃やす人類から始める。ディディモの厄災は、燃料の燃焼熱によって空気中の窒素と酸素が反応して、肺を刺激するスモッグの成分になる窒素酸化物（またはNO$_x$）を生成することに原因がある。一部のNO$_x$化合物は、さらに化学的に変換されて大気から地上に降下する。これは、森林の土壌生物が利用できる固定窒素が増加することを意味する。彼らはそれをたやすく吸収し、より盛んに繁殖するために使用する。繁殖のために、彼らは同時に多くのリンも吸収する。これは、小川や川に流出する土壌中のミネラルが減少することを意味する。リンが欲しくてたまらないディディモは、リンを捕獲するために粘着性のある柄を作り出す。結果は不愉快なものである。

最初のディディモの大発生がブリティッシュ・コロンビア州で起きたのは不思議ではない。州政府は、ヘリコプターから窒素ペレットを投下して、数十万ヘクタールの松林に施肥した。なぜ森林を施肥したのか? コントルタマツは木材産業にとって重要な収入源なのだが、アメリカマツノキクイムシの侵入でほぼ全滅してしまった(気温が上昇したことで、多くのキクイムシが越冬した)。森林に窒素を追加することで、残っていた木が早く成長して木材になる。しかし、松は土壌のリンの埋蔵量も減少させる。こうして小川ではリンがさらに減少する。

北方の河口では、気候変動がディディモの急増に別の役割を果たしている可能性がある。温度が上昇すると氷床の形成が減少し、日光がディディモに届き、増殖のためのエネルギーを供給する。また、古来から野生のサーモンの孵化場だった河川では、サーモンの減少がディディモ問題の原因になっている。産卵後、息絶えて分解されるために淡水の生まれ故郷に戻ってくるサーモンの数が減少したために、川に戻るリンも減少しているからだ。*

*ニュージーランド南島は、漁師がディディモの侵入に貢献した可能性がある場所の一つである。北島は火山性で、川はリンに富み、ディディモに悩まされることはない。一方、南島は非火山性で、水は清浄でリンが少ない。ディディモは島の土着生物ではないが、一〇年前に、映画ロード・オブ・ザ・リングで有名になった荒野を探索するために、大勢の釣り人や観光客が訪れるようになった。訪問者がディディモを持ち込んで広めたと見られている。

ディディモがどれほど有害か明らかではない。生態学者は、藻類によりマスが卵嚢を水中の岩にうまく付着させられず、マスの個体数が減少するのではないかと心配している。同様に、魚が食べるトビケラやカゲロウも数を減らすかもしれない。陪審員の判断はまだ出ていないが、ディディモの厄災は、地球上のどの場所も、たとえどんなに離れていても、気候変動の影響から逃れられないことを、私たちに気づかせる。

有毒微細藻類の拡散は、思いがけない場所や予想もしない方法で起こる。環境保護庁（ＥＰＡ）は、アメリカ南西部の気候に起因する干ばつで、一部の淡水生態系で塩濃度が上昇して、海の有毒藻類が湖で増殖していると指摘した。逆もまた真である。淡水湖のＨＡＢの毒素が沖合の海に流出している。二〇一三年、研究者は淡水藻類の毒素がピュージェット湾の海産ムール貝に蓄積していることを発見した。カリフォルニア州モントレー湾では、淡水のミクロシスティスの毒にさらされて死んだラッコが日常的に見られる。

いくつかの海藻も、より暖かく栄養が豊富になった沖合の海洋水に助長されて、異常増殖している。一九七〇年代にメキシコ湾、バミューダ諸島およびカリブ海諸島の海岸に漂着し始めた浮遊性のサルガッサム（黄金の潮と呼ばれる）の大きな集塊が、以前より巨大化して、より頻繁に漂着するようになった。二〇一五年には、一日あたり一万トンがカリブ海のビーチに漂着し、ブラジルとアフリカ北西部の海岸に初めて出現した。

現在、明るい緑色のウルバ（訳注：アオサ属）の大群が世界中のビーチを定期的に覆っている。二〇〇八年の北京オリンピックで、青島でのセーリング競技を観ていた世界のテレビ視聴者は、一〇〇万トンを超える海藻が黄海を覆っていることに驚いた。約二万人の中国人ボランティアと小型ボートの船隊の努力でセーリング競技のコースから海藻が除去された。その後メディアの関心はなくなったが、「緑の潮」は依然として大きな問題である。

自治体にとって大量の海藻漂着物をトラックで運ぶのは高くつくだけでなく、熱帯の熱で急速に分解が進む海藻の山で覆われたビーチに、当然ながら観光客は寄りつかない。バイオマス内部に生息している嫌気性細菌が有毒な硫化水素のガスを放出するため、健康被害を引き起こす可能性もある。

この先も窒素とリンの増加は避けられず、藻類のブルームすべてを悪化させるだろう。人口は増え続けているが、これは私たちがさらに多くの土地で耕作し、作物を育てるためにさらに多くの肥料を使用することを意味する。温暖化した大気はより多くの水分を蓄えるので豪雨が増え、さらに多くの栄養塩が川、湖、海に流出する。アメリカの河川と水路における窒素レベルは、今世紀末までに平均で二〇%増加、特に、ミシシッピ川流域および北東部で大きく増加すると予想されている。

温暖化した大気のエネルギーが増加し、近年、アメリカ西海岸を含む沿岸沖の平均風速が上昇している。結果として生じる湧昇流は、さらに多くの栄養塩を海面に供給してブルームを発生させる。ブルームが水面を覆うと、日光を吸収して海表面をさらに加熱し、藻類の成長を促す。もう一つの有害な副作用として、暖かい水は海のふたのように作用する。これは大気中の酸素が深い水域に浸透するのを妨げるので、魚や他の水生動物にとって今より棲みにくくなる。海面は今後数十年間上昇を続けると予想されるから、浅い水域が沿岸から沖合にさらに広がり、有毒またはその他の藻類の繁殖に最適な生息地になる。

事実は、私たちが、温厚な藻類を恐ろしいモンスターに変えているということである。

6章　気候変動を食い止められるか

二〇一五年に一九六の国・地域がパリ協定に署名し、今世紀の世界の平均気温の上昇を摂氏一・五度に抑えるために、炭素排出量を削減する措置を講じることに合意した。各国は、規制、炭素税、またはキャップ&トレード制度など、各国が最善と考える手段を用いて、それぞれの目標を達成することになっている。しかし、これまでの進捗を見ると、目標を達成できる可能性はほとんどない。実際、二〇一八年一〇月に発行された国連気候変動に関する政府間パネル（ＩＰＣＣ）のレポートによると、二〇四〇年までに気温の上昇は摂氏一・五度に達し、また今世紀の終わりまでに、世界の平均気温は摂氏四度も上昇する。

すでに、世界中の人々が気候変動の苦い影響を経験している。ジャカルタは水没し、太平洋の島々は消えつつある。マイアミでは満月になると道路が定期的に浸水し、バージニア州ノーフォークでは少なくとも月に一度、雨水の排水路を通って海水が道路に逆流する。アラスカ沿岸では、かつては何キロメートルもの海氷によって沿岸の嵐から守られていた村は、すでに内陸へ移動した。最近の二つの研究によると、二〇一七年のハリケーン「ハービー」がヒューストンに降らせた雨の約二〇％は気候変動に起因しており、初期データによれば、ハリケーン「フローレンス」（訳注：二〇一八年九月、ノースカロライナ州に上陸したハリケーンで最強のものとなった）は地球温暖化がない場合よりも雨が約五〇％も多かったことを示している。今後海水面は上昇し続けるだろう。ＩＰＣＣは、五つのモデルを使用して、〇・四メートルから一メートルの範囲の海面上昇を予測した。海洋大気庁（ＮＯＡＡ）の科学者たちは、二〇一二年に、世界の海面が約二メートル上昇する可能性が九〇％以上あると結論した。世界中で沿岸地域から避難しなければならない人々の数が、数億人に上るのは確実だろう。

同時に、アメリカ西部はますますひどくなる干ばつに悩まされている。定期的に発生して猛威を振う森林火災は、命に関わる夏の出来事になっている。北極線より北で発生する火災もある。二〇一八年のスウェーデンで起きた森林火災はその前触れである。極地は、地球の他の地域の二倍の速さで温暖化しており、このような大火災はこれからますます普通になっていくだろう。二〇〇三年のヨーロッパの熱波では、少なくとも三万五〇〇〇人の人々が死亡した。ネイチャー・クライメート・チェンジ誌に発表された最近の研究は、炭素排出量を削減しても、二一〇〇年までに、人類の七五％が少なくとも年に二〇日、同様な気温にさらされると予測している。

今後は病気も増えていくだろう。地球温暖化は病気を媒介するダニの成長を早め、ライム病の発生に拍車をかけている。ダニの増殖率はアメリカでほぼ二倍になり、カナダでは五倍になった。西ナイル熱、ジカ熱、マラリアなどの熱帯病は、暖冬を蚊が生き延びるので、発生域が北に広がっている。温水の細菌であるビブリオも生息範囲を拡大している。疾病対策センター（ＣＤＣ）によれば、この細菌は毎年平均八万人のアメリカ人に感染し、一〇〇人が死亡している。十分に加熱されていない魚介類を食べるか、皮膚の傷を海水にさらすことで感染する。現在、ビブリオの感染は、アラスカ、スウェーデン、フィンランドなどの北国の人々を襲っている。テキサス州北部では、肝臓障害を引き起こす熱帯病のリーシュマニア症の症例が見られた。今から五〇年後、地球上のすべての人が気候変動の影響を受けることは間違いない。その大部分は不都合なものであり、多くの場合、被る被害は深刻になるだろう。

このため、二一〇〇年までに、新たな二酸化炭素の排出を制限するだけでなく、すでに放出してしまった大気中の数十億トンの二酸化炭素を除去するために、政府がいやいやながらでも抜本的な措置を講じることは十分にあり得る。科学者たちはすでに大規模な「地球工学」的手段の研究を始めている。クラウス・ラックナーなどの専門家は、大気から二酸化炭素を機械的に除去することを提案している。別の研究者は、二酸化炭素を化学的に捕捉する実験を行っており、アイスランドの火山玄武岩とオマーンのかんらん岩層で、自然ではゆっくり進行している二酸化炭素の鉱物化の過程を加速させようと試みている。気候変動に対処するために藻類を活用できると信じる研究者たちもいる。最初のシアノバクテリアが出現して以来、元々藻類は海底に炭素を埋めることで地球を冷却してきた。二四億年前の地球全体に及んだ氷河期のように、時おり藻類は、冷却化を急激に進める。

四九〇〇万年前、藻類はより穏やかに温室地球を癒やして、どのようにそれを実現したかの物語を海底に書き残した。当時の二酸化炭素の濃度は現在の一〇〇倍も高く、地球には氷が全くなかった。構造プレートの動きで、地球の陸塊の大部分が北に運ばれ、地球の頂点近くに集まって、北極海をほぼ完全に囲んで内陸の海に変えた。大陸の北岸でさえ、カバが寝転び、ワニと水生のヘビが水辺を練り歩いていた。ジャングルのような大気の中、激しい雨が頻繁に降り、淡水の川が暖かい海に流れ込み栄養塩が陸から流れ出た。最も驚くべきことは、約六〇〇〇平方キロメートルの広さの北極海が、夏にアゾラのいきいきした緑色のカーペットで覆われていたことである。アゾラは、私がメリーランドの池で育てていた小さな浮遊性のシダで、内部にシアノバクテリアが共生している。

アゾラは淡水の植物である。どうして海で繁茂できたのだろうか？　答えは物理学にある。淡水は塩水よりも密度が低いので、流入した川の水は海水の上に浮く。通常なら風が乱流を作って水が混ざるのだが、アゾラの毛布が水面を穏やかに保って、淡水の表層をそのまま維持した。夏の終わりに、日照時間が短くなるにつれて、シダ全体が死んで沈降した。水面下の海は無酸素で、シダの残骸を分解する動物プランクトンとバクテリアがほとんど存在していなかったために、バイオマスのほぼすべてが海底に到達した。春が来ると、アゾラの新しい集団が水面を引き継いだ。

アゾライベントは、それがイベントと呼ばれるように、八〇万年も続いた。毎年、ブルームはすべて堆積物として海底に積み重なり、その後数百万年にわたって圧縮されて、最終的に現在のアラスカの海底にある数十億バレルの原油になった。しかし、それよりもはるかに重要なのは、この小さな植物と藻類のハイブリッドが、二酸化炭素を吸い込んで隔離し、一〇〇万年足らずで大気中のガスを約八〇％も削減したことである。ものすごい早さで地球が改善された。アゾライベントは、惑星に氷冠を復活させた。

過去数百万年の間、私たちの惑星は一〇万年ごとに氷河期を経験してきたが、藻類はそれにも貢献したと思われる。二〇一六年にカーディフ大学の研究者は、化石化した海の藻類の地層を調査して、一部の層は他の層よりもはるかに高いレベルの炭素を貯蔵していることを発見した。炭素に富んだ層は一〇万年ごとに出現していた。藻類は定期的に大気から大量の二酸化炭素を除去し、北半球に大きな氷床を形成していたと思われる。言い換えれば、藻類は定期的に大気の大清掃をしてきたのだ。

ここで聞きたいのは、藻類は非常に効果的に大気を冷やすことができるのだから、私たちは今、藻類に助けを求めることができないだろうか？ということである。

鉄散布の是非

藻類は世界中の海洋に均等に分布しているわけではない。南氷洋には藻類はほとんどない。一九八〇年代に、カリフォルニアのモスランディング海洋研究所所長のジョン・マーチン博士は、南氷洋には鉄がないため藻類が少ないということを発見した。鉄は、光合成やその他の細胞機能に不可欠の金属である。南氷洋だけではない。世界の海洋のほぼ三分の一は、多かれ少なかれ、鉄が欠乏している。

かつてマーチンは、「タンカー一杯分の鉄があれば地球を氷河期に戻せる」と言った。もちろん冗談だが、彼が言いたかったのは、鉄が不足している海域に鉄を加えると、はるかに多くの藻類が繁茂して、海底に炭素を隔離するということである。南氷洋に十分な量の鉄を加えると、理論的には、藻類は三〇倍に増える。これは、南氷洋が大気から除去できる二酸化炭素の量が三〇倍に増えるということである。海底から採取したコア・サンプルは、過去に、鉄の濃度の上昇と海洋生物の数の大幅な増加、そして二酸化炭素の減少が、同時に進行していたことを示している。

鉄の分子は沈みやすいが、海水には常に新しい鉄が「施肥」されている。鉄は、海の深部から上昇する湧昇水によって、陸地が浸食されて海に流出することによって、また火山の噴火によって供給される。一九九一年の一一月にフィリピンのピナツボ山が大規模に噴火したとき、科学者は、自然が行った鉄施肥の実験を測定する機会に恵まれた。約三か月にわたって、火山は四万トン以上の鉄を含む噴煙を高層大気に放出した。その鉄の大部分が南氷洋に落ちて、そこで実際に、大規模で持続的な藻類のブルームが発生した。ブルームは大気中に酸素を放出し、二酸化炭素を減少させた。

イギリスの天体物理学者であるジョン・グリビンは、一九八八年にネイチャー誌に発表した記事の中で、「鉄化合物を海に加えることで、大気から二酸化炭素を除去する〈技術的固定〉ができるかもしれない」と示唆した最初の人物だった。この考えは理にかなっているが、技術的な疑問が多数ある。藻類が吸収するまで鉄粒子を水中に浮遊させておくには、鉄粒子はどれくらいの大きさでなければならないか？　どれくらいの量の鉄の塵が必要か？　方程式は藻類が吸収する二酸化炭素の量を予測できるが、実際にどのくらいの量が隔離されるのか？　新たに加わった藻類は動物プランクトンに捕食されて、その後、動物プランクトンが細胞呼吸を通じて二酸化炭素を急速に放出することはないか？　そして、これまでに外洋で行われた研究の結果をどう評価するのか？

答えを見つけるために、モスランディングのマーチンの同僚たちは、一九九三年にガラパゴス諸島で最初の鉄の散布実験を実施した（マーチンは実験の準備を手伝ったが、悲しいことに、船が出航する前に亡くなった）。それ以降、科学者たちと太平洋のサーモン漁を復活させたいと考えているアメリカのビジネスマンが、海洋鉄施肥実験を一三回実施した。彼らが開発した方法は、船を渦巻状に走らせて渦を作り、船尾から渦に鉄粉を撒く。これで鉄が囲い込まれるので、藻類個体群への影響を調べることができる。

実際、藻類のブルームが発達して、数か月続くことがあった。しかし、最も重要な情報、つまり藻類がどれだけの炭素を海底に送り込むかは、まだ明らかになっていない。実験結果の評価が難しく、効果は曖昧である。科学者は濁度計を用いて、死んだ藻類などの浮遊粒子が水の透明度をどれだけ低下させるか測定している。しかし、藻類はゆっくりと沈降するので、炭素が海底に到達するまでに数か月かかるかもしれない。そして、そのときまでに海流が藻類を鉄の散布場所からはるか遠くに運び去っているかもしれない。確かに動物プランクトンは新たに加わった藻類の一部を食べるが、それでも藻類の炭素のいくらかは糞便の塊や動物プランクトンの遺骸になって海底に到達する。

こうした困難があっても、実験は多くの有用な事実を明らかにしてきた。一つは、比較的少量の鉄で藻類の有機炭素を大量に生成できることである。鉄一キログラムで二酸化炭素八〇トンを固定できる。研究者はまた、珪藻（ケイ素に富む）と円石藻（カルシウムに富む）が炭素の隔離に最適であることを発見した。これらの重たい生物は速く沈み、捕食されることなく炭素を海底に運ぶ可能性が高い。ケイ素とカルシウムが多い海域に鉄をまくことで、地球工学者は炭素隔離をより効果的に増加させることができる。水中の動物プランクトンの数や、表層水の沈降速度など、他の要因も影響する。

多数の変数と実験の難易度を考えると、結果が大いに異なるのはやむを得ない。二〇〇二年にニュージーランドと南極の間の海域で実施された南氷洋鉄実験（ＳＯＦｅＸ）では、鉄の散布は藻類の繁殖を誘発したが、炭素隔離は比較的少なかった。一方、アルフレッド・ウェゲナー極地海洋研究所の海洋生物学者であるビクター・スメタチェクと世界中の科学者たちが実施した、二〇〇四年のヨーロッパ鉄施肥実験（ＥＩＦＥＸ）は、増殖した藻類の少なくとも半分が隔離されたと報告した。これは自然隔離の三四倍に相当する。

しかし、鉄の散布以外にも、気候変動への対策はまだある。微細藻類と大型藻類は、ジメチルスルホニオプロピオナート、ＤＭＳＰとして知られる硫黄化合物を生成する。この化合物は、藻類の細胞内の塩分濃度や内部温度の調節に関わると考えられているが、同時に保護的な抗酸化物質でもある。藻類がＤＭＳＰを海水に放出した後、バクテリアがそれを揮発性の硫化ジメチルＤＭＳに分解する。車の窓に漂ってくる磯の匂いで、ビーチに到着したことに気づいたことはないだろうか？　あなたが嗅いだものの一部はＤＭＳである（ペンギンは香りに誘われる。藻類がそこにあり、そこには魚もいることを意味している）。ＤＭＳが大気中に放出されると、さらに分解されて空中に浮遊するくらいの小さな微粒子になる。その微粒子は雲の形成という重要な役割を担う。

海洋から立ちのぼる水蒸気が雲を自動的に形成するのではない。まず、水が何らかの粒子の上で凝集する必要がある。ＤＭＳの粒子は、雲の種（または、より正式には、雲の凝結核）として機能するのにちょうどよい大きさである。微細藻類のＤＭＳは水蒸気が凝縮する唯一の物質ではない。すす、塵、海の塩も凝結核になり得るが、その中で藻類は雲形成の主要なプレーヤーである。衛星を使った研究で、海中の藻類の密度が高いほど、多くの雲がその海域を覆っていることが明らかにされている。白い雲は光を反射するので、海洋に熱として吸収される太陽エネルギーの量が減少する。ＳＯＦｅＸの期間中、鉄の散布によって現場のＤＭＳ濃度は四倍に増加した。一部の科学者は、南氷洋のごく一部でもＤＭＳを増加させれば、地球に大きな冷却効果をもたらすと推測している。ただし、これには温室効果ガスの削減効果はない。

また、鉄散布はリスクを伴う。その副次的影響について、私たちは多くを知らない。鉄散布によって作り出されたブルームは、有毒の藻類を含んでいるかもしれない。また、人為的に誘導された藻類のブルームがデッドゾーンを生み出す可能性があるが、まだ誰も試したことがない。鉄の欠乏が南氷洋の藻類の成長を制限しているために、この海域には未使用の窒素とリンが浮遊している。そこで藻類が増殖すると、その栄養塩をある程度吸収する。しかし、仮に、通常の状況で、その栄養塩が他の海洋へ移動したらどうなるのか？　鉄散布は南氷洋の藻類生産を増加するが、それは他の海洋の生産を制限することにならないか？

これらはすべて調査されるべき懸念事項である。それでも、私たちは一〇〇年以上もの間、人間が海洋を劇的に、そして不注意に、変化させてきたことを認識するべきである。私たちは、すでにタラからクジラまで食用種を激減させ、また魚の平均サイズを小さくした。すでに大量の窒素、リン、化学物質、および数百万トンのプラスチックを海に放出した。私たちはすでにサンゴ礁とそこに生息する生き物を完全に破壊しようとしている。また、大気に放出した炭素の約三〇%が海洋で炭酸に変わり、海水の酸性度が三〇%も増加した。スミソニアン研究所によると、これは過去五〇〇〇万年間で最も速い海洋の化学的性質の変化である。酸性化によって軟体動物の殻が薄くなり、サンゴ、サンゴモ類、および他の石灰質生物は石灰の構造を構築するためにより多くのエネルギーを費やさなければならない。

二〇一二年にアメリカの企業プランクトスが、無許可で利益目的の鉄の散布実験（同社は鉄散布によるカーボン・クレジットを販売することを目指していた）を実施した後、国連環境計画が地球工学の大規模な実験を一時禁止にした。しかし、国際的な実験は保留されているが、自然界では実験が進行している。二〇一七年、スタンフォード大学の科学者は、グリーンランドの南海岸沖のラブラドール海の五〇万平方キロメートルの海域を青緑色に変える、毎年夏に発生する藻類のブルームについて報告した。彼らは、このブルームが、岩が浸食され氷河の融解水で海に運ばれた鉄粒子によって促進されたことを発見した。この自然のブルームは悪影響を及ぼすことはなく、少なくともこれまでそのような指摘はない。炭素隔離への影響はまだ不明だが、興味深い研究となるだろう。

鉄の散布をしたとしても、人間が毎年排出している二酸化炭素の一〇から一五%以上を藻類が隔離できると示唆している研究者はいないし、隔離できる量はそれより少ないかもしれない。それでも、鉄散布が機能して副次的な被害を引き起こさなければ、気候を治すために必要なさまざまな薬の一つになる可能性がある。

一九五〇年から二〇一八年の間に、人間活動で生じた二酸化炭素によって、二酸化炭素濃度は約三一〇から四一〇ppm以上に増加した。これは、少なくとも過去八〇万年間で最高のレベルである。現在の速度で化石燃料を燃やし続けると、次の世紀には大気中の二酸化炭素が倍増して、摂氏七度以上の温度上昇が起こる。ネイチャー・コミュニケーションズ誌に発表された二〇一七年の調査によると、私たちは、五〇〇〇万年前のアゾラ・イベントを引き起こした気候の再現に向かっている。* 私たちにできることは、国際的に認められた科学者組織の管理下で行われる、鉄散布に関するさらなる研究である。それによって、私たちは、いざという時に最高の決定を下すことができる。

*温室効果ガスの大気への放出をやめても、すでに観測されている永久凍土の融解によるメタン放出の増加など、複雑な反応によって気温の上昇が維持される可能性がある。

とても長い目で見れば、過去と同じように、藻類は人為的な温室効果の緩和に役立つだろう。藻類は大陸沿岸に出現した新しい浅い海域で繁茂し、熱帯気候に特有の大雨で土壌から流出した窒素とリンを吸収する。数千年後、劇的な気候変動を生き延びたホモ・サピエンスのある部族が、カナダとユーラシア大陸の北岸に沿って居住し、バナナとヤシの木の下で、子どもたちにスープのような汚れた泡の中で泳がないように、また、海岸に打ち上げられた腐った海藻で遊ばないように注意する姿を、私は想像できる。私たちの遠い子孫たちは、温帯と熱帯の緯度で繁栄していた古代文明の物語について語り、人類が繁栄していた環境を、藻類がいつ回復させてくれるのだろうと思いを馳せるかもしれない。

継続的で止められそうもない環境の劣化に落胆し、敗北を感じることはたやすい。二酸化炭素の濃度は上昇を続けている。海洋はこれまで以上に汚染され、酸性化が進み、サンゴや魚が減少している。アフリカで乾燥地域が拡大し、島国は波の下で消滅しようとしている。六番目の大絶滅の前兆とも言える速さで、世界中で生物種が絶滅している。環境に希望を感じる理由は少ないが、藻類の力は数少ない希望の一つである。

確かに藻類は増え続けて私たちを悩ませるが、それでも彼らは希望の源である。燃料、プラスチック、動物飼料、ビタミン、タンパク質、食用オイル、その他の有用な製品を作るのに活用できることはすでにわかっている。環境面では、汚染水の浄化に役立つ。そして、温暖化が進み、悲惨な状況に達したとき、鉄を補充された藻類は、二酸化炭素を過剰に含む大気の洗浄に役立つかもしれない。

カーボン・ニュートラルの輸送燃料が示す可能性が最初のきっかけとなって、私は藻類に関心を持つようになった。最初の藻類オイルの起業家たちのデザインは、いわばダ・ヴィンチの飛行機械の図面のようなものだった。実に見事だったが、より高度な技術なしには実現不能だった。もう少しわかりやすく言うと、現在ソッピース・キャメル（訳注：第一次世界大戦時のイギリスの複葉戦闘機）よりはずっと先に進んでいるが、ジェットエンジンはまだ設計できていない。新しい生物工学技術は非常に有望である。藻類ができることについて、私たちの取り組みは始まったばかりである。

興味深い藻類の話が毎日私の受信トレイに表示される。二〇一八年の五月、ミュンヘン工科大学のトーヴェ・アルノルト博士が率いる研究者たちは、排気ガスで育てた藻類を、軽量で柔軟、かつ強靱な炭素繊維に変換する低コストな技術について研究成果を発表した。炭素繊維は、鉄鋼、アルミニウム、コンクリートの代わりに航空機、車両、建築分野での利用が急速に拡大しているが、現在、カーボンフットプリントの重い石油を使って作られている。さらに、炭素繊維はとても耐久性に優れているために、数千年にわたって二酸化炭素を閉じ込めておくことができる。

その他のエネルギー関連の発見を挙げてみよう。ヨーロッパシンクロトロン放射光研究所は、二〇一七年九月のサイエンス誌で、彼らの国際的な研究チームが、光エネルギーだけを使用して脂肪酸の一部を炭化水素に変換するクロレラの酵素を発見したと報告した。また、二〇一八年一一月に、日本の研究者たちは、藻類のデンプン蓄積能力を制御する「スイッチ」を発見したことを報告した。彼らは特定の酵素を不活性化することで、デンプンの蓄積速度を一〇倍に高めた。どちらの研究もバイオ燃料分野で大きな進歩につながる可能性がある。

私はまた、牛、羊、ヤギなどの反芻動物の飼料に少量の海藻を加える全く新しい意義を発見した、動物科学者たちにも注目し続けている。これは、動物の健康のためではなく、動物のげっぷと、腹部の膨満で発生するメタンのレベルを下げるためである。地球の一五億匹の反芻動物が絶えずメタンを放出しており、これは、国連食糧農業機関（ＦＡＯ）によると、年間七一億トンの二酸化炭素に相当する。また、人間による二酸化炭素排出の約一五％に当たり、輸送燃料を燃やすことで大気中に放出される二酸化炭素の量にほぼ等しい。ばかげているように聞こえるが、牛のげっぷや鳴き声、または科学者が言う反芻腸内メタン放出は、地球温暖化の深刻な原因なのである。

メタンの問題は、反芻動物の第一胃（ルーメン）で始まる。第一胃で、細菌が草の強靭な炭水化物を発酵させ、その過程でガスを生成する。科学者たちは長年、バクテリアがガスを発生させないようにする飼料添加物を探していたが、最近まで、少なくとも長時間にわたって機能するものはなかった。牛またはその細菌はすべての新しい添加物に適応して、再びガスを吐き出した。

一〇年ほど前、オーストラリアのジェームズ・クック大学のロバート・キンリーとロッキー・デ・ネイスは、牛の飼料に加えた海藻がメタンの排出を減少させることを発見し、最も効果的な種を特定するために二ダース以上の種で実験した。テストしたすべての海藻にプラスの効果があったが、与える量を多くすると、牛の消化が攪乱された。その後、科学者たちはアスパラゴプシス・タキシフォルミス（紅藻カギケノリ）を試してみた。これは、水中のシダのように見えるピンク色の海藻で、オーストラリアや他の熱帯および亜熱帯地域で育つ。実験室で、この海藻をほんの少し（飼料の二％）人工の牛の胃に加えると、メタンの排出量が大幅に減少して、検出できなくなるほどだった。

この魔法を行っているのはブロモホルム（$CHBr_3$）で、バクテリアの感染から海藻を守っている。牛の胃では、ブロモホルムがビタミンB_{12}と反応して、メタン生成細菌によるガス生成が最終段階まで進むのを妨げる。キンリーとデ・ネイスおよび彼らの同僚たちは、それ以後、少量のアスパラゴプシスを与えた羊が最大八五％メタン生産を抑えることを実証した。現在研究者は、オーストラリアの牛とカリフォルニア大学デイビス校の乳牛を使った実験結果を分析している。カリフォルニアの予備報告には非常に勇気づけられる。たった一％の海藻を含む餌を食べた牛は、メタン生成を五〇％減らし、その減少は給餌後直ちに起こった。牛乳の味はどうか？　ブラインド・テストでは、二五人の被験者が海藻を与えた牛と与えなかった牛の乳の味に違いを感じることはなかった。良かった。「海の香り」がする牛乳を販売するのは難しいだろう。

アスパラゴプシスは環境に大きな勝利をもたらす可能性がある。また、家畜農家にとっても勝利かもしれない。メタンの生成はエネルギーを消費するので、アスパラゴプシスを与えられた動物は、その分のカロリーをタンパク質や牛乳など成長と栄養に役立つ化合物に振り向けることができ、農家の収益にもつながる。

海藻は、発展途上国にも勝利をもたらす可能性がある。まだ誰も栽培していないが、研究者は、東アジアのカラギーナン農家がユーキューマ・コットニーを栽培するのと同様に、長い紐を使ってアスパラゴプシスを栽培できると期待している。新しい海藻産業は、インドネシア、フィリピン、その他の熱帯諸国にとって大きな経済効果があるだろう。また、肥料の流出で藻類のブルームができ、デッドゾーンが出現している場所で栽培すれば、過剰な栄養素を吸収することで水の浄化に役立つ。まだ、初期段階とはいえ、アスパラゴプシスも有望である。

藻類は長い間人間の食事の一部だったが、将来、もっと多く食べられるようになるだろう。海藻としてだけではない。動物タンパク質の代替品として藻類に投資する企業が増えていると私は思う。

食物のために動物を育てるのは、人々を養うのに非常に効率の悪い方法である。大型動物は、最終的に肉から得られるタンパク質の何倍もの植物性タンパク質を食べる（コーネル大学生態学教授であるデイビッド・ピメンテルによれば、現在アメリカで家畜に与えているすべての穀物を、人間が直接消費した場合、八億人近くの食糧を賄える）。いいニュースは、「フェイク・ミート」の市場が拡大していることである。タイソン・フードは、二〇四五年までに、アメリカで販売される食肉製品の二〇％が植物由来のものになると予測している。現在、フェイク・ミート製品に含まれるタンパク質の供給源は植物だが、タンパク質をより効率的に生産し、環境への負荷がはるかに少ない藻類もこの物語の一部になり得る。

タンパク質は食べるためだけのものではない。製薬会社は毎年数百億ドル相当の「組み換え医薬品」を生産している。これは、遺伝子組み換えされた細胞を使って研究室で生産するタンパク質ベースの医薬品である。組み換え医薬品を作る細胞は、かつては大腸菌が主に使用されていたが、最近は哺乳類の細胞の使用が増えている。大腸菌や哺乳類細胞に挿入した遺伝子が、細胞に元々備わっているタンパク質合成装置に指示して、外来のタンパク質を合成する。これらの組み換え薬物には、癌、ホルモン欠乏症、自己免疫疾患およびウイルス性疾患を治療するワクチンおよび薬物が含まれる。現在、約四〇〇種類の組み換えタンパク質の薬物が医療で使用されており、約一五〇〇種類が開発中である。

しかし、細菌細胞も哺乳類細胞も、すべてのタンパク質を作るのに理想的な工場ではない。バクテリアは形質転換が容易で、多くの単純で小さなタンパク質を効率的に生産するが、真核生物が持つ高度なタンパク質の組み立て手段を欠いている。問題は、タンパク質がアミノ酸で作られており、鎖のように結合し、それがコイル状になり、さらに複雑な三次元構造に折りたたまれていることである。バクテリアは、人間が必要とする最も精巧な形状のタンパク質の合成に必要なすべての反応は実行できない。一方、哺乳類の細胞は、遺伝子の指示を受けて最も洗練されたタンパク質に翻訳できるが、増殖に時間がかかり培養が難しいために、大規模生産が困難で、値段も高い。哺乳類細胞が作るモノクローナル抗体療法に要する平均的な年間コストは一〇万ドルである。また、哺乳動物細胞を使用すると、癌の原因となる遺伝子の断片や感染性ウイルス粒子が医薬品に混入するリスクがある。

いくつかの企業は、もう一つの生産プラットフォームとして微細藻類に注目している。真核生物である藻類は、哺乳類細胞と同様の高度なタンパク質合成装置を持っているが、扱いが容易で、増殖も速く、人間の病原体に感染することもない。バイオエンジニアは、核のＤＮＡではなく、葉緑体のＤＮＡを標的にする。葉緑体には、シアノバクテリアの祖先から受け継いだ単純な環状染色体が残っている。要するに、微細藻類のバイオエンジニアは、すべての世界で最高のものを手に入れられる。つまり、単純な原核生物の遺伝子を洗練された真核生物の装置と組み合わせて、遺伝子の指令を複雑なタンパク質に翻訳することができるのだ。

現在、いくつかの企業が、より安価で安全な藻類ベースの組み換え医薬品の製造に取り組んでいる。国立科学財団（ＮＳＦ）から一部助成を受けたトリトン・アルジー・イノベーションは、乳児用調製粉乳に加えるための、ヒトの母乳に含まれるユニークな初乳様タンパク質を作る緑藻類を作り出した。アメリカ国立衛生研究所（ＮＩＨ）からの助成金で支援されているシアトルの新興企業ルーメン・バイオサイエンスは、冷蔵庫がないような国々で有用な、高温に耐える経口マラリア・ワクチンの生産に取り組んでいる。生産中の組み換えタンパク質医薬品のリストは毎日増えている。微細藻類はコストを劇的に削減する可能性がある。

藻類。この言葉を聞いたとき、あなたは確実にまだ池に浮いているカスについて考えるだろう。藻類のブルームはますます大きくなり、居座り続け、健康と生計を脅かしている。しかし、私はあなたが今、藻類が世界で最も強力なエンジンであるとも考えてくれることを願っている。太陽を動力に持つ緑の発電機が、有害なガスと水を生活に役立つ価値ある物質に絶えず変換している。藻類がどのように酸素を豊富に含む大気を作り、それを絶えず一新しているかを、藻類に支えられている脳を使って、時々思い出してほしい。海のすべての魚は藻類に依存しており、陸上のすべての植物が、実際にはそれぞれが洗練された藻類であることを思い出してほしい。

　健康に良いサーモンを食べ、シチューやスープに少し海藻を入れて風味と栄養を高めてほしい。アイスクリームとチョコレートミルクに海藻が含まれていることを楽しんでほしい。また、カラギーナンは危険ではないので安心してほしい。果物や野菜を買うとき、それらを市場にもたらした海藻の生物刺激剤のことを考えてほしい。藻類によって生産される安価な医薬品の可能性に期待しよう。汚染の少ないプラスチックやタンパク質の代替物を探そう。起業家が反芻動物のメタン排出量を減らすために十分なアスパラゴプシスを栽培することに期待しよう。

　ガソリンスタンドで「藻類入り！」という表示を見るのはいつのことだろうか？　すぐにとはいかないだろうが、それは価格の問題でしかない。科学者と技術者は藻類オイルの価格を下げていくだろうが、化石燃料に由来するさまざまな損害のコストを価格に組み込むことで、経済的に公平を保つ必要がある。そうでなければ、藻類燃料は市場から締め出される。それは私たち全員にとって大きな損失になるだろう。ジェット燃料だけを代替したとしても、私たちは地球に大きな恩恵をもたらすことになる。

　絡み合った環境危機に素早く対応できる唯一の方策はない。小さな措置をいくつも講じて、それらが集まると全体として大きな影響力を持つ。つまり、この地域で二酸化炭素排出量を一〇％削減、あの地域はメタン排出で一五％削減、将来の大気中の炭素の五％減少など、まもなくあなたは、環境の真の救済について語るだろう。

　藻類。彼らは私たちを創造し、私たちを支え、そして、もし私たちが利口で思慮深ければ、私たちを助け、救ってくれる。

謝辞

藻類に関する知識を惜しみなく共有してくれた何十人もの科学者、起業家、学者の助けがなければ、私はこの本を書くことはできなかった。特に親切に時間を割いてくださった人々を紹介させていただく。シェリー・ベンソン、ステファン・クネイン、ウン・キョン・ファン、ジョナサン・ウイリアムス、ラーチとニーナ・ハンソン、トレフ・オルソン、アマ・ビレイ、ジーン－ポール・デボー、ジェフ・ハフティング、フランクリン・エバンス、ジョナタン・ゾーハー、ライアン・ハント、クレイグ・ベーンケ、クリストファー・ヨーン、スティーブ・メイフィールド、ポール・ウッズ、エド・レジェール、ジョナサン・ウォルフソン、ジル・カウフマン・ジョンソン、ナタリア・カストロ、フランチェスカ・ヴィルディス、そして、アレン・スチュワート。

エレガントな絵を提供してくれた才能ある多才なアーティスト、シャンティ・チャンドラセカールに非常に感謝している。

私はシェフではないので、付録のレシピの作成を手伝ってくれたナオミ・ギブス、エリサ・ゴッボ、シンシア・スコラードに心から感謝する。私はまた、マリオ・ゴッボ、ブリタニー・ボゼ、アラン・カッシンジャー、ベン・フランク、およびテレズ・シア・ドノヒューにも、数学と科学をチェックしてくれたことに恩を感じている（もし間違いが残っていれば、そのすべての責任は私にある）。ウェールズに同行して、私と一緒に元気に海藻を食べてくれたエイミー・パニッツに感謝する。スキューバ・ダイビングの学習を支援してくれたスティーブ・エデルソン、そして、私と一緒に海藻料理教室に行ってくれたマジョリー・フランクに特に感謝する。

編集と、数えきれないほど多くの有益な方法で原稿を整えてくれたナオミ・ギブスにもう一度心からの感謝を。リサ・サックス・ウォーホルとジェニファー・フライラッハの的確な指摘と鋭い質問に感謝する。賢明な助言をしてくれた著作権代理人のミシェル・テスラーに謝意を表する。

いつものように、私は夫のテッドに感謝する。私の興味をそそるすべての魅力的な事実と経験を共有（オーバーシェア？）してくれた。

索引

【か行】

【た行】

【な行】

【は行】

【ま行】

【わ行】

参考文献

全般

Barsanti, Laura, and Paolo Gualtieri. *Algae: Anatomy, Biochemistry, and Biotechnology*. CRC Press, 2014.

"FAO Fisheries & Aquaculture — Topics." Food and Agricultural Organization of the United Nations, 2018, www.fao.org/fishery/sofia/en. (The source for statistics on seaweed production around the globe.)

Graham, Linda E., et al. *Algae*. Benjamin Cummings, 2009.

"IPCC Special Report on Global Warming of 1.5 °C." UN Intergovernmental Panel on Climate Change, 2018, https://unfccc.int/topics/science/workstreams/cooperation-with-the-ipcc/ipcc-special-report-on-global-warming-of-15-degc.

Lembi, Carole A., and J. Robert Waaland. *Algae and Human Affairs*. Cambridge University Press, 1990.

McHugh, Dennis J. "A Guide to the Seaweed Industry." Food and Agricultural Organization of the United Nations, 2003, www.fao.org/docrep/006/y4765e/y4765e0b.htm.

"The National Climate Assessment." US Global Change Research Program, 2014, https://nca2014.globalchange.gov/.

プロローグ

Nadis, Steve. "The Cells That Rule the Seas." *Scientific American*, vol. 289, no. 6, 10 Nov. 2003, pp. 52–53.

Pennisi, Elizabeth. "Meet the obscure microbe that influences climate, ocean ecosystems, and perhaps even evolution." *Science*, 9 Mar. 2017. (The number of algae in a drop of ocean water is based on 400,000 *Prochlorococcus* in one teaspoon.)

Walton, Marsha. "Algae: The Ultimate in Renewable Energy." www.cnn.com/2008/TECH/science/04/01/algae.oil/index.html. (For Kertz's oil production claims.)

第1部　藻類と生命誕生

1章　池と金魚とアゾラ

Artisans du Changement. "Takao Furuno: Des Canards dans la Rizière." www.youtube.com/watch?v=pqpEg45fp4I (English partial version at www.youtube.com/watch?v=SNR_3GeUoqI).

"The East Discovers Azolla." The Azolla Foundation, theazollafoundation.org/azolla/azollas-use-in-the-east.

Furuno, Takao. *The Power of Duck: Integrated Rice and Duck Farming*. Tagari Publications, 2001.

Wagner, Gregory M. "Azolla: A Review of Its Biology and Utilization." *The Botanical Review*, vol. 63, no. 1, 1997, pp. 1–26.

2章　酸素を放出！　シアノバクテリア

Biello, David. "The Origin of Oxygen in Earth's Atmosphere." *Scientific American*, 19 Aug. 2009.

Deamer, D. W. *First Life: Discovering the Connections between Stars, Cells, and How Life Began*. University of California Press, 2012.

Falkowski, Paul G. *Evolution of Primary Producers in the Sea*. Elsevier Academic Press, 2008.

——. *Life's Engines: How Microbes Made Earth Habitable*. Princeton University Press, 2017.

"Fast-Growth Cyanobacteria Have Allure for Biofuel, Chemical Production." *Lab Manager*, 28 July 2016, www.labmanager.com/news/2016/07/fast-growth-cyanobacteria-have-allure-for-biofuel-chemical-production. (Source for the speed of cyanobacterial reproduction.)

Feulner, Georg, et al. "Snowball Cooling after Algal Rise." *Nature News*, Nature Publishing Group, 27 Aug. 2015, www.nature.com/articles/ngeo2523.

Fortey, Richard. *Life: A Natural History of the First Four Billion Years of Life on Earth*. Alfred A. Knopf, 2000.

Hazen, Robert M. "Evolution of Minerals." *Scientific American*, Mar. 2010, www.scientificamerican.com/article/evolution-of-minerals.

——. *The Story of Earth: The First 4.5 Billion Years, from Stardust to Living Planet*. Penguin Books, 2013.

Lane, Nick. *Life Ascending: The Ten Great Inventions of Evolution*. W. W. Norton, 2010.

——. *Oxygen: The Molecule That Made the World*. Oxford University Press, 2016.

Nisbet, E. G., and N. H. Sleep. "The Habitat and Nature of Early Life." *Nature*, vol. 409, no. 6823, Mar. 2001, pp. 1083–1091. (Source for how cyanobacteria contributed to the formation of carbonate rock. The article is also a good summary of early life evolution.)

Pennisi, Elizabeth. "Meet the obscure microbe that influences climate, ocean

ecosystems, and perhaps even evolution." *Science*, 9 Mar. 2017. (On the dominance of the tiny *Prochlorococcus* cyanobacteria.)
Schopf, J. William. *Cradle of Life: The Discovery of Earth's Earliest Fossils*. Princeton University Press, 2001.
"Timeline of Photosynthesis on Earth." *Scientific American*, www.scientificamerican.com/article/timeline-of-photosynthesis-on-earth/.
Whitton, Brian A. *Ecology of Cyanobacteria II: Their Diversity in Space and Time*. Springer, 2013.

3章　原核生物の支配は続く

Keeling, P. J. "The Endosymbiotic Origin, Diversification and Fate of Plastids." *Philosophical Transactions of the Royal Society B: Biological Sciences*, vol. 365, no. 1541, 2 Feb. 2010, pp. 729–748.
Le Page, Michael. "Why Complex Life Probably Evolved Only Once." *New Scientist*, 21 Oct. 2010.
Porter, Susannah. "The Rise of Predators." *Geology*, GeoScienceWorld, 1 June 2011, https://pubs.geoscienceworld.org/gsa/geology/article/39/6/607/130647/the-rise-of-predators.
Rai, Amar N., et al. *Cyanobacteria in Symbiosis*. Springer, 2011.
"Scientists Discover Clue to 2 Billion Year Delay of Life on Earth." *Phys.org*, 26 Mar. 2008, https://phys.org/news/2008-03-scientists-clue-billion-year-life.html.
Stanley, Steven M. "An Ecological Theory for the Sudden Origin of Multicellular Life in the Late Precambrian." *Proceedings of the National Academy of Sciences of the United States of America*, vol. 70, no. 5 (May 1973), pp. 1486–1489.
Yong, Ed. "The Unique Merger That Made You (and Ewe, and Yew)." *Nautilus*, 6 Feb. 2014. (On how a threesome likely made the first eukaryote.)

4章　藻類、上陸への第１歩

"Ancient 'Great Leap Forward' for Life in the Open Ocean." *Astrobiology Magazine*, 9 Mar. 2014. (Nitrogen fertilization spurs blossoming of eukaryotic life.)
Becker, Burkhard. "Snow Ball Earth and the Split of Streptophyta and Chlorophyta." *Trends in Plant Science*, vol. 18, no. 4, Apr. 2013, pp. 180–183.
Boraas, Martin E., et al. "Phagotrophy by a Flagellate Selects for Colonial Prey: A Possible Origin of Multicellularity." *Evolutionary Ecology*, vol. 12, no. 2, Feb. 1998, pp. 153–164.
Brocks, Jochen J., Amber J. M. Jarrett, et al. "The Rise of Algae in Cryogenian Oceans and the Emergence of Animals." *Nature*, vol. 548, 31 Aug. 2017, pp. 578–581. (Melting glaciers spur eukaryotes.)
Collen, J., et al. "Genome Structure and Metabolic Features in the Red Seaweed Chondrus Crispus Shed Light on Evolution of the Archaeplastida." *Proceedings of the National Academy of Sciences*, vol. 110, no. 13, 2013, pp. 5247–5252. (On why red algae didn't evolve to become land plants.)

Delaux, Pierre-Marc, et al. "Algal Ancestor of Land Plants Was Preadapted for Symbiosis." *PNAS*, National Academy of Sciences, 27 Oct. 2015. (For evidence that plants inherited their ability to signal mycorrhizae from blue-green algae.)
Devitt, Terry. "Ancestors of Land Plants Were Wired to Make the Leap to Shore." University of Wisconsin–Madison *News*, 5 Oct. 2015.
Frazer, Jennifer. "Why Red Algae Never Packed Their Bags for Land." *Scientific American Blog Network*, 13 July 2015, blogs.scientificamerican.com/artful-amoeba/why-red-algae-never-packed-their-bags-for-land.
Lewis, L. A., and R. M. McCourt. "Green Algae and the Origin of Land Plants." *American Journal of Botany*, vol. 91, no. 10, Oct. 2004, pp. 1535–1556.
Niklas, Karl J., et al. "The Evolution of Hydrophobic Cell Wall Biopolymers: From Algae to Angiosperms." *Journal of Experimental Botany*, vol. 68, no. 19, 9 Nov. 2017, pp. 5261–5269. (For how early land plants survived desiccation with a genetic inheritance from algae.)
Salminen, Tiina, et al. "Deciphering the Evolution and Development of the Cuticle by Studying Lipid Transfer Proteins in Mosses and Liverworts." *Plants*, vol. 7, no. 1, 2018, p. 6.

5章　地衣類の登場

Brodo, Irwin M., et al. *Lichens of North America*. Yale University Press, 2001.
Chen, Jie, et al. "Weathering of Rocks Induced by Lichen Colonization – a Review." *Catena*, vol. 39, no. 2, Mar. 2000, pp. 121–146.
"Common Bryophyte and Lichen Species: Cladina: Reindeer Lichens." Boreal forest.org, www.borealforest.org/lichens.htm. (On the taste of reindeer lichen pudding.)
Frazer, Jennifer. "The World's Largest Mining Operation Is Run by Fungi." *Scientific American Blog Network*, 5 Nov. 2015, blogs.scientificamerican.com/artful-amoeba/the-world-s-largest-mining-operation-is-run-by-fungi. (Ten percent of Earth's surface is covered by lichens.)
Gadd, Geoffrey. "Fungi, Rocks, and Minerals." *Elements*, 17 June 2017, elementsmagazine.org/2017/06/01/fungi-rocks-and-minerals. (On fungal deconstruction of rocks.)
"Lichen and the Organic Evolution from Sea to Land." *The Liquid Earth Blog*, School of Ocean Sciences, Bangor University, 2012–13, theliquidearth.org/2012/10/lichen-and-the-organic-evolution-from-sea-to-land.
Yuan, Xunlai, et al. "An Early Ediacaran Assemblage of Macroscopic and Morphologically Differentiated Eukaryotes." *Nature*, vol. 470, no. 7334, 17 Feb. 2011, pp. 390–393.
——. "The Lantian Biota: A New Window onto the Origin and Early Evolution of Multicellular Organisms." *Chinese Science Bulletin*, vol. 58, no. 7, Mar. 2012, pp. 701–707.
——. "Lichen-Like Symbiosis 600 Million Years Ago." *Science*, American Association for the Advancement of Science, 13 May 2005.

第２部　海藻を食べる人々

１章　脳の進化と海藻

Abraham, Guy E. “The History of Iodine in Medicine: Part 1.” Optimox, www.optimox.com/iodine-study-14.

Bradbury, Joanne. “Docosahexaenoic Acid (DHA): An Ancient Nutrient for the Modern Human Brain.” *Nutrients*, vol. 3, no. 5, 2011, pp. 529–554.

Burgi, H., et al. “Iodine deficiency diseases in Switzerland one hundred years after Theodor Kocher's survey.” *European Journal of Endocrinology*, vol. 123, no. 6, Dec. 1990, pp. 577–590.

“Chimpanzees fishing for algae with tools in Bakoun, Guinea.” www.youtube.com/watch?v=qEk_sNYAyCo.

Cunnane, Stephen C., and Kathlyn M. Stewart. *Human Brain Evolution: The Influence of Freshwater and Marine Food Resources*. Wiley-Blackwell, 2010. (Source also for EQ figures.)

——. *Survival of the Fattest: The Key to Human Brain Evolution*. World Scientific, 2006.

Eckhoff, Karen M., and Amund Maage. “Iodine Content in Fish and Other Food Products from East Africa Analyzed by ICP-MS.” *Journal of Food Composition and Analysis*, vol. 10, no. 3, 7 July 1997, pp. 270–282.

Erlandson, Jon M., et al. “The Kelp Highway Hypothesis: Marine Ecology, the Coastal Migration Theory, and the Peopling of the Americas.” *The Journal of Island and Coastal Archaeology*, vol. 2, no. 2, 30 June 2007, pp. 161–174.

Gibbons, Ann, et al. “The World's First Fish Supper.” *Science*, 1 June 2010, www.sciencemag.org/news/201%6/worlds-first-fish-supper.

“Human Faces Are So Variable Because We Evolved to Look Unique.” *Phys.org*, 16 Sept. 2014, https://phys.org/news/2014-09-human-variable-evolved-unique.html.

Kitajka, K., et al. “Effects of Dietary Omega-3 Polyunsaturated Fatty Acids on Brain Gene Expression.” *Proceedings of the National Academy of Sciences*, vol. 101, no. 30, 19 July 2004, pp. 10931–10936.

MacArtain, Paul, et al. “Nutritional Value of Edible Seaweeds.” *Nutrition Reviews*, vol. 65, no. 12, 2008, pp. 535–543.

Marean, Curtis W. “The Transition to Foraging for Dense and Predictable Resources and Its Impact on the Evolution of Modern Humans.” *Philosophical Transactions of the Royal Society B: Biological Sciences*, vol. 371, no. 1698, 2016, p. 20, 150, 239.

——. “When the Sea Saved Humanity.” *Scientific American*, 1 Nov. 2012, www.scientificamerican.com/article/when-the-sea-saved-humanity-2012-12-07.

Tarlach, Gemma. “Did the First Americans Arrive Via a Kelp Highway?” *Discover Magazine* Blogs, 2 Nov. 2017, blogs.discovermagazine.com/deadthings/2017/11/02/first-americans-kelp-highway.

Venturi, Sebastiano. “Evolutionary Significance of Iodine.” *Current Chemical Biology*, vol. 5, no. 3, 2011, pp. 155–162.

Vynck, Jan C. De, et al. “Return Rates from Intertidal Foraging from Blombos

Cave to Pinnacle Point: Understanding Early Human Economies." *Journal of Human Evolution*, 28 Jan. 2016, pp. 101–115.
Wisniak, Jaime. "The History of Iodine From Discovery to Commodity." *Indian Journal of Chemical Technology*, vol. 8, Nov. 2001, http://nopr.niscair.res.in/bitstream/123456789/22953/1/IJCT%208%286%29%20518-526.pdf.
Zhao, Wei, et al. "Prevalence of Goiter and Thyroid Nodules before and after Implementation of the Universal Salt Iodization Program in Mainland China from 1985 to 2014: A Systematic Review and Meta-Analysis." *PLOS One*, 14 Oct. 2014, https://journals.plos.org/plosone/article?id=10.1371/journal.pone.0109549.

2章　日本の海苔を救ったイギリス女性藻類研究者

Cian, Raúl, et al. "Proteins and Carbohydrates from Red Seaweeds: Evidence for Beneficial Effects on Gut Function and Microbiota." *Marine Drugs*, vol. 13, no. 8, 20 Aug. 2015, pp. 5358–5383.
Crawford, Elizabeth. "As Seaweed Snacks Gain Popularity, They Present a Chance to Get in at Ground Level, Expert Says." *foodnavigator-usa.com*, 29 Sept. 2015, www.foodnavigator-usa.com/Article/2015/09/30/Seaweed-gains-popularity-presenting-a-chance-to-get-in-at-ground-level.
Drew, Kathleen M. "Conchocelis-Phase in the Life-History of Porphyra umbilicalis (L.) Kütz." *Nature*, vol. 164, 29 Oct. 1949, p. 748–749. (On Drew-Baker's discovery of the reproductive cycle of *Porphyra*.)
Fitzgerald, Ciarán, et al. "Heart Health Peptides from Macroalgae and Their Potential Use in Functional Foods." *Journal of Agricultural and Food Chemistry*, vol. 59, no. 13, 2011, pp. 6829–6836.
Hehemann, Jan-Hendrik, et al. "Transfer of Carbohydrate-Active Enzymes from Marine Bacteria to Japanese Gut Microbiota." *Nature*, 8 Apr. 2010, www.nature.com/articles/nature08937.
Lund, J. W. G., et al. "Kathleen M. Drew D.Sc. (Mrs. H. Wright-Baker) 1901–1957." *British Phycological Bulletin*, vol. 1, no. 6, 1958, pp. iv–12.
Schaefer, Ernst, et al. "Plasma Phosphatidylcholine Docosahexaenoic Acid Content and Risk of Dementia and Alzheimer Disease." *Archives of Neurology*, vol. 63, no. 11, 2006, p. 1,545. (For evidence that high DHA content in the brain is linked to a reduction in Alzheimer's risk.)

4章　ウェールズ人も海苔が好き

Morton, Chris. "Laverbread – The Story of a True Welsh Delicacy." *Bodnant Welsh Food*, 26 July 2013, www.bodnant-welshfood.co.uk/laverbread-2900/.html.

5章　持続可能な海藻採取

Yamamoto, S., et al. "Soy, isoflavones, and breast cancer risk in Japan." *Journal of the National Cancer Institute*, vol. 95, no. 12, 18 June 2003.

6章　広まる大規模海藻養殖

Canfield, Clarke. "Boom in Urchin Harvest Flips Maine's Ecosystem." *Press Herald,* 26 Mar. 2013.

Kleiman, Dena. "Scorned at Home, Maine Sea Urchin Is a Star in Japan." *New York Times,* 3 Oct. 1990.

Sifton, Sam. "The Flavor Enhancer You Don't Need to Tell Anyone About." *New York Times,* 8 Feb. 2018. (On the benefits of cooking with dulse.)

7章　子どもたちを救うスピルリナ

Renton, Alex. "If MSG Is So Bad for You, Why Doesn't Everyone in Asia Have a Headache?" *The Guardian,* Guardian News and Media, 10 July 2005. (Why MSG, the source of umami, does not cause headaches.)

Yang, Sarah. "New Study Finds Kelp Can Reduce Level of Hormone Related to Breast Cancer Risk." *UC Berkeley News,* Office of Public Affairs, 2 May 2005, www.berkeley.edu/news/media/releases/2005/02/02_kelp.shtml.

第3部　高まる藻類の可能性

1章　農家と海藻の深いつながり

BalterJul, Michael, et al. "Researchers Discover First Use of Fertilizer." *Science,* 15 July 2013, www.sciencemag.org/news/2013/07/researchers-discover-first-use-fertilizer. (On seaweeds as crop fertilizers.)

Barry, Kathleen A., et al. "Prebiotics in Companion and Livestock Animal Nutrition." In *Prebiotics and Probiotics Science and Technology,* edited by Dimitris Charalampopoulos and Robert A. Rastall, Springer, 2009.

Battacharyya, Dhriti, et al. "Seaweed Extracts as Biostimulants in Horticulture." *Scientia Horticulturae,* vol. 196, 2015, pp. 39–48.

Calvo, Pamela, et al. "Agricultural Uses of Plant Biostimulants." *Plant and Soil,* vol. 383, nos. 1–2, 2014, pp. 3–41.

Evans, F. D., and A. T. Critchley. "Seaweeds for Animal Production Use." *Journal of Applied Phycology,* vol. 26, no. 2, 10 Sept. 2013, pp. 891–899. (For data on the value of adding *Ascophyllum* to livestock diets.)

Flint, Harry J., et al. "The Role of the Gut Microbiota in Nutrition and Health." *Nature Reviews Gastroenterology & Hepatology,* vol. 9, no. 10, 4 Sept. 2012, pp. 577–589.

"The Importance of Seaweed across the Ages." *BioMara,* www.biomara.org/understanding-seaweed/the-importance-of-seaweed-across-the-ages.html.

Khan, Wajahatullah, et al. "Seaweed Extracts as Biostimulants of Plant Growth and Development." *Journal of Plant Growth Regulation,* vol. 28, no. 4, Dec. 2009, pp. 386–399.

Lloyd-Price, Jason, et al. "The Healthy Human Microbiome." *Genome Medicine,* vol. 8, no. 1, 27 Apr. 2016.

O'Sullivan, Laurie, et al. "Prebiotics from Marine Macroalgae for Human and

Animal Health Applications." Multidisciplinary Digital Publishing Institute, 1 July 2010, www.mdpi.com/1660-3397/8/7/2038.
Saad, N., et al. "An Overview of the Last Advances in Probiotic and Prebiotic Field." *LWT—Food Science and Technology*, vol. 50, no. 1, 21 May 2012, pp. 1–16.
"Tackling Drug-Resistant Infections Globally." *Review on Antimicrobial Resistance*, May 2016, https://amr-review.org/sites/default/files/160525_Final%20paper_with%20cover.pdf.

2章　微生物研究と藻類

Bixler, Harris J., and Hans Porse. "A Decade of Change in the Seaweed Hydrocolloids Industry." *Journal of Applied Phycology*, vol. 23, no. 3, 22 Apr. 2010, pp. 321–335.
Callaway, Ewen. "Lab Staple Agar Hit by Seaweed Shortage." *Algae World News*, 13 Dec. 2015, news.algaeworld.org/2015/12/lab-staple-agar-hit-by-seaweed-shortage.
Connett, David. "Why a Global Seaweed Shortage Is Bad News for Scientists." *The Independent*, 3 Jan. 2016.
Downs, C. A., et al. "Toxicopathological Effects of the Sunscreen UV Filter, Oxybenzone (Benzophenone-3), on Coral Planulae and Cultured Primary Cells and Its Environmental Contamination in Hawaii and the U.S. Virgin Islands." *SpringerLink*, 20 Oct. 2015, https://link.springer.com/article/10.1007%2Fs00244-015-0227-7.
"FAO/WHO Joint Expert Committee on Food Additives (JECFA) Releases Technical Report on Carrageenan Safety in Infant Formula." *PR Newswire*, June 2015.
Fernandes, Susana C. M., et al. "Exploiting Mycosporines as Natural Molecular Sunscreens for the Fabrication of UV-Absorbing Green Materials." *ACS Applied Materials & Interfaces*, vol. 7, no. 30, 13 July 2015, pp. 16558–165564.
Fleming, Derek, and Kendra Rumbaugh. "Approaches to Dispersing Medical Biofilms." *Microorganisms*, vol. 5, no. 2, 1 Apr. 2017, pp. 1–16. (Algal drugs that disrupt these living membranes are a hallmark of certain diseases, including cystic fibrosis.)
"Is Carrageenan Safe?" *Follow Your Heart*, followyourheart.com/is-carrageenan-safe.
Iselin, Josie. "The Hidden Life of Seaweed: How a Rockland Seaweed Factory Helped Create the Processed Foods We Know and Love Today." *Maine Boats Homes & Harbors*, 11 July 2016, maineboats.com/print/issue-129/hidden-life-seaweed.
Keane, Kaitlin. "Video: Irish Sea Mossers Recall 40 Years of Camaraderie at Reunion." *Patriot Ledger* (Quincy, MA), 25 Aug. 2008, www.patriotledger.com/article/20080825/News/308259948.
Lawrence, Karl, and Antony Young. "Your Sunscreen May Be Polluting the Ocean—But Algae Could Offer a Natural Alternative." *The Conversation*, 1 Sept. 2017, http://theconversation.com/your-sunscreen-may-be-polluting-the-ocean-but-algae-could-offer-a-natural-alternative-83261.

Martin, Roy E., and Brian Rudolph. "Sea Products: Red Algae of Economic Significance." *Marine & Freshwater Products Handbook*. Technomic, 2000.

McHugh, Dennis J. "A Guide to the Seaweed Industry." Food and Agricultural Organization of the United Nations, 2003, www.fao.org/docrep/006/y4765e/y4765e0b.htm.

McKim, James M., et al. "Effects of Carrageenan on Cell Permeability, Cytotoxicity, and Cytokine Gene Expression in Human Intestinal and Hepatic Cell Lines." *Food and Chemical Toxicology*, vol. 96, Oct. 2016, pp. 1–10.

Murphy, Barbara. *Irish Mossers and Scituate Harbour Village*. B. Murphy, 1980.

Pritchard, Manon F., et al. "A Low-Molecular-Weight Alginate Oligosaccharide Disrupts Pseudomonal Microcolony Formation and Enhances Antibiotic Effectiveness." *Antimicrobial Agents and Chemotherapy*, vol. 61, no. 9, 19 Aug. 2017. (On biofilm disruption.)

Romo, Vanessa. "Hawaii Approves Bill Banning Sunscreen Believed to Kill Coral Reefs." NPR, 2 May 2018, www.npr.org/sections/thetwo-way/2018/05/02/607765760/hawaii-approves-bill-banning-sunscreen-believed-to-kill-coral-reefs.

"The Seaweed Site: Information on Marine Algae." www.seaweed.ie/uses_general/carrageenans.php. (Good summary of the carrageenan controversy.)

Stoloff, Leonard. "Irish Moss—from an Art to an Industry." *Economic Botany*, vol. 3, no. 4, 1949, pp. 428–435.

"Take the Luck Out of Clear Beer with Irish Moss." American Homebrewers Association, www.homebrewersassociation.org/how-to-brew/take-the-luck-out-of-clear-beer-with-irish-moss.

Valderamma, Diego. *Social and Economic Dimensions of Carrageenan Seaweed Farming*. Food and Agricultural Organization of the United Nations, 2013, www.fao.org/3/a-i3344e.pdf.

Wagner, Lisa. "Chemicals in Sunscreen Are Harming Coral Reefs, Says New Study." National Public Radio, *The Two-Way*, 20 Oct. 2015, www.npr.org/sections/thetwo-way/2015/10/20/450276158/chemicals-in-sunscreen-are-harming-coral-reefs-says-new-study.

Watson, Duika Burges. "Public Health and Carrageenan Regulation: A Review and Analysis." *Journal of Applied Phycology*, vol. 20, no. 5, 2007, pp. 505–513.

Weiner, Myra L. "Food Additive Carrageenan: Part II: A Critical Review of Carrageenan in vivo Safety Studies." *Critical Reviews in Toxicology*, vol. 44, no. 3, 2014, pp. 244–269.

Yang, Guang, et al. "Photosynthetic Production of Sunscreen Shinorine Using an Engineered Cyanobacterium." *ACS Synthetic Biology*, vol. 7, no. 2, 2018, pp. 664–671.

3章　イスラエルで海藻養殖

Abolofia, J., F. Asche, and J. E. Wilen. "The Cost of Lice: Quantifying the Impacts of Parasitic Sea Lice on Farmed Salmon." 21 April 2017, *Marine Resource Economics*, 32(3), 329–349.

Andrews, Ethan. "Norwegian Company to Build Large, Land-Based Salmon Farm in Belfast." *Press Herald*, 31 Jan. 2018.

Cruz-Suarez, Lucia Elizabeth, et al. "Shrimp/*Ulva* co-culture: A sustainable alternative to diminish the need for artificial feed and improve shrimp quality." *Aquaculture*, vol. 301, nos. 1–4, 23 Mar. 2010, pp. 64–68.

Elizondo-González, Regina, et al. "Use of Seaweed *Ulva Lactuca* for Water Bioremediation and as Feed Additive for White Shrimp *Litopenaeus Vannamei.*" *PeerJ*, 5 Mar. 2018, https://peerj.com/articles/4459.

Gui, Jian-Fang. *Aquaculture in China: Success Stories and Modern Trends*. John Wiley & Sons, 31 Mar. 2018. (See chapter 3.12, "Rabbitfish: An Emerging Herbivorous Marine Aquaculture Species.")

Managing Forage Fish — Recommendations from the Lenfest Task Force. Pew Charitable Trusts, 13 Apr. 2017, www.lenfestocean.org/en/news-and-publications/published-paper/managing-forage-fish-recommendations-from-the-lenfest-task-force.

"New Fish Farms Move from Ocean to Warehouse." Worldwatch Institute, 10 Apr. 2018, www.worldwatch.org/node/5718.

Parshley, Lois. "The Most Sustainable Way to Raise Seafood Might Be on Land." *Popular Science*, 22 Sept. 2015. (For Indiana's shrimp farms.)

4章　藻類からランニング・シューズを作る

Dungworth, David. "Innovations in the 17th-Century Glass Industry: The Introduction of Kelp (Seaweed) Ash in Britain." Association Verre Et Histoire, 14 June 2011.

Geyer, R., J. Jambeck, and K. Law. "Production, use, and fate of all plastics ever made." *Science Advances*, 19 July 2017, vol. 3, no. 7.

"The Importance of Seaweed across the Ages." *BioMara*, www.biomara.org/understanding-seaweed/the-importance-of-seaweed-across-the-ages.html.

"How Once-Popular Pool Halls Ushered in the Age of Plastic." 99% Invisible. *Slate*, 13 May 2015, www.slate.com/blogs/the_eye/2015/05/13/the_death_of_billiards_and_the_rise_of_plastic_on_99_invisible_with_roman.html.

Johnson, Samuel. "A Journey to the Western Isles of Scotland." Gutenberg.org, 5 Apr. 2005, digital.library.upenn.edu/webbin/gutbook/lookup?num=2064.

"Kelp Burning in Orkney." *Orkneyjar — The Heritage of the Orkney Islands*, orkneyjar.com/tradition/kelpburning.htm.

Rymer, Leslie. "The Scottish Kelp Industry." *Scottish Geographical Magazine*, vol. 90, Dec. 1974.

5章　夢の燃料、藻類オイル

Aarhus University. "Hydrothermal Liquefaction — Most Promising Path to Sustainable Bio-Oil Production." *Phys.org*, 6 Feb. 2013, phys.org/news/2013-02-hydrothermal-liquefactionmost-path-sustainable-bio-oil.html.

Algae to Crude Oil: Million-Year Natural Process Takes Minutes in the Lab. Pa-

cific Northwest National Laboratory, 17 Dec. 2013, www.pnnl.gov/news/release.aspx?id=1029. (For more on hydrothermal liquefaction.)
Barreiro, Diego López, et al. "Hydrothermal Liquefaction (HTL) of Microalgae for Biofuel Production: State of the Art Review and Future Prospects." *Biomass and Bioenergy*, vol. 53, 8 Feb. 2013, pp. 113–127.
"Crude Oil Prices — 70 Year Historical Chart." Macrotrends, 2018, www.macrotrends.net/1369/crude-oil-price-history-chart.
Davis, Ryan, et al. "Techno-Economic Analysis of Autotrophic Microalgae for Fuel Production." *Applied Energy*, vol. 88, no. 10, 17 May 2011, pp. 3524–3531, https://www.sciencedirect.com/science/article/pii/S0306261911002406. (The authors at the National Renewable Energy Laboratory calculated in 2011 that algae diesel would be $9.84 per gallon, including a 10 percent return.)
Dong, Tao, et al. "Combined Algal Processing: A Novel Integrated Biorefinery Process to Produce Algal Biofuels and Bioproducts." *Algal Research*, 18 Jan. 2016. (For a new process that captures sugars, lipids, and proteins to maximize biofuel production and lower its cost.)
Elliott, Douglas C., et al. "Hydrothermal Liquefaction of Biomass: Developments from Batch to Continuous Process." *Bioresource Technology*, vol. 178, 13 Oct. 2014, pp. 147–156. (On fast hydrothermal liquefaction.)
Gluck, Robert. *Q & A with Sapphire Energy's Mike Mendez — Part I*. https://biofuelsdigest.blogspot.com/2010/11/q-with-sapphire-energys-mike-mendez.html, 19 Nov. 2010.
——. *Q & A with Sapphire Energy's Mike Mendez — Part II*. Nov. 2010. (Formerly available online at biofuelsdigest.blogspot.com.)
Kumar, Ramanathan Ranjith, et al. "Lipid Extraction Methods from Microalgae: A Comprehensive Review." *Frontiers in Energy Research*, vol. 2, 8 Jan. 2015.
Li, Yan, et al. "A Comparative Study: The Impact of Different Lipid Extraction Methods on Current Microalgal Lipid Research." *Microbial Cell Factories*, BioMed Central, 24 Jan. 2014.
Mitra, Aditee. "The Perfect Beast." *Scientific American*, vol. 318, no. 4, 20 Apr. 2018, pp. 26–33, doi:10.1038/scientificamerican0418-26. (On the newly discovered ubiquity of mixotrophs.)
"Sapphire Press Release Extracts." *Sapphire Energy*. Sapphire.com.
Woody, Todd. "The U.S. Military's Great Green Gamble Spurs Biofuel Startups." *Forbes*, 25 Sept. 2012.
Yap, Benjamin H. J., et al. "Nitrogen Deprivation of Microalgae: Effect on Cell Size, Cell Wall Thickness, Cell Strength, and Resistance to Mechanical Disruption." *Journal of Industrial Microbiology & Biotechnology*, vol. 43, no. 12, 6 Oct. 2016, pp. 1671–1680. (For data on algae cell wall thickness.)

6章　魚とヒトの栄養食

Abdelhamid, A. S., et al. "Omega 3 fatty acids for the primary and secondary prevention of cardiovascular disease." ResearchGate, July 2018, www.re

searchgate.net/publication/326482538_Omega-3_fatty_acids_for_the_primary_and_secondary_prevention_of_cardiovascular_disease.
"Bon Appétit Management Company Adopts TerraVia's Innovative Algae Oils." BusinessWire, 31 Jan. 2017, www.businesswire.com/news/home/20170131005375/en/Bon-App%C3%A9tit-Management-Company-Adopts-TerraVias-Innovative.
Byelashov, Oleksandr A., and Mark E. Griffin. "Fish In, Fish Out: Perception of Sustainability and Contribution to Public Health." *Fisheries*, vol. 39, no. 11, 24 Nov. 2014, pp. 531–535. (For commentary on the decline of omega-3 oils in aquacultured fish.)
Cardwell, Diane. "For Solazyme, a Side Trip on the Way to Clean Fuel." *New York Times*, 22 June 2013.
Essington, T. E., et al. "Fishing amplifies forage fish population collapses." *PNAS*, 26 May 2015, https://doi.org/10.1073/pnas.1422020112.
Hage, Øystein, and Fiskeribladet Fiskaren. "Skretting Exec: Consumers Must Accept Lower Omega 3 Levels." *IntraFish*, 6 May 2016, www.intrafish.com/news/489562/skretting-exec-consumers-must-accept-lower-omega-3-levels.
"The Science — and Environmental Hazards — Behind Fish Oil Supplements." *Fresh Air*, Terry Gross interview with Paul Greenberg, author of *The Omega Principle: Seafood and the Quest for a Long Life and a Healthier Planet*, 9 July 2018, www.npr.org/2018/07/09/627229213/the-science-and-environmental-hazards-behind-fish-oil-supplements.
"The Use of Algae in Fish Feeds as Alternatives to Fishmeal." *The Fish Site*, 13 Nov. 2013, thefishsite.com/articles/the-use-of-algae-in-fish-feeds-as-alternatives-to-fishmeal.
White, Cliff. "Algae-Based Aqua Feed Firms Breaking down Barriers for Fish-Free Feeds." *Seafoodsource.com*, 6 Apr. 2017, www.seafoodsource.com/news/aquaculture/algae-based-aquafeed-firms-breaking-down-barriers-for-fish-free-feeds.

7章　コストの壁に阻まれる藻類エタノール

Abbasi, Jennifer. "Kill Switches for GMOs." *Scientific American*, vol. 313, no. 6, 17 Nov. 2015, p. 36. (On preventing the escape of modified organisms into the environment.)
Boettner, Benjamin. "Kill Switches for Engineered Microbes Gone Rogue." *Wyss Institute*, 21 May 2018, wyss.harvard.edu/kill-switches-for-engineered-microbes-gone-rogue.
Mumm, Rita H, et al. "Land Usage Attributed to Corn Ethanol Production in the United States." *Biotechnology and Biofuels*, 12 Apr. 2014.

8章　藻類燃料の未来

Bittman, Mark. "Is Natural Gas 'Clean'?" *New York Times Opinionator*, 24 Sept. 2013, opinionator.blogs.nytimes.com/2013/09/24/is-natural-gas-clean.
"Crude Oil Prices — 70 Year Historical Chart." Macrotrends, 2018, www.macrotrends.net/1369/crude-oil-price-history-chart.

"Facts and Figures." Air Transport Action Group, www.atag.org/facts-figures.html. (For aviation's contribution to total carbon dioxide emissions.)
Gilson, Dave, and Benjy Hansen-Bundy. "How Big Oil Clings to Billions in Government Giveaways." *Mother Jones*, 24 June 2017.
Guglielmi, Giorgia. "Methane Leaks from US Gas Fields Dwarf Government Estimates." *Nature*, vol. 558, no. 7711, 28 June 2018, pp. 496–497.
Hanson, Chris. "Algae Tricked into Staying up Late to Produce Biomaterials." *Biomassmagazine.com*, 19 Nov. 2013, biomassmagazine.com/articles/9708/algae-tricked-into-staying-up-late-to-produce-biomaterials.
Kim, Hyun Soo, et al. "High-Throughput Droplet Microfluidics Screening Platform for Selecting Fast-Growing and High Lipid-Producing Microalgae from a Mutant Library." *Freshwater Biology*, 27 Sept. 2017.
Lane, Jim. "A Breakthrough in Algae Harvesting." *Biofuels Digest*, 21 Aug. 2016, www.biofuelsdigest.com/bdigest/2016/08/21/a-breakthrough-in-algae-harvesting.
"Proof That a Price on Carbon Works." *New York Times*, 19 Jan. 2016.
Salisbury, David. "Tricking Algae's Biological Clock Boosts Production of Drugs, Biofuels." Vanderbilt University, 7 Nov. 2013, news.vanderbilt.edu/2013/11/07/algaes-clock-drugs-biofuels.
Stockton, Nick. "Fattened, Genetically Engineered Algae Might Fuel the Future." *Wired*, Conde Nast, 20 June 2017.
Waller, Peter, et al. "The Algae Raceway Integrated Design for Optimal Temperature Management." *Biomass and Bioenergy*, vol. 46, 11 Aug. 2012, pp. 702–709.
"World Jet Fuel Consumption by Year." *IndexMundi*, 2013, www.indexmundi.com/energy/?product=jet-fuel.

第４部　藻類をとりまく深刻な事態

１章　サンゴの危機

Dubinsky, Zvy, and Noga Stambler. *Coral Reefs: An Ecosystem in Transition.* Springer, 2014.
Harvey, Martin. "Coral Reefs: Importance." World Wildlife Fund, wwf.panda.org/our_work/oceans/coasts/coral_reefs/coral_importance. (Data on the economic importance of coral reefs.)
Klein, Joanna. "In the Deep, Dark Sea, Corals Create Their Own Sunshine." *New York Times*, 8 July 2017. (On how corals create light for their zoox.)
Thurber, Rebecca Vega, et al. "Macroalgae Decrease Growth and Alter Microbial Community Structure of the Reef-Building Coral, *Porites Astreoides*." *PLOS One*, 5 Sept. 2012.

２章　サンゴ礁を守る人々

Apprill, Amy M., and Ruth D. Gates. "Recognizing Diversity in Coral Symbiotic Dinoflagellate Communities." *Molecular Ecology*, vol. 16, no. 6, 2006, pp. 1127–1134.
Berkelmans, R., and M. J. H. van Oppen. "The Role of Zooxanthellae in the Ther-

mal Tolerance of Corals: A 'Nugget of Hope' for Coral Reefs in an Era of Climate Change." *Proceedings of the Royal Society B: Biological Sciences,* vol. 273, no. 1599, 2006, pp. 2305–2312.

Cai, Wenju, et al. "Increasing frequency of extreme El Niño events due to greenhouse warming." *Nature Climate Change,* 19 Jan. 2014, vol. 4, pp. 111–116.

Kline, David I., and Steven V. Vollmer. "White Band Disease (Type I) of Endangered Caribbean Acroporid Corals Is Caused by Pathogenic Bacteria." Nature.com, *Scientific Reports,* vol. 1, no. 1, 14 June 2011, www.nature.com/articles/srep00007.

Leibach, Julie. "Coral Sperm Banks: A Safety Net for Reefs?" *Science Friday,* 1 June 2016, www.sciencefriday.com/articles/coral-sperm-banks-a-safey-net-for-reefs/.

Little, A. F., et al. "Flexibility in Algal Endosymbioses Shapes Growth in Reef Corals." *Science,* vol. 304, no. 5676, 4 June 2004, pp. 1492–1494.

Morris, Emily, and Ruth D. Gates. "Functional Diversity in Coral-Dinoflagellate Symbiosis." *PNAS,* National Academy of Sciences, 8 July 2008.

Oppen, Madeleine J. H. van, et al. "Building Coral Reef Resilience through Assisted Evolution." *PNAS,* National Academy of Sciences, 24 Feb. 2015.

Pala, Chris. "Bonaire: The Last Healthy Coral Reef in the Caribbean." *The Ecologist,* 17 Nov. 2017, theecologist.org/2011/jan/04/bonaire-last-healthy-coral-reef-caribbean.

Putnam, H. M., and R. D. Gates. "Preconditioning in the Reef-Building Coral *Pocillopora damicornis* and the Potential for Trans-Generational Acclimatization in Coral Larvae under Future Climate Change Conditions." *Journal of Experimental Biology,* vol. 218, no. 15, 2015, pp. 2365–2372. (On building tolerance of corals in labs and research on passing down epigenetic changes.)

Sampayo, E. M., et al. "Bleaching Susceptibility and Mortality of Corals Are Determined by Fine-Scale Differences in Symbiont Type." *Proceedings of the National Academy of Sciences,* vol. 105, no. 30, 2008, pp. 10444–10449. (Research on the importance of *Symbiodinium* clades in coping with climate change.)

Thurber, Rebecca Vega, et al. "Macroalgae Decrease Growth and Alter Microbial Community Structure of the Reef-Building Coral, *Porites astreoides.*" *PLOS One,* 5 Sept. 2012, https://journals.plos.org/plosone/article?id=10.1371/journal.pone.0044246.

3章　有毒化する藻類

"The Algae Is Coming, But Its Impact Is Felt Far from Water." *NPR,* 11 Aug. 2013, www.npr.org/2013/08/11/211130501/the-algae-is-coming-but-its-impact-is-felt-far-from-water.

Bargu, Sibel, et al. "Mystery behind Hitchcock's birds." *Nature Geoscience,* vol. 5, no. 1, 2011, pp. 2–3.

Dodds, Walter. "Eutrophication of US Freshwaters: Analysis of Potential Economic Damages." *Environmental Science & Technology,* vol. 43, no. 1, 12 Nov. 2008, pp. 12–19. (Source for $2.2 billion damage estimate.)

Elsken, Katrina. "There's More to the Story: Invasion of the Algae Megabloom." *Okeechobee News*, 22 July 2016, okeechobeenews.net/lake-okeechobee/theres-story-invasion-algae-megabloom.

Gulf Shrimp Prices Reveal Hidden Economic Impact of Dead Zones. Duke University, Nicholas School of the Environment, 30 Jan. 2017, nicholas.duke.edu/about/news/gulf-shrimp-prices-reveal-hidden-economic-impact-dead-zones.

Hauser, Christine. "Algae Bloom in Lake Superior Raises Worries on Climate Change and Tourism." *New York Times*, 29 Aug. 2018, https://www.nytimes.com/2018/08/29/science/lake-superior-algae-toxic.html.

Lyn, Cheryl. "Dead Zones Spreading in World Oceans." *OUP Academic*, Oxford University Press, *BioScience*, vol. 55, no. 7, 1 July 2005, pp. 552–557.

Milstein, Michael. "NOAA Fisheries mobilizes to gauge unprecedented West Coast toxic algal bloom." Northwest Fisheries Science Center, June 2015, www.nwfsc.noaa.gov/news/features/west_coast_algal_bloom/index.cfm.

Nobel, Mariah. "Utah Lake Reopens as Algal Threat Subsides." *Salt Lake Tribune*, 30 July 2016, updated 4 Jan. 2017.

"Toxic Algal Blooms behind Klamath River Dams Create Health Risks Far Downstream." *Life at OSU*, 16 June 2015, today.oregonstate.edu/archives/2015/jun/toxic-algal-blooms-behind-klamath-river-dams-create-health-risks-far-downstream.

Zimmer, Carl. "Cyanobacteria Are Far from Just Toledo's Problem." *New York Times*, 20 Dec. 2017.

(See also sources in Chapter 5.)

4章　藻類による浄化

Adey, Walter, and Karen Loveland. *Dynamic Aquaria: Building and Restoring Living Ecosystems*. Academic Press, 2007.

"Algae: A Mean, Green Cleaning Machine." USDA *AgResearch Mag*, May 2010, agresearchmag.ars.usda.gov/2010/may/algea.

Calahan, Dean, and Ed Osenbaugh. "Algal Turf Scrubbing: Creating Helpful, Not Harmful, Algal 'Blooms.'" Science Trends, 25 May 2018, sciencetrends.com/algal-turf-scrubbing-creating-helpful-not-harmful-algal-blooms.

Staletovich, Jenny. "Lake Okeechobee: A Time Warp for Polluted Water." *Orlando Sentinel*, 20 Aug. 2016, www.orlandosentinel.com/news/environment/os-ap-okeechobee-polluted-water-20160820-story.html.

——. "Massive and Toxic Algae Bloom Threatens Florida Coasts with Another Lost Summer." *Miami Herald*, 29 June 2018, updated 7 Aug. 2018.

Warrick, Joby. "Large 'Dead Zone' Signals Continued Problems for the Chesapeake Bay." *Washington Post*, 31 Aug. 2014.

5章　暴走を始めた藻類

"The Algae Is Coming, But Its Impact Is Felt Far from Water." NPR, 11 Aug. 2013, www.npr.org/2013/08/11/211130501/the-algae-is-coming-but-its-impact-is-felt-far-from-water.

Altieri, Andrew H., and Keryn B. Gedan. "Climate Change and Dead Zones." *Global Change Biology*, vol. 21, no. 4, 10 Aug. 2014, pp. 1395–1406.
Aronsohn, Marie D. "Studying Bioluminescent Blooms in the Arabian Sea." *State of the Planet*, 7 Dec. 2017, blogs.ei.columbia.edu/2017/12/04/studying-bioluminescent-blooms-arabian-sea.
Berwyn, Bob, et al. "Tiny Pink Algae May Have a Big Role in the Arctic Melting." InsideClimate News, 4 Jan. 2017, insideclimatenews.org/news/24062016/tiny-pink-algae-snow-arctic-melting-global-warming-climate-change.
Bothwell, Max L., et al. "The Didymo Story: The Role of Low Dissolved Phosphorus in the Formation of Didymosphenia Geminata Blooms." *Diatom Research*, vol. 29, no. 3, 4 Mar. 2014, pp. 229–236.
Chapra, Steven C., et al. "Climate Change Impacts on Harmful Algal Blooms in U.S. Freshwaters: A Screening-Level Assessment." *Environmental Science & Technology*, vol. 51, no. 16, 2017, pp. 8933–8943.
"Climate Change and Harmful Algal Blooms." Environmental Protection Agency, 9 Mar. 2017, www.epa.gov/nutrientpollution/climate-change-and-harmful-algal-blooms.
"Collateral Consequences: Climate Change and the Arabian Sea." Lamont-Doherty Earth Observatory, 4 Dec. 2017, www.ldeo.columbia.edu/news-events/collateral-consequences-climate-change-and-arabian-sea.
Conniff, Richard. "The Nitrogen Problem: Why Global Warming Is Making It Worse." *Yale Environment 360*, 7 Aug. 2017, e360.yale.edu/features/the-nitrogen-problem-why-global-warming-is-making-it-worse.
Danovaro, Roberto, et al. "Sunscreens Cause Coral Bleaching by Promoting Viral Infections." *Environmental Health Perspectives*, 2008.
Dell'Amore, Christine. "River Algae Known as Rock Snot Boosted by Climate Change?" *National Geographic*, 12 Mar. 2014.
Embury-Dennis, Tom. "'Dead Zone' Larger than Scotland Found by Underwater Robots in Arabian Sea." *The Independent*, 27 Apr. 2018, www.independent.co.uk/environment/dead-zone-arabian-sea-gulf-oman-underwater-robots-ocean-pollution-discovery-a8325676.html.
"Fast Facts: Hurricane Costs." Office for Coastal Management, National Oceanic and Atmospheric Administration, https://coast.noaa.gov/states/fast-facts/hurricane-costs.html.
"Forest Fertilization in British Columbia." *British Columbia*, Ministry of Forests and Range, https://www2.gov.bc.ca/assets/gov/environment/natural-resource-stewardship/land-based-investment/forests-for-tomorrow/fertilizationsynopsisfinal.pdf.
Ganey, Gerard Q., et al. "The Role of Microbes in Snowmelt and Radiative Forcing on an Alaskan Icefield." *Nature Geoscience*, vol. 10, no. 10, 2017, pp. 754–759.
"Impacts of Climate Change on the Occurrence of Harmful Algal Blooms." Environmental Protection Agency Office of Water, May 2013, www.epa.gov/sites/production/files/documents/climatehabs.pdf.
Jones, Ashley M. Environmental Protection Agency, 22 Aug. 2016, blog.epa.gov/blog/2016/08/from-grasslands-to-forests-nitrogen-impacts-all-ecosystems.

Miller, Melissa A., et al. "Evidence for a Novel Marine Harmful Algal Bloom: Cyanotoxin (Microcystin) Transfer from Land to Sea Otters." *PLOS One,* 10 Sept. 2010, journals.plos.org/plosone/article?id=10.1371%2Fjournal.pone.0012576.

Ogden, Nicholas H., et al. "Estimated Effects of Projected Climate Change on the Basic Reproductive Number of the Lyme Disease Vector Ixodes Scapularis." *Environmental Health Perspectives,* 14 Mar. 2014.

O'Hanlon, Larry. "The Brown Snot Taking over the World's Rivers." *BBC Earth,* 29 Sept. 2014, www.bbc.com/earth/story/20140922-green-snot-takes-over-worlds-rivers.

Paerl, Hans W., and Jef Huisman. "Blooms Like It Hot." *Science,* 4 Apr. 2008.

Pelley, Janet. "Taming Toxic Algae Blooms." American Chemical Society, *ACS Central Science, 2* (5), pp 270–273, 12 May 2016. (How nitrogen and phosphorus runoff will make algal blooms.)

Preece, Ellen. "Transfer of Microcystin from Freshwater Lakes to Puget Sound, WA, and Toxin Accumulation in Marine Mussels." *EPA Presentation Region 10 HAB Workshop,* US EPA, 29 Mar. 2016, www.epa.gov/sites/production/files/2016-03/documents/transfer-microcystin-freshwater-lakes.pdf.

Stibal, Marek, et al. "Algae Drive Enhanced Darkening of Bare Ice on the Greenland Ice Sheet." *Geophysical Research Letters,* vol. 44, no. 22, 28 Nov. 2017, pp. 11463–11471.

"Vermont Repeals Felt Sole Ban." *American Angler,* 23 June 2016, www.americanangler.com/vermont-repeals-felt-sole-ban.

"*Vibrio* Species Causing Vibriosis." Centers for Disease Control and Prevention, 19 Apr. 2018, www.cdc.gov/vibrio/index.html.

Welch, Craig. "Climate Change Pushing Tropical Diseases Toward Arctic." *National Geographic,* 14 June 2017.

Wheeler, Timothy. "2010 food poisoning cases linked to Asian bacteria in raw oysters." *Bay Journal,* 18 May 2016, www.bayjournal.com/article/2010_food_poisoning_case_linked_to_asian_bacteria_in_raw_oysters. (Data on cases of *vibrio* infection.)

Yardley, Jim. "To Save Olympic Sailing Races, China Fights Algae." *New York Times,* 1 July 2018, www.nytimes.com/2008/07/01/world/asia/01algae.html.

Yirka, Bob. "Algae Growing on Snow Found to Cause Ice Field to Melt Faster in Alaska." *Phys.org,* 19 Sept. 2017, phys.org/news/2017-09-algae-ice-field-faster-alaska.html.

Zielinski, Sarah. "Ocean Dead Zones Are Getting Worse Globally Due to Climate Change." *Smithsonian,* 10 Nov. 2014.

"*Zooplankton:* Noctiluca Scintillans." University of Tasmania, Institute for Marine and Antarctic Studies, 2 Feb. 2013, www.imas.utas.edu.au/zooplankton/image-key/noctiluca-scintillans.

6章　気候変動を食い止められるか

Arrigo, Kevin R., et al. "Melting Glaciers Stimulate Large Summer Phytoplank-

ton Blooms in Southwest Greenland Waters." *Geophysical Research Letters*, vol. 44, no. 12, 31 May 2017, pp. 6278–6285.

Biello, David. "Controversial Spewed Iron Experiment Succeeds as Carbon Sink." *Scientific American*, 18 July 2012.

Bishop, James K. B., and Todd J. Wood. "Year-Round Observations of Carbon Biomass and Flux Variability in the Southern Ocean." *Global Biogeochemical Cycles*, vol. 23, no. 2, May 2009.

Cumming, Vivien. "Earth — How Hot Could the Earth Get?" *BBC Earth*, 30 Nov. 2015, www.bbc.com/earth/story/20151130-how-hot-could-the-earth-get.

Disparte, Dante. "If You Think Fighting Climate Change Will Be Expensive, Calculate the Cost of Letting It Happen." *Harvard Business Review*, 5 July 2017.

Dodd, Scott. "DMS: The Climate Gas You've Never Heard Of." *Oceanus Magazine*, 17 July 2008, www.whoi.edu/oceanus/feature/dms--the-climate-gas-youve-never-heard-of.

Fountain, Henry. "How Oman's Rocks Could Help Save the Planet." *Gulf News*, 26 Apr. 2018, https://gulfnews.com/news/gulf/oman/how-oman-s-rocks-could-help-save-the-planet-1.2213007.

Glennon, Robert. "The Unfolding Tragedy of Climate Change in Bangladesh." *Scientific American Blog Network*, 21 Apr. 2017, blogs.scientificamerican.com/guest-blog/the-unfolding-tragedy-of-climate-change-in-bangladesh. (Data on Bangladeshis to be displaced by sea rise.)

Gramling, Carolyn, et al. "Tiny Sea Creatures Are Making Clouds over the Southern Ocean." *Science*, 9 Dec. 2017, www.sciencemag.org/news/2015/07/tiny-sea-creatures-are-making-clouds-over-southern-ocean.

Grandey, B. S., and C. Wang. "Enhanced Marine Sulphur Emissions Offset Global Warming and Impact Rainfall." *Scientific Reports*, 21 Aug. 2015.

Johnston, Ian. "The Cost of Climate Change Has Been Revealed, and It's Horrifying." *The Independent*, 16 Nov. 2016, www.independent.co.uk/environment/global-warming-climate-change-world-economy-gdp-smaller-12-trillion-a7421106.html.

Jones, Nicola. "Abrupt Sea Level Rise Looms As Increasingly Realistic Threat." *Yale Environment 360*, 5 May 2016, e360.yale.edu/features/abrupt_sea_level_rise_realistic_greenland_antarctica.

Kintisch, Eli. "Should Oceanographers Pump Iron?" *Science*, 30 Nov. 2007.

Kohnert, Katrin, et al. "Strong Geologic Methane Emissions from Discontinuous Terrestrial Permafrost in the Mackenzie Delta, Canada." *Nature News*, 19 July 2017, www.nature.com/articles/s41598-017-05783-2.

Lear, Caroline H., et al. "Breathing More Deeply: Deep Ocean Carbon Storage during the Mid-Pleistocene Climate Transition." *Geology*, 1 Dec. 2016. (On the 100,000-year cycle of algae deposition.)

Ocean Portal Team. "Ocean Acidification." Smithsonian Institution Ocean, https://ocean.si.edu/ocean-life/invertebrates/ocean-acidification. (On the rate of ocean acidification.)

Zielenski, Sarah. "Iceland Carbon Capture Project Quickly Converts Carbon Dioxide Into Stone." Smithsonian.com, 9 June 2016, www.smithsonianmag.com/science-nature/iceland-carbon-capture-project-quickly-converts-carbon-dioxide-stone-180959365/.

エピローグ

"Carbon fibers, made from algae oil." *Algae Industry Magazine,* 26 Nov. 2018, http://www.algaeindustrymagazine.com/carbon-fibers-made-from-algae-oil/. (Reporting on the word of Dr. Thomas Bruck at the Algae Cultivation Center of the Technical University of Munich in coordination with chemists at the university.)

"Climate Change — A Feast of Ideas." Australian Meat Processor Organization, 21 Nov. 2016, www.youtube.com/watch?v=X_JQJeZeizs. (*Asparagopsis* fed to cattle to reduce methane emissions.)

Couso, Inmaculada, et al. "Synergism between Inositol Polyphosphates and TOR Kinase Signaling in Nutrient Sensing, Growth Control, and Lipid Metabolism in Chlamydomonas." *The Plant Cell,* vol. 28, no. 9, 6 Sept. 2016, pp. 2026–2042. (How signaling leads to higher levels of lipid accumulation.)

Hernandez, I., et al. "Pricing of Monoclonal Antibody Therapies: Higher If Used for Cancer?" *American Journal of Managed Care,* Feb. 2018. (For the price of recombinant protein monoclonal antibodies.)

Houwat, Igor, and Taylor Weiss. "Better Together: A Bacteria Community Creates Biodegradable Plastic with Sunlight." *MSU-DOE Plant Research Laboratory,* 23 Oct. 2017, prl.natsci.msu.edu/news-events/news/better-together-a-bacteria-community-creates-biodegradable-plastic-with-sunlight.

Kennedy, Merrit. "Surf and Turf: To Reduce Gas Emissions from Cows, Scientists Look to the Ocean." NPR, 3 July 2018, www.npr.org/sections/the-salt/2018/07/03/623645396/surf-and-turf-to-reduce-gas-emissions-from-cows-scientists-look-to-the-ocean.

Kinley, Robert D., et al. "The Red Macroalgae Asparagopsis taxiformis Is a Potent Natural Antimethanogenic That Reduces Methane Production during in Vitro Fermentation with Rumen Fluid." *Animal Production Science,* vol. 56, no. 3, 9 Feb. 2016, p. 282.

Li, Xixi, et al. "*Asparagopsis Taxiformis* Decreases Enteric Methane Production from Sheep." *Animal Production Science,* vol. 58, no. 4, Aug. 2016, p. 681.

"Major Cuts of Greenhouse Gas Emissions from Livestock within Reach (Major Facts and Findings)." Food and Agricultural Organization of the United Nations, 26 Sept. 2013, www.fao.org/news/story/en/item/197608/icode.

Pancha, Imran, et al. "Target of rapamycin (TOR) signaling modulates starch accumulation via glycogenin phosphorylation status in the unicellular red alga Cyanidioschyzon merolae." *The Plant Journal,* 23 Oct. 2018.

Rasala, Beth A., and Stephen P. Mayfield. "Photosynthetic Biomanufacturing in Green Algae; Production of Recombinant Proteins for Industrial, Nutritional, and Medical Uses." *Photosynthesis Research,* vol. 123, no. 3, Mar. 2015, pp. 227–239.

Sanchez-Garcia, Laura, et al. "Recombinant Pharmaceuticals from Microbial Cells: A 2015 Update." *Microbial Cell Factories,* BMC, 9 Feb. 2016, www.ncbi.nlm.nih.gov/pmc/articles/PMC4748523.

Schwartz, Zane. "How One Researcher Is Fighting Cow Farts — and Climate Change — by Feeding the Gassy Beasts Seaweed." *National Post,* 21 Oct.

2016, nationalpost.com/news/world/how-one-researcher-is-fighting-cow-farts-and-climate-change-by-feeding-the-gassy-beasts-seaweed.
Sorigué, Damien, et al. "An algal photoenzyme converts fatty acids to hydrocarbons." *Science,* 1 Sept. 2017, vol. 357, no. 6354, pp. 903–907.
Taunt, Henry, et al. "Green Biologics: The Algal Chloroplast as a Platform for Making Biopharmaceuticals." *Bioengineered,* vol. 9, no. 1, 2018, www.tandfonline.com/doi/full/10.1080/21655979.2017.1377867.
"Turning Green Algae into Colostrum-like Protein for Infants — Triton Algae Innovations." National Science Foundation and Triton Algae Innovations, 1 May 2018, www.youtube.com/watch?v=9oOIQuWLRAs.
Yan, Na, et al. "The Potential for Microalgae as Bioreactors to Produce Pharmaceuticals." *International Journal of Molecular Sciences,* vol. 17, no. 6, 17 June 2016, p. 962.

料理の幅を広げる海藻料理のレシピ

ここで、藻類料理を始めるのに役立つレシピをいくつか紹介するが、この本で言及した会社のウェブサイトでも多くのレシピを見つけることができる。乾燥した海藻は普通の食料品店で入手できるが、オンラインでさらに多種多様な商品を見つけることができる。

ジル・バーンズの海野菜のかき揚げ

私が海藻を使って料理をしようと決めたとき、料理教室に通おうと思った。マンハッタンのナチュラル・グルメ・インスティテュートで海の野菜を使った料理を見つけ、ブルックリンに住んでいる友人のマジョリーに一緒に行こうと説得した。私は、準備が簡単で、私の限られたレパートリーに加えることができる、海藻の重要な成分を使った料理を見つけたいと思っていた。以下のレシピは、シェフのジル・バーンズの指導の下で私たちが調理したものである。

かき揚げ

〈材料〉

薄力粉	1・1/2カップ
ガーリック・パウダー	大さじ1杯
くず粉（またはコーンスターチ）	大さじ3/4
炭酸水	1/ 2カップ
水	1/2カップ
アラメ	1・3/4カップ
ごま油	大さじ2杯
薄切りにしたエシャロット	5本
水	1・1/4カップ
斜めに薄くスライスしたニンジン	2本
醤油（またはたまり）	1/4カップ
ナタネ油	4～5カップ

天つゆ

〈材料〉

醤油（またはたまり）	1/4カップ
水	1/2カップ
レモン汁	大さじ3杯
ショウガ汁（またはショウガみじん切り 大さじ2杯）	大さじ2杯

〈作り方〉

1. 小麦粉、ガーリック・パウダー、くず粉を一緒にボウルに入れてよくかき混ぜ、炭酸水と水を加えて、中程度の濃さのころもを作る。蓋をして、30～40分間冷やす。ころもは冷えると濃くなる（濃すぎる場合は、後で水を追加する必要がある）。
2. 醤油、水、レモン汁、ショウガ汁を混ぜて天つゆを準備する。小さなボウルに注ぎ、取っておく。
3. アラメをボウルに入れて冷水ですすぐ。水に5分間浸す。水切りして冷水ですすぐ。取っておく。
4. フライパンでゴマ油大さじ2杯を熱する。エシャロットを加え、黄金色になるまで約5分炒める。アラメ、1・1/4カップの水、大さじ2杯の醤油を加える。沸騰させてから火を弱め、蓋を開けて10分間煮る。次に、ニンジンと醤油大さじ2杯を加える。すべての液体が蒸発するまで調理する。ボウルに移して冷やす。
5. 中華鍋または大きなフライパンを使って、ナタネ油を中火で加熱する。アラメと野菜のボウルにころもを追加して、静かにかき混ぜる。
6. 1/4カップかそれ以下の計量器を使用して、タネの一部を素早くすくって、熱い油に落とす。両面をそれぞれ約3分間、黄金色になるまで揚げる。過密を避けるために、一度に5個または6個を揚げる。ペーパータオルで油を切り、天つゆを添えてすぐに出す。

フルーツとスピルリナのスムージー

ビタミンAと鉄の摂取量を増やしたい場合は、スムージーにスピルリナを追加する。乾燥スピルリナの味をカモフラージュすることは難しいが、ここでは効果的なレシピを紹介する。

〈材料〉

熟したバナナ	1本
ミックス冷凍フルーツ	1・1/2カップ
スピルリナ・パウダー	小さじ2杯
新鮮なほうれん草の小葉（ベビースピナッチ）	1/2カップ
水、豆乳またはアーモンド・ミルク	1/2から1カップ
蜂蜜　好みに合わせて	
付け合わせ用の一握りのブルーベリー	

〈作り方〉

ミキサーボウルに最初の4つの材料と液体（水、豆乳またはアーモンド・ミルク）1/2カップを加えてブレンドする。液を追加して、好みの濃さにする。必要に応じて蜂蜜を加える。濃い緑色のスムージーとのドラマチックなコントラストを作るために、ブルー

ベリーを添える。

基本の味噌汁

ワカメはほとんど味噌汁の一部だが、キャベツ、ニンジン、ネギ、マッシュルーム、イモなどの他の野菜を追加することで、ビタミン含有量を高めることができる。アサリを追加すると、タンパク質含有量が増加する。ご飯のおかずには、大豆の酢漬け、玉子焼、ゆで卵または卵黄をトッピングすることがある。日本人はよく味付け海苔をご飯の上に置き、箸で端をつまみご飯を包んで食べる。幸いなことに、日本の短粒米は、長粒の親戚よりも少しデンプンが多くて粘りがあり、扱いやすい。

朝食の味噌汁は簡単である。ご飯と卵を使用すると、シリアルよりも量が多く、味の点ではるかに複雑である。してはいけないことの一つは、出汁を煮立てることである。煮立つ前が、ちょうどいい熱さである。私は白味噌（実際はベージュ色）を使い始めたが、赤味噌の方が風味が強い。新鮮な豆腐はおいしい。味はあまりないが、まろやかな舌触りが魅力的で、パック半分で、推奨されるタンパク質の1日量の20％を提供する。唯一の欠点は、新聞を読みながら箸を使いこなせないことである！

〈材料〉

水	4カップ
昆布（またはサッカリナ・ラティシマ）、10センチ片	1枚
カツオ節粉末	小さじ3/4杯
乾燥ワカメ（または瞬間冷凍ワカメ1/4カップ）	小さじ1杯
大きめにカットした新鮮な豆腐	170グラム
白または赤味噌	大さじ3杯
刻んだネギ（または上記以外の野菜）	1/4カップ

〈作り方〉

1. 大きな鍋で水4カップを弱火で熱する。昆布を加えて、水が沸騰し始めるまで調理する。カツオ節粉末を加えてかき混ぜる。
2. 乾燥ワカメを水の入った小さなボウルに入れ、後で入れるために置いておく。
3. 鍋をコンロから降ろす。スープ――出汁と呼ばれる――を5分間蓋をせずに放置する。
4. 昆布を取り出し、中火で出汁を再加熱するが、沸騰させない。水を切ったワカメを鍋に入れる。鍋に豆腐を加える。
5. 1カップの出汁を小さめのボウルに移し、味噌を入れ、かき混ぜて溶かす。鍋に戻して、混ぜ合わせる。
6. ネギを追加する。ご飯と味付け海苔を添えて出す。

ゴマ全粒小麦パイのナオミの春の海野菜のタルト

このレシピは少し複雑だが、結果は素晴らしい。

パイ皮

〈材料〉

全粒粉	1カップ
小麦粉	1/3カップ
塩（私は海藻の風味を加えるためにダルス塩を使う）	小さじ1/2杯
ベーキングパウダー	小さじ1/2杯
白ごま	大さじ1杯
黒ごま	大さじ1杯
ごま油	1/3カップ
水	1/3カップ
米酢	大さじ1杯

詰め物

〈材料〉

堅い絹ごし豆腐	1ポンド
塩	小さじ1/4杯
ニンニク	2片
醤油	大さじ2杯
味噌	大さじ1・1/2杯
米酢	小さじ3杯
おろしショウガ	大さじ1杯
挽いた黒ごま（好みで）	
ごま油	小さじ1杯
三日月形にスライスした黄タマネギ	1個
春タマネギのみじん切り	5～6本
ほうれん草のみじん切り	1カップ
アスパラガスのみじん切り	3/4カップ
乾燥アラメ　10分間温水に浸し、水を切り、みじん切り	大さじ2杯
アサツキみじん切り	大さじ2杯

〈作り方〉

パイ皮を作るには、小麦粉、塩、ベーキングパウダー、両方のごまをボウルで混ぜる。別のボウルで、1/3カップの油、水、酢を混ぜる。最初のボウルに注いで、なじむまで混ぜる。平らな円盤状に形を整え、ラップをして、少なくとも1時間冷蔵する。焼く準備ができたら、オーブンを175℃に予熱する。麺棒で生地をのばし、タルトパンに入れる。フォークで穴をあけてオーブンに入れる。キツネ色になり始めるまで約10分

間焼いてから、詰め物を入れる前に冷ましておく。オーブンの電源は切らない。

その間に、豆腐、塩、ニンニク、醤油、味噌、米酢、ショウガ、黒ごまをフードプロセッサーに入れ、滑らかで均一になるまでブレンドする。取っておく。

小さじ１杯のごま油をフライパンで熱し、スライスした玉ねぎを加える。中火から弱火で10～15分で茶色になるまで炒める。豆腐を混ぜたボウルに入れ、春タマネギ、ほうれん草、アスパラガス、アラメ、アサツキを加える。すべての材料が均一になるまで混ぜ、準備したタルト生地に注ぐ。175℃に保ったオーブンに入れ、約１時間、またはタルトが固まるまで焼く。出す前に10～20分間冷ます。

エリサのダルスとチェダー・スコーン

ダルス（パルマリア）は、太平洋と大西洋の北の海岸で豊富に生息する美しい濃いバラ色やバーガンディのワインの色をした海藻である。その葉部は長さ約45センチ、幅はわずか数センチである。

600年、スコットランドの聖コルンバの修道士たちは、人々がダルスを食べていて、間違いなく長い間メニューに載っていたと記している。チャールズ・ディケンズが編集した雑誌「ハウスホールド・ワーズ」の「紫色の海岸」というタイトルの記事で、匿名の著者は1856年にこの地域の漁師がダルスを「2つの真っ赤な鉄の間で圧縮するとローストしたカキのような味わいになる」と書いている。著者は、子どもの頃のアバディーンでの休暇を振り返って、十数人の女性がよく海藻を売っていたのを思い出した。

キャッスルゲートでは、ダルス売りほど目立つ人々はいなかった。彼女たちは小さな木製の腰掛けに並んで座り、花崗岩の敷石の上に籐のかごを置いていた。清潔な白い帽子に身を包んで、シルクのハンカチを胸にかけ、青い上っ張りとペチコートを着た、血色の良い、快活で健康的なダルス売りの女性は、健康と力を代表しているように見えた。……私は何度も１週間の収入全体の半ペニーつまり金曜日に受け取る半ペニー（銀貨）を、リンゴ、ナシ、ブラックベリー、クランベリー、イチゴ、エンドウ豆、シュガースティックよりもダルスに費やした。

ダルスは一般に生で食べられるか、オート麦または小麦パンに添えるために使用されたと、著者は、報告している。

普通のものとリンゴの木でいぶした乾燥ダルスの両方をメイン・コースト・シー・ベジタブルに注文した。私はそれを水で戻して、ダルスとブラックベリーのどちらが無駄な買い物になったか確認するため、調理せずにダルスをかじった。私はブラックベリーを買ったが、いぶしたダルスは乙な味がした。強いスコッチ・ウイスキーの風味があり、保存処理されたギリシャオリーブ、濃厚なチーズ、その他のおいしい軽食に加えてオードブルのごちそうになる。そして、ダルスはチーズスコーンと素晴らしく相性がよい。

シェフのヒント

乾燥ダルス片は非常に硬い。焼き菓子の材料として加える場合は、まずダルス片をぬる

ま湯で素早くすすぎ、少し水戻しをするとよい。

〈材料〉

セルフライジングフラワー*	2カップ
塩	小さじ1/4杯
バター、冷蔵したもの	1/3カップ
乾燥ダルス、短時間焼いて小片に砕いたもの	大さじ2杯
濃厚なチェダーチーズ、細かく砕いたもの	1・1/2カップ
牛乳	1/3カップ
大きな卵、泡立てたもの	2個

＊小麦粉（薄力粉）とベーキングパウダーに塩を加えてふるったもの。欧米でよく使われている。

〈作り方〉

1.オーブンを220℃に予熱する。
2.小麦粉と塩をふるいにかけボウルに入れる。
3.バターを加えて、フォークまたは2本のナイフで、きめの粗いパン粉のようになるまで混ぜる。ダルス小片とチェダーチーズ約2/3を混ぜ合わせる。
4.カップまたは小さなボウルで、牛乳と卵を一緒にかき混ぜる。小麦粉の混合物に加え、短時間混ぜ合わせる。
5.小麦粉をふったボードの上に生地を置き、手で平らにする。残りのチェダーチーズをふりかける。16個の正方形にカットして、ベーキング・シートに移す。
6.オーブンの中段で、スコーンのサイズに応じて10～17分間焼く。黄金色になるまで焼き、中まで火を通す。

ウェールズトリ貝とラバー海苔のシチュー

これは、朝食や夕食で食べる伝統的なウェールズ料理のアレンジである。新鮮なトリ貝を見つけるのは難しいので、缶詰で代用した。新鮮な蒸しアサリやムール貝でもよいが、トリ貝は特に甘味がある。ペンブロークシャー・ビーチ・フード・カンパニーの乾燥ラバー海苔を使用したが、海苔も同様に使える。料理はいろいろ使える。前菜として、またはブランチに、グリーンサラダとライ麦（製の黒）パンを添えて提供している。

〈材料〉

バター	大さじ2・1/2杯
玉ねぎ、細かく刻んだもの	1/2個
加熱調理済みのベーコン、刻んだもの	8枚
小麦粉	大さじ4～5杯
クリーム	400グラム以上（または同量の牛乳とクリ

ームの混合物）
乾燥ラバー海苔または海苔、砕いたもの　　　大さじ２杯
コショウ（白が望ましい）　　　ひとつまみ
トリ貝（またはムール貝かアサリ）、調理済みまたは缶詰　　　225グラム
冷凍パイ生地、冷蔵庫で一晩解凍しておいたもの
卵、溶いたもの　　　１個

〈作り方〉

1. オーブンを175℃に予熱する。
2. 鍋にバターを溶かし、さいの目に切ったタマネギをキツネ色になるまで炒める。
3. 刻んだ調理済みベーコンを加える。
4. 小麦粉を加えて、数分間かき混ぜる。
5. かなり濃く滑らかなソースになるまでゆっくりクリームを注ぐ。
6. 砕いた海藻、ひとつまみのコショウ、調理済みトリ貝、またはムール貝かアサリの缶詰を加える。
7. 混合物を４つの耐熱ラムカン皿（約141グラムのサイズ）に入れる。
8. 各ラムカン皿の上部をパイ生地で覆う。中央に小さな穴をあける。溶き卵を塗る。
9. 約25分間、またはパイ生地が黄金色になるまで焼く。

海藻入りフムス

〈材料〉

調理済みまたは缶詰の白インゲン豆（汁は取っておく）　　　２カップ
ニンニク、砕いたもの　　　３片
練りごま　　　1/3カップ
エキストラバージンオリーブオイル（またはスライブ藻類オイル）、さらに振りかけるために少し余分に　　　1/4カップ
新鮮なレモン汁　　　大さじ２・1/2杯
クミン　　　小さじ２杯
挽いたコリアンダー　　　小さじ1/2～１杯
塩　　　小さじ1/2杯
海藻スナック、フードプロセッサーで挽いて小さなフレークにしたもの、または大さじ１杯のアラリアまたは海苔パウダー　　　９グラム

〈作り方〉

1. すべての材料をフードプロセッサーに入れ、好きな食感になるまで混ぜる。必要に応じて混合物を薄くするために、調理済みか缶詰の豆の汁を追加する。
2. 皿に入れ、上にオイルを振りかけ、ピタウェッジ（平たいパン）またはクラッカーを添えて提供する。

アイリッシュ・モス・ブランマンジェ

このレシピは、ファニー・ファーマーのボストン・クッキングスクール・クックブック（1918年）のものである。

〈材料〉

アイリッシュ・モス	1/3カップ
牛乳	4カップ
塩	小さじ1/4杯
バニラ	小さじ1・1/2杯
バナナ、薄切り（飾り用）	

〈作り方〉

アイリッシュ・モスを冷水に15分間浸し、広げて水切りしてから、取り出して牛乳に加える。二重なべで30分調理する。牛乳は少し濃いように見えるが、長く調理すると、ブランマンジェは硬くなりすぎる。塩を加え、ろ過して、バニラで風味を加え、再びろ過して、冷水に浸しておいた個々の型にいっぱいに入れる。型を冷やし、ガラス皿の上で逆さまにして中身を出し、バナナのスライスで囲み、スライス一片をブランマンジェの上に置く。砂糖とクリームを添えて提供する。

チョコレートブランマンジェ

これは、チョコレートで香り付けしたアイリッシュ・モスのブランマンジェである。

〈作り方〉

板チョコ1枚と1/2を溶かし、砂糖1/4カップと沸騰水1/3カップを加える。完全に滑らかになるまでかき混ぜて、火から取り出す直前に牛乳を加える。砂糖とクリームを添えて提供する。

訳者あとがきにかえて——地球進化と生物進化を再構築できる藻類研究の魅力

筆者が藻類に関わり始めた一九七〇年代初頭は、藻類の多様性がわずかながら垣間見えてきた時代だった。顕微鏡の下で、さまざまな色、形、動きを見せる微細藻類の姿に魅せられた。以来、いろいろな藻類を培養して、細胞の微細構造や系統的位置を調べる研究に携わった。当時、藻類の研究は海藻が中心で、微細藻類については珪藻類、渦鞭毛藻類そしてユーグレナ（ミドリムシ）藻類に関心を持つ研究者がいたが、それ以外の微細藻類の研究者は皆無に等しかった。それから半世紀近くを経た今日、培養技術の向上、電子顕微鏡の本格活用、そして遺伝子情報の導入によって、藻類の多様性や系統、進化、生態そして藻類の生物学に関する理解は飛躍的に進んだ。

藻類が起こしてきた地球史の重要事件

この間、地球科学の発展もめざましかった。おかげで藻類の研究と地球科学の研究が呼応しあうことで、大まかながら地球史の重要事件と藻類の系統や進化を対応づけることが可能になった。たとえば、生物進化を推進する大気中の酸素濃度の急激な増加はおよそ二四億年前と六・六億年前の二度あったことが明らかになってきた。それぞれ第一次大酸化事変（Great Oxidation Event 1: ＧＯＥ１）、第二次大酸化事変（ＧＯＥ２）と呼ばれる。正確な年代はまだ不明だが、ＧＯＥ１が引き金になって真核生物が進化し、ＧＯＥ２をきっかけにして単細胞生物の多細胞化が進んだと考えられている。そして、ＧＯ

Ｅ１後の原核生物から真核生物への進化で細胞の体積が一〇〇万倍に増加し、ＧＯＥ２後の単細胞生物から多細胞生物への進化で体積が再び一〇〇万倍に増加したこともわかってきた。いずれも大規模な酸素濃度の増加によるものだったことは明白である。原核生物から多細胞生物への進化としてとらえると、体積が実に一兆倍に増加したことになる。単細胞の大腸菌と縄文杉の違いと考えれば想像しやすいだろう。このことから、生物界が、藻類が作り出した利用可能な酸素分子にかくも依存して進化し、現在も依存し続けていることが理解できる。ＧＯＥ１とＧＯＥ２の間の、本書でも登場する退屈な一〇億年についてはまだ評価が定まっていない。しかし、決して停滞した退屈な時代ではなく、実際には真核生物の多様化が進んでいた期間だったと考えられている。紅藻類と緑色藻類の化石もこの時期に遡ることも明らかになってきた。このように、藻類研究の最大の魅力は、藻類の進化と関連づけて地球進化と生物進化を再構築できることだと言ってよい。これまでに明らかにされてきた多くの事例がある。時系列に沿っていくつかの成果や可能性を紹介しよう。

現代の海洋生物の主役になった微細藻類と褐藻類

生物の陸上進出の基盤である緑色藻類の進化は、藻類研究の主要な課題の一つである。植物の陸上進出は四・五億年前とされている。そこに至る過程で地球と藻類の相互作用があった。系統解析の研究から、約七・五億年前の全球凍結（スノーボール・アース）事変であるスターチアン氷河期の後、緑色の藻類は緑藻植物と陸上植物につながるストレプト植物に分岐したと考えられる。その後の二度の全球凍結（六億年前のマリノアン氷河期と五・八億年のガスキアス氷河期）を経て、シャジクモ藻類のさまざまなグループが分岐して、四・五億年前に、ついに最初のコケ植物である苔類が陸上への進出を果たし背景が見えてくる。

た。なお、現存する動物のほとんどのグループが一斉に出現したカンブリア爆発は五・四億年前の事件である。これらの経緯から、動物の進化がシアノバクテリアに加えて緑色藻類の寄与によって実現した背景が見えてくる。

その後三・五億年前の古生代石炭紀に入るとシダの巨木からなる最初の本格的な陸上生態系が出現し、それ以降現在に至るまで、水圏の藻類と陸上植物が地球生態系を支えるようになった。しかし、藻類の世界では大きな変革が進んでいた。二・五億年前の古生代と中生代の境界（ペルム紀・三畳紀境界：P／T境界）は生物進化史上最大の生物大絶滅を示す事件として知られている。この時、海産動物の九五％が絶滅した。原因は特定されていないが、海洋で長期にわたる酸素欠乏状態が続いたとも言われている。特筆すべきは、P／T境界を挟んで海洋の微細藻類の主役が一次植物の緑藻植物から二次植物の藻類に変わったことである。おそらく古生代に進行した複数回の二次共生によって多様な二次植物が進化したことが、中生代以降の藻類と地球環境の関係を大きく変えることになったと思われる。代表的な二次植物の微細藻類に渦鞭毛藻類、円石藻類、珪藻類があるが、これらの化石が中生代以降の地層から出土する。渦鞭毛藻類と円石藻類は中生代初期に出現して大いに繁栄したが、六五〇〇万年前の隕石の落下（白亜紀・古第三紀境界：K／Pg境界）後の新生代以降に多様性を減少させながらも海洋の主要な植物プランクトンとして現在に至っている。それに対して、珪藻類は白亜紀（一・四五億年～六五〇〇万年前）の初期に出現し、K／Pg境界後に多様性をさらに増して、現在の海洋植物プランクトンの主役の座を確立した。これらはそれぞれユニークな微細藻類である。ウェブで検索してみて欲しい。芸術的とも言える二次植物の不思議な姿の数々に触れることができる。褐藻類は多細胞化を果たした二次植物の海藻で、現在の海洋で圧倒的に優占している。現在の海洋は二次植物の世界であると言ってよい。

陸上に目を向けると、花を咲かせる被子植物が出現したのは中生代の白亜紀で、新生代に急速に多様性を拡大して、現在、陸上植物の九五%を占めるに至っている。藻類は古い生き物と思われがちだが、珪藻類が出現したのは被子植物よりも後のことだったことは特筆すべき事実である。陸上でも海洋でも生物進化は並行して続いているのである。

ほとんどが未知の世界——発見のフロンティアである藻類

最後に、地球史との関連以外のことにも触れておこう。長い歴史を持ち、かつ多様な系統からなる藻類は、体制や体の大きさ、光合成色素、細胞の微細構造、すみか、さらに栄養・生活様式が極めて多様で、それに応じて、細胞機能や代謝産物も多様である。カラギーナンやアルギン酸、寒天、オイルなど本書でも素材としての藻類の活用の可能性が取り上げられている。まだ研究が十分進んでいるとは言えないが、生理活性物質やさまざまな薬効を持つ物質が発見される可能性は極めて高く、天然物有機化学の重要な研究対象である。本書が主張している藻類オイルの開発、実用化も必然の課題で、我が国でも研究が盛んに進められている。

藻類の生産生態学のさらなる発展も強く望まれる。長年にわたって海洋藻類の生産力は陸上植物のそれに比べて低く評価されてきた。これは調査海域が十分でなく、また水深二〇〇メートルまで垂直に分布する植物プランクトンの生産力を正確に把握することが技術的に困難だったことによる。一九七三年の時点で海洋の一年間の生産力は二七五億トン(炭素換算)で、陸上の五三七億トンの半分ほどと評価されていた。二〇〇七年になると、観測の回数と測定精度が上がったことで、海洋の生産力は六五〇億トンと測定され、陸上の六〇〇億トンを上回った。しかし、まだ過小評価されているようだ。二〇〇〇年から二〇〇九年の一〇年間に、八〇を超える国から二七〇〇名の研究者が参加して実施された五四〇回の海洋調査の研究成果をまとめた『Census of Marine Life 2010』が出版された（海洋研究開発機構HPから入手できる）。この中に驚くべきことが書かれている。海洋には一〇億種近くの微生物が生息している可能性があり、しかも、これらは全海洋のバイオマスの九〇％を占めているというのである。これをもとに考えると、そのうちの九〇％以上が食物連鎖を底辺で支える生産者で、光合成細菌とシアノバクテリアそして微細藻類を含む光合成生物であると考えられる。それぞれが占める割合はわからないが、シアノバクテリアと微細藻類も相当部分を占めていると想像できる。これまでに記載された植物プランクトンは六〇〇〇種ほどだから、海洋には何百倍もの未知の種が存在していることになる。つまり海洋の真の生産量、そしてそれを実現している生産者の実態はまだ何もわかっていないのである。地球生態系を理解するためには、藻類の真の多様性とバイオマスを把握することが不可欠である。

藻類はほとんどがまだ未知の世界で、ダーウィンやウォーレスが一九世紀に世界で新たな動植物を探索していた時代と同様に、ナチュラルヒストリーを進めていく必要がある。藻類は発見のフロンティアである。

井上　勲

二〇二〇年八月

【著者紹介】
ルース・カッシンガー〈Ruth Kassinger〉
米国メリーランド州ボルチモア出身。イェール大学で学士号を、ジョンズ・ホプキンス大学で修士号を取得。
科学、歴史そしてビジネスが交差するテーマで執筆活動を続けている。青少年向けの科学と歴史に関する八つの受賞作品があり、ワシントンポスト、シカゴトリビューン、ナショナルジオグラフィック・エクスプローラー、ヘルス、サイエンスウィークリーなど全米主要紙誌に執筆している。

【訳者紹介】

井上 勲〈いのうえ　いさお〉

筑波大学大学院生物科学研究科博士課程修了。理学博士。

ナタール大学研究員、国立環境研究所客員研究員、筑波大学生物科学系講師、同助教授を経て、筑波大学大学院生命環境科学研究科教授（構造生物科学専攻）。現在、筑波大学名誉教授。藻類産業創成コンソーシアム前理事長。

近著に『藻類30億年の自然史　藻類からみる生物進化・地球・環境』（東海大学出版会）がある。

藻類　生命進化と地球環境を支えてきた奇妙な生き物

2020年9月11日　初版発行

著者	ルース・カッシンガー
訳者	井上 勲
発行者	土井二郎
発行所	築地書館株式会社
	〒104-0045 東京都中央区築地7-4-4-201 TEL.03-3542-3731　FAX.03-3541-5799 http://www.tsukiji-shokan.co.jp/ 振替00110-5-19057
印刷製本	中央精版印刷株式会社
装丁	吉野 愛

ⓒ2020 Printed in Japan　ISBN978-4-8067-1605-1